线性方程组新解及应用

王在华　著

科 学 出 版 社
北　京

内 容 简 介

线性方程组理论是"线性代数"的重要组成部分, 在各学科与工程技术领域有重要的应用. 本书以线性方程组理论为主题, 系统介绍了线性方程组具有唯一解时求解公式的推导、有无穷多解时通解公式的构造以及无解时最小二乘解的表示等问题, 并应用于水手分桃、幻方构造、点灯游戏等趣味问题以及超平面拟合、网页排序、机器翻译等应用课题; 以向量与矩阵为工具, 反复使用矩阵分块与矩阵分解等技术, 使有关问题得到统一而简洁的处理. 从简单到复杂, 从特殊到一般, 从特例中归纳出一般性的结论, 从类比联想中寻求启发与答案, 不断尝试转换思考问题的角度与方法, 这些做法贯彻全书的所有章节, 有利于理解隐藏在理论背后的思想与本质特征, 并成为本书的鲜明特色.

本书可作为"线性代数"研讨课教材或参考书, 可供高年级本科生、研究生、大学数学教师与相关工程技术人员参考.

图书在版编目(CIP)数据

线性方程组新解及应用/王在华著. —北京：科学出版社, 2016. 3

ISBN 978-7-03-047883-2

Ⅰ. ①线… Ⅱ. ①王… Ⅲ. ①线性方程—方程组—数值解—研究 Ⅳ. ①O241.6

中国版本图书馆 CIP 数据核字(2016) 第 058400 号

责任编辑: 王丽平 / 责任校对: 邹慧卿
责任印制: 徐晓晨 / 封面设计: 陈 敬

科学出版社出版
北京东黄城根北街 16 号
邮政编码: 100717
http://www.sciencep.com
北京建宏印刷有限公司 印刷
科学出版社发行 各地新华书店经销
*
2016 年 3 月第 一 版 开本: 720 × 1000 B5
2018 年 5 月第三次印刷 印张: 9 3/4
字数: 190 000
定价: 68.00 元
(如有印装质量问题, 我社负责调换)

前　言

拙作《理解与发现：数学学习漫谈》是一本介绍如何有效地进行数学学习的著作. 通过大量的例子介绍如何由简单问题或待解决问题的简单情形获得理解, 如何由处理简单问题或简单情形的思路、方法或结论获得启发, 如何灵活应用归纳法和类比法产生不同角度、由此及彼、举一反三的联想, 进而获得待求问题的解决或作出新的发现. 在不影响结论正确性的情况下, 其内容编排力求体现出合情合理、自然可信的理解与探索过程, 重点放在对数学理论与方法的理解上. 该书于 2011 年 6 月出版后, 2014 年 2 月重印了一次. 读者的选择给了作者很大的鼓励. 就作者自己的感觉来说, 该书还有许多不足之处. 例如, 书中主要是通过各种各样的例题来加深理解该书所强调的思路和方法, 但例题之间的内容关联并不强, 是一些孤立的小问题. 这就促使作者思考, 如何由点及面运用这样的思路和方法去学习、理解一门课程或一类知识呢? 作为该书的姊妹篇, 本书《线性方程组新解及应用》就是为适应这一思考和需求而出现的. 麻省理工学院的 Strang 教授在他写的*Linear Algebra and Its Applications* (Fourth Edition) 中指出: “I personally believe that many more people need linear algebra than calculus”. 作者赞同这个观点, 所以本书将以线性方程组理论与矩阵论为主题展开讨论.

全书共六章. 第 1 章介绍不同实际问题中出现的线性方程组与相关基础知识点及简单拓展, 包括水手分桃、韩信点兵等趣味问题, 也有几何定理机器证明与分形等话题, 可作为了解线性方程组与矩阵的一般性素材. 第 2 章对线性方程组有唯一解时的求解公式进行细致而深入的探索, 从不同角度和思路推导出 Cramer 法则, 着重体现如何从简单的问题获得启发与联想, 如何利用归纳法与类比法获得一般性结论. 第 3 章还是遵循 “从简单的做起” 的原则, 逐步得到线性方程组有无穷多个解时的通解公式、广义逆矩阵、正交投影变换的概念和计算公式, 过程显得更加自然易懂. 第 4 章介绍矩阵应用中非常重要的 QR 分解和奇异值分解, 并简单讨论图像压缩与降噪等问题. 第 5 章讨论矛盾线性方程组的最小二乘法问题的求解方法及若干相关问题, 包括最小二乘解的一般公式、矩阵最优逼近等问题, 还有求解线性方程组的迭代数值算法与共轭梯度算法. 第 6 章介绍几个应用问题, 有比较简单的, 如三阶幻方、点灯游戏、完美矩形、直线与超平面拟合等; 也有相对复杂的, 如投入产出分析、网页排序算法、机器翻译 (machine translation) 等问题的矩阵理论分析, 以体现线性方程组理论与矩阵方法在处理这些问题时的独特作用和有效性. 但本书没有给出这些复杂问题的建模过程, 也不涉及这些理论方法的计算机算法实现. 要全面理解这些应用问题, 还需要读者自己多方面的资料积累和深入探索. 书中经典内容的结论在相关教材或著作中可以找到, 但所有内容的处理方式是全新的, 融入了作者的心得体会.

本书的写作目的有两个, 一是围绕线性方程组与矩阵的一些理论问题展开, 力争以一种比较自然、合情合理的方式呈现相关方法与结论是如何产生的, 力求使读者在数学思维方法方面有所启发; 二是介绍数据处理等问题所需要的一些线性方程组的理论和方法, 并在不同问题的解决过程中反复应用, 希望能对读者理解和应用这些数学工具有所帮助. 从简单到复杂, 从特殊到一般, 从特例中归纳出一般性结论, 从类比联想中寻找启发与答案, 不断尝试转化思考问题的角度, 这些做法贯穿全书的所有章节. 从理解问题的角度, 我相信对许多读者来说, 例子胜于抽象理论, 例子胜于演绎证明. 因此, 和《理解与发现: 数学学习漫谈》类似, 本书通过大量相互关联的例子来阐述作者的主要学术思想. 作者希望, 本书的写作方式能在实现这两个目标方面发挥一定的作用.

线性方程组理论是"线性代数"的重要组成部分, 本书涉及理工科"线性代数"基础课程中几乎所有的概念、理论和方法, 还包括这类课程之外的许多知识点, 大体上也是按照循序渐进的方式对内容进行编排的, 但并没有充分照顾到初学者的知识结构和学习能力, 也没有安排验证性的小算例, 所以本书不适合作为"线性代数"基础课程的教科书. 对有较好英文阅读基础的初学者, 建议去看 Anton 与 Rorres 合写的*Elementary Linear Algebra: Applications Version* (Tenth Edition), 这是一本内容丰富的"线性代数"教科书, 既有许多具体细节帮助初学者去理解有关理论与方法, 又有大量的应用问题满足读者的拓展需求. 而本书中绝大多数问题的讨论和结论都具有一般性, 呈现的是运用归纳法和类比法进行理性联想与思考所产生的普遍性结果, 因而本书更适合大学高年级学生、研究生、大学数学教师和有关科技人员阅读参考.

本书的出版得到了国家自然科学基金项目 (项目编号: 11372354) 的资助. 上海大学王卿文教授百忙之中认真细致地审阅了书稿, 提出了许多具体而有建议性的修改意见, 南昌航空大学郑远广博士和浙江海洋大学李俊余博士也仔细阅读了书稿并提出了宝贵的修改意见, 在此一并表示衷心感谢.

由于作者水平有限, 书中不妥之处在所难免, 敬请读者批评指正. 联系邮箱为 zhwang@nuaa.edu.cn.

王在华

2015 年 10 月

目　　录

第 1 章　线性方程组与矩阵

线性方程组理论是“线性代数”的核心组成部分, 在许多学科与工程技术领域都有重要应用. 刻画线性方程组的主要工具是向量与矩阵. 本章介绍几个与线性方程组有关的例子, 目的是阐述线性方程组及其求解基本方法, 介绍线性变换与矩阵之间的关系, 讨论对线性方程组及其求解方法的若干进一步拓展. 有关线性方程组与矩阵的更多资料可参考文献 [1] 和 [4].

1.1　《九章算术》方程术

中国曾在数学领域作出许多重要贡献. 鸡兔同笼问题是我国古代著名的算题, 最早出现在南北朝时期的算书《孙子算经》中: 今有雉、兔同笼, 上置三十五头, 下置九十四足, 问雉、兔各几何? 书中给出的解法是: 半其足, 得四十七, 以少减多. 这是一个典型的线性方程组及其求解问题.

一只鸡有一个头、两只脚, 而一只兔是一个头、四只脚. 采用代数方法, 可引入未知数 x, y, 分别表示鸡和兔的数量 (单位: 只), 必满足等式 $x+y=35$ 和 $2x+4y=94$. 将这两个等式联立起来就得到 x, y 所满足的二元一次线性方程组

$$\begin{cases} x+y=35 \\ 2x+4y=94 \end{cases} \tag{1.1}$$

对第二个方程进行简化, 可得

$$x+2y=\frac{94}{2}\ (=47)$$

由此可知, 和第一个方程两边分别相减消去未知数 x 可得兔子的数量 y 是

$$y=\frac{94}{2}-35=12$$

从而, 鸡的数量为 $x=35-12=23$.

将线性方程组 (1.1) 抽象出来就是一个矩阵

$$\begin{bmatrix} 1 & 1 & 35 \\ 2 & 4 & 94 \end{bmatrix}$$

其每一行对应于一个方程. 该矩阵称为线性方程组 (1.1) 的增广矩阵, 而单纯由线性方程组的系数组成的矩阵称为系数矩阵. 上述消去未知数 x, y 的过程就是对增广矩阵进行化简:

$$\begin{bmatrix} 1 & 1 & 35 \\ 2 & 4 & 94 \end{bmatrix} \sim \begin{bmatrix} 1 & 1 & 35 \\ 1 & 2 & 47 \end{bmatrix} \sim \begin{bmatrix} 1 & 1 & 35 \\ 0 & 1 & 12 \end{bmatrix} \sim \begin{bmatrix} 1 & 0 & 23 \\ 0 & 1 & 12 \end{bmatrix}$$

从而等价的线性方程组是 $1 \times x + 0 \times y = 23$, $0 \times x + 1 \times y = 12$, 即 $x = 23$, $y = 12$.

将上述线性方程组一般化, 得到

$$\begin{cases} a_{11}x_1 + a_{12}x_2 = b_1 \\ a_{21}x_1 + a_{22}x_2 = b_2 \end{cases} \tag{1.2}$$

求解线性方程组的基本思路和方法是消元法. 例如, 采用消元法, 首先消去变量 x_2, 为此在上述两个方程左右两边分别乘以 a_{22} 和 a_{12}, 然后方程两边分别相减可消去 x_2, 得到

$$(a_{11}a_{22} - a_{21}a_{12})x_1 = b_1a_{22} - b_2a_{12} \tag{1.3}$$

类似地, 通过消去 x_1, 又得到

$$(a_{11}a_{22} - a_{21}a_{12})x_2 = b_2a_{11} - b_1a_{21} \tag{1.4}$$

因此, 当 $a_{11}a_{22} - a_{21}a_{12} \neq 0$ 时, 方程组的唯一解可表示为

$$\begin{cases} x_1 = \dfrac{b_1a_{22} - b_2a_{12}}{a_{11}a_{22} - a_{21}a_{12}} \\ x_2 = \dfrac{b_2a_{11} - b_1a_{21}}{a_{11}a_{22} - a_{21}a_{12}} \end{cases} \tag{1.5}$$

反之, 由上式定义的 x_1, x_2 也必然满足线性方程组. 这就是说, 当 $a_{11}a_{22}-a_{21}a_{12} \neq 0$ 时, 线性方程组 (1.2) 有且只有一组解. 利用行列式的记号, 线性方程组的唯一解可表示为

$$\begin{cases} x_1 = \dfrac{b_1a_{22} - b_2a_{12}}{a_{11}a_{22} - a_{21}a_{12}} = \dfrac{D_1}{D} \\ x_2 = \dfrac{b_2a_{11} - b_1a_{21}}{a_{11}a_{22} - a_{21}a_{12}} = \dfrac{D_2}{D} \end{cases} \tag{1.6}$$

其中 D, D_1, D_2 是按方程顺序与未知数顺序确定的三个行列式

$$D = a_{11}a_{22} - a_{21}a_{12} = \begin{vmatrix} a_{11} & a_{12} \\ a_{21} & a_{22} \end{vmatrix}$$

$$D_1 = b_1 a_{22} - b_2 a_{12} = \begin{vmatrix} b_1 & a_{12} \\ b_2 & a_{22} \end{vmatrix}$$

$$D_2 = b_2 a_{11} - b_1 a_{21} = \begin{vmatrix} a_{11} & b_1 \\ a_{21} & b_2 \end{vmatrix}$$

采用矩阵的记号, 应用 Gauss 消元法的消元过程就是对增广矩阵进行化简:

$$\begin{bmatrix} a_{11} & a_{12} & b_1 \\ a_{21} & a_{22} & b_2 \end{bmatrix} \sim \begin{bmatrix} a_{22}a_{11} & a_{22}a_{12} & a_{22}b_1 \\ a_{12}a_{21} & a_{12}a_{22} & a_{12}b_2 \end{bmatrix}$$
$$\sim \begin{bmatrix} a_{22}a_{11} - a_{12}a_{21} & 0 & a_{22}b_1 - a_{12}b_2 \\ a_{12}a_{21} & a_{12}a_{22} & a_{12}b_2 \end{bmatrix}$$

或者

$$\begin{bmatrix} a_{11} & a_{12} & b_1 \\ a_{21} & a_{22} & b_2 \end{bmatrix} \sim \begin{bmatrix} a_{21}a_{11} & a_{21}a_{12} & a_{21}b_1 \\ a_{11}a_{21} & a_{11}a_{22} & a_{11}b_2 \end{bmatrix}$$
$$\sim \begin{bmatrix} a_{21}a_{11} & a_{21}a_{12} & a_{21}b_1 \\ 0 & a_{11}a_{22} - a_{21}a_{12} & a_{11}b_2 - a_{21}b_1 \end{bmatrix}$$

分别得到公式 (1.3) 和 (1.4), 从而求得 x_1, x_2 的表达式. 采用 Gauss 消元法求解线性方程组, 实际上是对增广矩阵作如下三类初等行变换:

(1) 交换矩阵的第 i 行与第 j 行, 记为 $r_i \leftrightarrow r_j$;

(2) 用非零数 k 乘以第 i 行, 记为 $k\,r_i$;

(3) 用非零数 k 乘以第 i 行后加到第 j 行, 但保持第 i 行不变, 记为 $r_j + k\,r_i$.

这三类初等变换都是可逆变换, 因而变换前后的线性方程组的解是等价的, 即变换前后的线性方程组的解集合是相同的. 在矩阵理论中, 行与列具有对偶性, 有关行的结论对应地有关于列的结论. 例如, 一个方阵和它的转置矩阵具有相同的行列式; 矩阵列向量组的秩等于其行向量组的秩, 等等. 对应于初等行变换, 三类初等列变换分别是:

(1) 交换矩阵的第 i 列与第 j 列, 记为 $c_i \leftrightarrow c_j$;

(2) 用非零数 k 乘以第 i 列, 记为 $k\,c_i$;

(3) 用非零数 k 乘以第 i 列后加到第 j 列, 但保持第 i 列不变, 记为 $c_j + k\,c_i$.

将线性方程组化为等价的简单线性方程组要用初等变换, 计算行列式要用初等变换, 判断向量组的线性相关性要用初等变换, 计算矩阵的秩也要用初等变换, 求逆矩阵要用初等变换, 求矩阵的特征值与特征向量还是要用初等变换, 等等. 可以说, 初等变换的应用贯穿整个“线性代数”课程的计算间距中. 其实利用初等变换解线性方程组的思想在《九章算术》中就已出现.

《九章算术》是现存最早的中国古代数学著作之一, 是《算经十书》中最重要的一种, 在中国和世界数学史上占有重要的地位. 它内容丰富, 题材广泛, 共九章, 分为二百四十六题二百零二术. 其中第八章为方程章, 讨论线性方程组的解法. 它采用分离系数的方法表示线性方程组, 相当于现在的矩阵, 解线性方程组时用到的直除法, 与矩阵的初等列变换一致. 这是世界上最早的系统化求解线性方程组的方法. 在西方, 直到 17 世纪才由德国数学家 Leibniz 提出完整的线性方程组的求解法则.

《九章算术》的作者已无从考究, 一般认为它经过历代名家增补修订, 现今流传的版本是三国时期刘徽所作的注本. "方" 的本义是 "并", 将两条船并起来, 船头拴在一起, 谓之方, "程" 是求解标准. 《九章算术》方程章第一问: 今有上禾三秉, 中禾二秉, 下禾一秉, 实三十九斗; 上禾二秉, 中禾三秉, 下禾一秉, 实三十四斗; 上禾一秉, 中禾二秉, 下禾三秉, 实二十六斗. 问上、中、下禾实一秉各几何? 答曰: 上禾一秉九斗四分斗之一, 中禾一秉四斗四分斗之一, 下禾一秉二斗四分斗之三. 术曰: 置上禾三秉、中禾二秉、下禾一秉, 实三十九斗于右方. 中、左禾列如右方. 以右行上禾遍乘中行, 而以直除. 又乘其次, 亦以直除. 然以中行中禾不尽者遍乘左行, 而以直除. 左方下禾不尽者，上为法, 下为实. 实即下禾之实. 求中禾, 以法乘中行下实, 而除下禾之实，余, 如中禾秉数而一，即中禾之实, 求上禾, 亦以法乘右行下实, 而除下禾、中禾之实, 余, 如上禾秉数而一, 即上禾之实, 实皆如法, 各得一斗. 如图 1.1 所示. 下面利用现代数学语言来表述这个问题及求解方法.

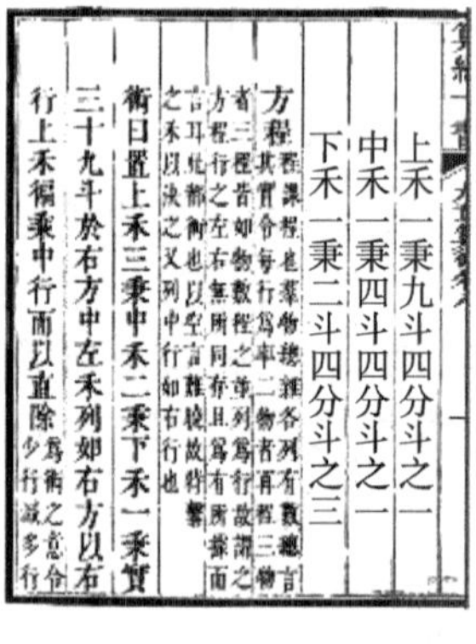

图 1.1 《九章算术》方程章第一问的答案与求解方法 (图片来自网络)

令 x_1, x_2, x_3 分别表示上、中、下禾的数量, 则可列出如下线性方程组

$$\begin{cases} 3x_1+2x_2+x_3=39 \\ 2x_1+3x_2+x_3=34 \\ x_1+2x_2+3x_3=26 \end{cases} \tag{1.7}$$

其解法如下: 首先列出方程组系数按列排列的增广矩阵

$$\begin{bmatrix} 1 & 2 & 3 \\ 2 & 3 & 2 \\ 3 & 1 & 1 \\ 26 & 34 & 39 \end{bmatrix}$$

其中的每一列代表一个方程. 古代书写方式是竖排且从右到左, 因而方程组对应的增广矩阵以这种形式呈现出来. 两个矩阵相等当且仅当对应的行数和列数分别相等, 并且对应位置的元素也分别相等, 所以这个增广矩阵和现行文献中系数按行排列所得的增广矩阵是不同的, 但它们的作用和效果是一样的.

按照《九章算术》的求解方法, 首先求下禾: 对其作初等列变换

$$\begin{bmatrix} 1 & 2 & 3 \\ 2 & 3 & 2 \\ 3 & 1 & 1 \\ 26 & 34 & 39 \end{bmatrix} \overset{3c_2}{\sim} \begin{bmatrix} 1 & 6 & 3 \\ 2 & 9 & 2 \\ 3 & 3 & 1 \\ 26 & 102 & 39 \end{bmatrix} \overset{c_2-2c_3}{\sim} \begin{bmatrix} 1 & 0 & 3 \\ 2 & 5 & 2 \\ 3 & 1 & 1 \\ 26 & 24 & 39 \end{bmatrix} \overset{3c_1}{\sim} \begin{bmatrix} 3 & 0 & 3 \\ 6 & 5 & 2 \\ 9 & 1 & 1 \\ 78 & 24 & 39 \end{bmatrix}$$

$$\overset{c_1-c_3}{\sim} \begin{bmatrix} 0 & 0 & 3 \\ 4 & 5 & 2 \\ 8 & 1 & 1 \\ 39 & 24 & 39 \end{bmatrix} \overset{5c_1}{\sim} \begin{bmatrix} 0 & 0 & 3 \\ 20 & 5 & 2 \\ 40 & 1 & 1 \\ 195 & 24 & 39 \end{bmatrix} \overset{c_1-4c_2}{\sim} \begin{bmatrix} 0 & 0 & 3 \\ 0 & 5 & 2 \\ 36 & 1 & 1 \\ 99 & 24 & 39 \end{bmatrix}$$

$$\overset{c_1/9}{\sim} \begin{bmatrix} 0 & 0 & 3 \\ 0 & 5 & 2 \\ 4 & 1 & 1 \\ 11 & 24 & 39 \end{bmatrix}$$

由此可得: $4x_3 = 11$, 其中 4 为法, 11 为实. 于是

$$x_3 = \frac{11}{4} = 2\frac{3}{4}$$

上述化简过程中为了避免使用分数而多次采用第二类初等列变换. 如果可用分数, 则可减少使用线性变换的次数, 得

$$\begin{bmatrix} 1 & 2 & 3 \\ 2 & 3 & 2 \\ 3 & 1 & 1 \\ 26 & 34 & 39 \end{bmatrix} \overset{c_2-\frac{2}{3}c_3}{\sim} \begin{bmatrix} 1 & 0 & 3 \\ 2 & \frac{5}{3} & 2 \\ 3 & \frac{1}{3} & 1 \\ 26 & 8 & 39 \end{bmatrix} \overset{c_1-\frac{1}{3}c_3}{\sim} \begin{bmatrix} 0 & 0 & 3 \\ \frac{4}{3} & \frac{5}{3} & 2 \\ \frac{8}{3} & \frac{1}{3} & 1 \\ 13 & 8 & 39 \end{bmatrix} \overset{c_1-\frac{4}{5}c_2}{\sim} \begin{bmatrix} 0 & 0 & 3 \\ 0 & \frac{5}{3} & 2 \\ \frac{12}{5} & \frac{1}{3} & 1 \\ \frac{33}{5} & 8 & 39 \end{bmatrix}$$

因此 $\frac{12}{5}x_3=\frac{33}{5}$, 此即 $4x_3=11$. 如果采用现在通用的形式, 则有

$$\begin{bmatrix}1&2&3\\2&3&2\\3&1&1\\26&34&39\end{bmatrix}\overset{c_2-2c_1}{\sim}\begin{bmatrix}1&0&3\\2&-1&2\\3&-5&1\\26&-18&39\end{bmatrix}\overset{c_3-3c_1}{\sim}\begin{bmatrix}1&0&0\\2&-1&-4\\3&-5&-8\\26&-18&-39\end{bmatrix}$$

$$\overset{c_3-4c_2}{\sim}\begin{bmatrix}1&0&0\\2&-1&0\\3&-5&12\\26&-18&33\end{bmatrix}$$

由此可得: $12x_3=33$, 此即 $4x_3=11$. 类似地可求得中禾: 对矩阵作初等列变换

$$\begin{bmatrix}0&0&3\\0&5&2\\4&1&1\\11&24&39\end{bmatrix}\sim\begin{bmatrix}0&0&3\\0&20&2\\4&4&1\\11&96&39\end{bmatrix}\sim\begin{bmatrix}0&0&3\\0&20&2\\4&0&1\\11&85&39\end{bmatrix}\sim\begin{bmatrix}0&0&3\\0&4&2\\4&0&1\\11&17&39\end{bmatrix}$$

由此可得: $4x_2=17$, 即

$$x_2=\frac{17}{4}=4\frac{1}{4}$$

进一步, 按如下步骤求上禾: 对矩阵作初等列变换

$$\begin{bmatrix}0&0&3\\0&4&2\\4&0&1\\11&17&39\end{bmatrix}\sim\begin{bmatrix}0&0&12\\0&4&2\\4&0&4\\11&17&156\end{bmatrix}\sim\begin{bmatrix}0&0&12\\0&4&2\\4&0&0\\11&17&145\end{bmatrix}\sim\begin{bmatrix}0&0&24\\0&4&4\\4&0&0\\11&17&290\end{bmatrix}$$

$$\sim\begin{bmatrix}0&0&24\\0&4&0\\4&0&0\\11&17&279\end{bmatrix}\sim\begin{bmatrix}0&0&4\\0&4&0\\4&0&0\\11&17&37\end{bmatrix}$$

由此可得: $4x_1=37$, 即

$$x_1=\frac{37}{4}=9\frac{1}{4}$$

上述解法和现在通用的 Gauss 消元法完全一致.

线性方程组和增广矩阵是一一对应的. 增广矩阵既可如《九章算术》中按列排列, 也可如现行文献中按行排列. 采用初等变换对增广矩阵化简, 就是将线性方程组化为等价但易于求解的线性方程组.

1.2 水手分桃问题

有一道趣味数学题: 五个水手来到一个荒岛上, 发现一大堆桃子. 由于旅途劳累, 大家顾不上桃子, 很快就去睡觉了. 第一个水手醒来后, 把桃子平均分成五份还多一个, 就把多余的一个吃了, 并把自己的一份藏了起来, 再把另外四份桃子混在一起, 之后又去睡觉了. 第二、第三、第四、第五个水手相继醒来, 他们和第一个水手一样, 把桃子平均分成五份, 恰好多出一个, 就给自己吃了, 私藏一份后再把其余的桃子混在一起, 又去睡觉了. 天亮后, 大家发现桃子已剩下不多了, 各人心里有数, 但谁也不说. 为了公平, 大家把剩下的桃子又平均分成五份, 巧得很还是多出一个, 就把它给扔了, 然后各自取一份离开了. 那么, 原先总共有多少个桃子?

这个问题非常适合用线性方程组的理论来解决. 总共均分桃子六次, 假设每次分桃的 $\frac{1}{5}$ 为 $x_1, x_2, x_3, x_4, x_5, x_6$, 最初的桃子总数为 x, 那么可得如下线性方程组

$$\begin{cases} x = 5x_1 + 1 \\ 4x_1 = 5x_2 + 1 \\ 4x_2 = 5x_3 + 1 \\ 4x_3 = 5x_4 + 1 \\ 4x_4 = 5x_5 + 1 \\ 4x_5 = 5x_6 + 1 \end{cases}$$

这已经是形式非常简单的线性方程组, 可直接依次回代求解. 这里一共有 6 个方程, 但却有 7 个未知数, 必有 1 个自由变量. 例如, 取 $x_6 = c$ 为自由变量, 则可先求 x_5, 然后求 x_4, 再依次求 x_3, x_2, x_1, 最后求 x, 即

$$\begin{aligned} x &= \frac{15625}{1024}c + \frac{11529}{1024} \\ x_1 &= \frac{3125}{1024}c + \frac{2101}{1024} \\ x_2 &= \frac{625}{256}c + \frac{369}{256} \\ x_3 &= \frac{125}{64}c + \frac{61}{64} \\ x_4 &= \frac{25}{16}c + \frac{9}{16} \\ x_5 &= \frac{5}{4}c + \frac{1}{4} \\ x_6 &= c \end{aligned}$$

与一般的线性方程组的通解不同的是, 这里要求 $x, x_1, \cdots, x_6$ 都是正整数.

方程组有无穷多个实数解, 也有无穷多个整数解. 例如, 当 $x_6 = c = -1$ 时, $x_5 = x_4 = x_3 = x_2 = x_1 = -1$ 和 $x = -4$ 这样得到方程组的一个整数解, 但不符合要求. 设 $N > -4$ 是 x 的最小正整数解, 那么, 必有正整数 c 使得

$$N = \frac{15625}{1024}c + \frac{11529}{1024}, \quad -4 = \frac{15625}{1024}(-1) + \frac{11529}{1024}$$

同时成立, 因此

$$N - (-4) = \frac{15625}{1024}(c+1)$$

由于 15625 与 1024 是互素的, 此时必有 $c = 1023$, $N = 15625 - 4 = 15621$. 上式还告诉我们, x 的任何两个解的差等于 15625 的整数倍. 因此, 该方程组有无穷多个正整数解, x 的最小正整数解是 15621.

这个桃子总数有点大, 数字小一点会更加符合实际情况. 据说, 美籍华裔物理学家李政道教授 1978 年访问中国科技大学时, 对少年班学生提了一个简化版的猴子分桃问题: 五只猴子发现一大堆桃子. 由于旅途劳累, 大家顾不上桃子, 很快就睡觉了. 第一只猴子醒来后, 把桃子平均分成五堆还多一个, 把多余的一个吃了, 自己拿了一份, 并把其余的混在一起后就离开了. 第二只猴子起来后, 也把桃子平均分成五堆还多一个, 把多余的一个吃了, 自己拿了一份, 并把其余的混在一起后就离开了. 第三、第四、第五只猴子相继醒来后都照此处理. 问最初总共有多少个桃子. 此时, 对应的线性方程组为

$$\begin{cases} x = 5x_1 + 1 \\ 4x_1 = 5x_2 + 1 \\ 4x_2 = 5x_3 + 1 \\ 4x_3 = 5x_4 + 1 \\ 4x_4 = 5x_5 + 1 \end{cases}$$

因而

$$x = \frac{3125}{256}x_5 + \frac{2101}{256}$$

方程组的一个特解是: $x_5 = x_4 = x_3 = x_2 = x_1 = -1$ 和 $x = -4$, 而 x 的任何两个相邻值相差 3125, 且 3125 和 256 互素, 所以最小的正整数解是 $x = 3121$.

由特例归纳出一般性结论, 体现数学思维的重要特征. 数学家 Polyá 曾说过: “数学思维不是纯形式的, 它涉及的不仅有公理、定理、定义及严格的证明, 而且还有许许多多其他方面: 推广、归纳、类比, 以及从一个具体情况中抽象出某个数学概念等. 数学教师的重要工作是让他的学生了解这些十分重要的非形式思维过

程."[12] 下面将上述求解思路与结论推广到更一般的情形. 当改变水手 (猴子) 的个(只) 数, 以及每次分完剩下的数量时都可以类似处理, 得到通用求解公式.

以后一种情形为例, 假设有 h 只猴子, 每次将桃子 h 等分后还剩下 r 个桃子, 将剩下的 r 个桃子吃了, 把其中 $h-1$ 份混合在一起后, 取剩下的一份就离开了. 这里, 自然有 $1 \leqslant r < h$, 并且假设 $x, x_1, x_2, \cdots, x_h$ 分别为桃子总数, 以及从第一次到第 h 次去掉 r 个桃子后均分的桃子个数. 那么, 由题意可得

$$\begin{cases} x = hx_1 + r \\ (h-1)x_1 = hx_2 + r \\ (h-1)x_2 = hx_3 + r \\ \qquad\cdots\cdots \\ (h-1)x_{h-2} = hx_{h-1} + r \\ (h-1)x_{h-1} = hx_h + r \end{cases}$$

由最后一个等式开始, 依次回代可得

$$\begin{aligned} &(h-1)x_{h-1} = hx_h + r \\ &(h-1)^2x_{h-2} = h(h-1)x_{h-1} + r(h-1) = h^2x_h + r(h + (h-1)) \\ &(h-1)^3x_{h-3} = h(h-1)^2x_{h-2} + r(h-1)^2 = h^3x_h + r\left(h^2 + h(h-1) + (h-1)^2\right) \\ &\qquad\qquad\cdots\cdots \\ &(h-1)^{h-1}x_1 = h^{h-1}x_h + r\left(h^{h-2} + h^{h-3}(h-1) + \cdots + h(h-1)^{h-3} + (h-1)^{h-2}\right) \\ &(h-1)^{h-1}x = h(h-1)^{h-1}x_1 + r(h-1)^{h-1} \end{aligned}$$

则未分配之前的桃子总数 x 为

$$x = \frac{h^h}{(h-1)^{h-1}}c + \frac{R}{(h-1)^{h-1}} \tag{1.8}$$

其中常数 R 为

$$R = r\left(h^{h-1} + h^{h-2}(h-1) + \cdots + h(h-1)^{h-2} + (h-1)^{h-1}\right)$$

很明显, 这个非齐次线性方程组有一个特殊的整数解

$$x_h = h_{h-1} = \cdots = x_1 = -r, \quad x = -(h-1)r$$

并且 x 的任何两个整数解的差是 h^h 的倍数. 由于 h^h 与 $(h-1)^{h-1}$ 不可约, 如果取 $c-(-r) = (h-1)^{h-1}$, 则

$$x = h^h - (h-1)r \tag{1.9}$$

是满足条件的最小正整数. 特别地, 当 $h=5, r=1$ 时, 由上述计算公式可得 $R=2101$, 以及最小正整数解 $x=3121$, 与前面的数值计算结果完全一致.

另外, 换一个角度思考问题常常会取得意想不到的作用和效果[14]. 由于非齐次线性方程组的通解等于其一个特解 (前面已经求得, 即 $x_h=h_{h-1}=\cdots=x_1=-r$, $x=-(h-1)r$) 加上相应的齐次线性方程组的通解, 所以关键是要求得相应的齐次线性方程组的通解. 对应于齐次线性方程组, $r=0$, 此时其解可以依次递推得到

$$\begin{aligned}
x_{h-1} &= \frac{h}{h-1}x_h\\
x_{h-2} &= \frac{h}{h-1}x_{h-1} = \left(\frac{h}{h-1}\right)^2 x_h\\
x_{h-3} &= \frac{h}{h-1}x_{h-2} = \left(\frac{h}{h-1}\right)^3 x_h\\
&\cdots\cdots\\
x_1 &= \left(\frac{h}{h-1}\right)^{h-1} x_h\\
x &= h\left(\frac{h}{h-1}\right)^{h-1} x_h
\end{aligned}$$

写成向量的形式, 并取 x_h 为任意常数, 即可得到齐次线性方程组的通解. 因此, 原方程组的通解可表示为

$$\begin{bmatrix} x\\ x_1\\ x_2\\ \vdots\\ x_{h-1}\\ x_h \end{bmatrix} = \begin{bmatrix} h\left(\frac{h}{h-1}\right)^{h-1} x_h\\ \left(\frac{h}{h-1}\right)^{h-1} x_h\\ \left(\frac{h}{h-1}\right)^{h-2} x_h\\ \vdots\\ \left(\frac{h}{h-1}\right)^{1} x_h\\ x_h \end{bmatrix} + \begin{bmatrix} -(h-1)r\\ -r\\ -r\\ \vdots\\ -r\\ -r \end{bmatrix} \tag{1.10}$$

为了使得上式中的 $x, x_1, x_2, \cdots, x_h$ 都是正整数, 最小的 x_h 的值是 $(h-1)^{h-1}$, 因此, 最小的 x 的值是 $h^h-(h-1)r$, 即公式 (1.9). 对这个问题来说, 运用线性方程组通解理论求解具有明显的优越性.

上述方程组的方程数量比未知数的个数少, 我们常常还用不定方程组来称呼它们. 一般来说, 线性不定方程 (组) 相对简单, 而非线性不定方程 (组) 则可能非常困

难. 例如, 当自然数 $n>2$ 时, 关于 x, y, z 的非线性不定方程

$$x^n+y^n=z^n$$

没有正整数解. 这是法国数学家 Pierre de Fermat 于 1637 年提出的著名猜想, 直到 1995 年才由英国数学家 Andrew J. Wiles 和 Richard Taylor 证明而成为定理.

1.3 韩信点兵问题

韩信点兵是流传在民间的一个故事. 话说有一天趁喝酒之际, 汉王刘邦问大将军韩信: "今天你手下有多少兵?" 韩信故意卖关子说: "我也不知道, 但是, 三个三个一排多出一个, 四个四个一排剩下二个, 五个五个一排则还剩四个." 假如当时韩信的士兵人数在 1000 出头, 求士兵数. 类似的问题还出现在《孙子算经》中.

这是一个线性方程组求解问题. 也可以将其表示为同余线性方程组来求解. 对正整数 a, m, r, 记号

$$a\equiv r \bmod(m)$$

表示存在正整数 q 及 $0\leqslant r<m$ 使得 $a=qm+r$, 那么, 韩信点兵问题可表示为求解一个线性同余方程组: 求正整数 x 使得

$$\begin{cases} x\equiv 1 \bmod(3)\\ x\equiv 2 \bmod(4)\\ x\equiv 4 \bmod(5)\end{cases} \tag{1.11}$$

为了求得上述线性同余方程组的通解, 从简单的做起. 对应的齐次线性同余方程组是简单的, 此时

$$\begin{cases} x\equiv 0 \bmod(3)\\ x\equiv 0 \bmod(4)\\ x\equiv 0 \bmod(5)\end{cases} \tag{1.12}$$

很明显, 它的通解是

$$x_h=(3\times 4\times 5)k=60k \quad (k=0,1,\cdots)$$

为了求得原方程组 (1.11) 的一个特解, 考虑比齐次线性方程组稍微复杂一点的三种特殊情况:

$$\begin{cases} x\equiv 1 \bmod(3),\\ x\equiv 0 \bmod(4),\\ x\equiv 0 \bmod(5),\end{cases} \qquad \begin{cases} x\equiv 0 \bmod(3),\\ x\equiv 2 \bmod(4),\\ x\equiv 0 \bmod(5),\end{cases} \qquad \begin{cases} x\equiv 0 \bmod(3)\\ x\equiv 0 \bmod(4)\\ x\equiv 4 \bmod(5)\end{cases}$$

对于第一种情况, 所要求的正整数 x_1 被 4, 5 整除, 但被 3 除余 1, 故可表示为

$$x_1 = (4 \times 5)\,k_1 = 20k_1$$

此时, $k_1 = 2$ 即满足条件, 取 $x_1 = 40$. 类似地, 对第二种情况, 待求正整数 x_2 被 3, 5 整除, 但被 4 除余 2, 这时有

$$x_2 = (3 \times 5)\,k_2 = 15k_2$$

为了使其被 4 除余 2, 最小的 k_2 是 2, 因此可取 $x_2 = 30$. 对第三种情况, 正整数 x_3 被 3, 4 整除, 但被 5 除余 4, 这时有

$$x_3 = (3 \times 4)\,k_3 = 12k_3$$

为了使其被 5 除余 4, 最小的 k_3 是 2, 因此可取 $x_3 = 24$. 从而非齐次线性方程组 (1.11) 满足要求的一个特解是

$$x_p = x_1 + x_2 + x_3 = 94$$

所以, 非齐次线性同余方程组 (1.11) 的通解是

$$x = 60k + 94 \quad (k = 0, 1, 2, \cdots)$$

历史上, 对应于韩信点兵的问题, 所求 x 的值是 1054.

上述求解过程和结果表明: 线性方程组的通解表示理论, 即 "非齐次线性方程组的通解等于其一个特解加上相应的齐次线性方程组的通解", 对线性同余方程(组) 也是正确的. 事实上, 对其他类型的线性方程 (组), 如线性微分方程 (组)、线性积分方程 (组)、线性差分方程 (组), 等等, 这一结论也是正确的.

以上求解方法可应用于求解更一般的线性同余方程组, 称为 "中国剩余定理". 不仅如此, 这个思想还可用于解决数学中的其他问题. 例如, 函数插值问题: 今有函数 $f(x)$ 定义在某区间内, 且有其中 $n+1$ 个不同点 x_i $(i = 0, 1, \cdots, n)$, 其对应函数值分别为 $y_i = f(x_i)$, 求一个 n 次多项式 $p_n(x)$ 满足

$$p_n(x_i) = y_i \quad (i = 0, 1, 2, \cdots, n)$$

事实上, 对一个多项式 $g(x)$ 来说, 如果 $g(a) = 0$, 则 $g(x)$ 必有因子 $x - a$, 利用这个性质, 首先求出 n 次多项式 $f_0(x), f_1(x), \cdots, f_n(x)$, 分别满足如下条件

$$\begin{cases} f_0(x_0)=y_0, \\ f_0(x_1)=0, \\ f_0(x_2)=0, \\ \quad\cdots\cdots \\ f_0(x_n)=0, \end{cases} \quad \begin{cases} f_1(x_0)=0, \\ f_1(x_1)=y_1, \\ f_1(x_2)=0, \\ \quad\cdots\cdots \\ f_1(x_n)=0, \end{cases} \quad \cdots, \quad \begin{cases} f_{n-1}(x_0)=0, \\ \quad\cdots\cdots \\ f_{n-1}(x_{n-2})=0, \\ f_{n-1}(x_{n-1})=y_{n-1}, \\ f_{n-1}(x_n)=0, \end{cases} \quad \begin{cases} f_n(x_0)=0 \\ \quad\cdots\cdots \\ f_n(x_{n-2})=0 \\ f_n(x_{n-1})=0 \\ f_n(x_n)=y_n \end{cases}$$

那么有

$$p_n(x) = f_0(x) + f_1(x) + \cdots + f_n(x) = \sum_{i=0}^{n} f_i(x)$$

条件 $f_i(x_j) = 0$ 表示 x_j 是多项式 $f_i(x)$ 的零点, 所以 $f_i(x)$ 必有因子 $x - x_j$, 因此, 由条件 $f_i(x_j) = 0\ (j \neq i)$ 可知 $f_i(x)$ 必具有形式

$$f_i(x) = c_i \prod_{0\leqslant j\leqslant n,\, j\neq i} (x - x_j)$$

其中 c_i 为常数, 由 $f_i(x_i) = y_i$ 确定为

$$c_i = \frac{y_i}{\displaystyle\prod_{0\leqslant j\leqslant n,\, j\neq i} (x_i - x_j)}$$

于是有

$$p_n(x) = \sum_{i=0}^{n} \left(y_i \prod_{0\leqslant j\leqslant n,\, j\neq i} \frac{x - x_j}{x_i - x_j} \right) \tag{1.13}$$

这就是著名的 Lagrange 插值公式, 在函数插值问题研究中具有基础性的作用.

当然, 这个插值问题也可以用待定系数法以不同方式求得. 假设插值多项式为

$$p_n(x) = a_0 + a_1 x + a_2 x^2 + \cdots + a_n x^n$$

其中 $a_0, a_1, a_2, \cdots, a_n$ 为待定常数, 可通过求解非齐次线性方程组得到. 事实上, 由条件 $p_n(x_i) = y_i\ (i = 0, 1, 2, \cdots, n)$, 可得关于 $a_0, a_1, a_2, \cdots, a_n$ 的线性方程组

$$\begin{bmatrix} 1 & x_0 & x_0^2 & \cdots & x_0^n \\ 1 & x_1 & x_1^2 & \cdots & x_1^n \\ 1 & x_2 & x_2^2 & \cdots & x_2^n \\ \vdots & \vdots & \vdots & & \vdots \\ 1 & x_n & x_n^2 & \cdots & x_n^n \end{bmatrix} \begin{bmatrix} a_0 \\ a_1 \\ a_2 \\ \vdots \\ a_n \end{bmatrix} = \begin{bmatrix} y_0 \\ y_1 \\ y_2 \\ \vdots \\ y_n \end{bmatrix}$$

其系数行列式是 Vandermonde 行列式. 利用 Vandermonde 行列式的计算结果和 Cramer 法则即可得到各系数的表达式. 但这种方法不如前面的直接方便, 结果也比较复杂, 需要进一步化简.

或者, 将待求多项式及插值条件联立写成线性方程组的形式:

$$\begin{bmatrix} -p_n(x) & 1 & x & x^2 & \cdots & x^n \\ -y_0 & 1 & x_0 & x_0^2 & \cdots & x_0^n \\ -y_1 & 1 & x_1 & x_1^2 & \cdots & x_1^n \\ -y_2 & 1 & x_2 & x_2^2 & \cdots & x_2^n \\ \vdots & \vdots & \vdots & \vdots & & \vdots \\ -y_n & 1 & x_n & x_n^2 & \cdots & x_n^n \end{bmatrix} \begin{bmatrix} 1 \\ a_0 \\ a_1 \\ a_2 \\ \vdots \\ a_n \end{bmatrix} = \mathbf{0}$$

此齐次线性方程组总是有非零解 (解向量的第一个分量等于 1), 故其系数行列式必为零, 即

$$\begin{vmatrix} -p_n(x) & 1 & x & x^2 & \cdots & x^n \\ -y_0 & 1 & x_0 & x_0^2 & \cdots & x_0^n \\ -y_1 & 1 & x_1 & x_1^2 & \cdots & x_1^n \\ -y_2 & 1 & x_2 & x_2^2 & \cdots & x_2^n \\ \vdots & \vdots & \vdots & \vdots & & \vdots \\ -y_n & 1 & x_n & x_n^2 & \cdots & x_n^n \end{vmatrix} = 0$$

按第 1 行展开即可求得 $p_n(x)$ 的表达式. 此方法得到的结果和前一待定系数法得到的结果完全相同, 数学结构更清晰.

尽管这种利用行列式求多项式曲线方程的算法的计算效率不高, 但在理论上具有一定的普适性, 可应用于求其他形式的多项式曲线 (曲面) 方程, 包括求多项式形式的隐函数方程. 例如, 对于不过原点的二次曲线

$$ax^2 + bxy + cy^2 + dx + ey + 1 = 0$$

如果知道它经过五个不同点 (x_i, y_i) $(i = 1, 2, \cdots, 5)$, 则可得五个关于 a, b, c, d, e 及常数 1 的线性齐次方程, 连同前面给出的曲线一般方程, 一共有六个线性方程, 它们构成一个关于 a, b, c, d, e 及常数 1 的齐次线性方程组

$$\begin{bmatrix} x^2 & xy & y^2 & x & y & 1 \\ x_1^2 & x_1y_1 & y_1^2 & x_1 & y_1 & 1 \\ x_2^2 & x_2y_2 & y_2^2 & x_2 & y_2 & 1 \\ x_3^2 & x_3y_3 & y_3^2 & x_3 & y_3 & 1 \\ x_4^2 & x_4y_4 & y_4^2 & x_4 & y_4 & 1 \\ x_5^2 & x_5y_5 & y_5^2 & x_5 & y_5 & 1 \end{bmatrix} \begin{bmatrix} a \\ b \\ c \\ d \\ e \\ 1 \end{bmatrix} = \mathbf{0}$$

此方程组有非零解 $[a, b, c, d, e, 1]^{\mathrm{T}}$, 因而相应的系数行列式必为零, 由此可得所要求的隐式二次曲线的方程.

与前面讨论的韩信点兵问题提出的线性同余方程组形式类似, 线性同余方程组还可以下面更一般的形式出现, 即对给定的正整数 p 和整数系数 a_{ij}, 求整数 $x_1, x_2, \cdots, x_n$ 使得

$$\begin{cases} a_{11}x_1 + a_{12}x_2 + \cdots + a_{1n}x_n \equiv b_1 \bmod (p) \\ a_{21}x_1 + a_{22}x_2 + \cdots + a_{2n}x_n \equiv b_2 \bmod (p) \\ \qquad\qquad\cdots\cdots \\ a_{n1}x_1 + a_{n2}x_2 + \cdots + a_{nn}x_n \equiv b_n \bmod (p) \end{cases} \tag{1.14}$$

其更一般的形式是方程的个数 m 与未知数的个数 n 不等. 这里仅考虑 $m = n$ 的情形. 记 A_{ij} 为系数行列式中元素 a_{ij} 的代数余子式. 注意到, 如果 $a \equiv b \bmod (p)$, 则对任何整数 c 有 $ac \equiv bc \bmod (p)$, 从而

$$\begin{cases} (a_{11}x_1 + a_{12}x_2 + \cdots + a_{1n}x_n)A_{1j} \equiv b_1A_{1j} \bmod (p) \\ (a_{21}x_1 + a_{22}x_2 + \cdots + a_{2n}x_n)A_{2j} \equiv b_2A_{2j} \bmod (p) \\ \qquad\qquad\cdots\cdots \\ (a_{n1}x_1 + a_{n2}x_2 + \cdots + a_{nn}x_n)A_{nj} \equiv b_nA_{nj} \bmod (p) \end{cases}$$

将上述各方程两边分别相加得到

$$Dx_j \equiv D_j \bmod (p) \tag{1.15}$$

其中 D 为系数行列式, 而 D_j 为 D 的第 j 列用 $[b_1, b_2, \cdots, b_n]^{\mathrm{T}}$ 替换后所得的行列式. 这里用到了行列式性质: 当 $i, j = 1, 2, \cdots, n$ 时, 有

$$a_{i1}A_{1j} + a_{i2}A_{2j} + \cdots + a_{in}A_{nj} = \begin{cases} D, & i = j \\ 0, & i \neq j \end{cases}$$

$$b_1A_{1j} + b_2A_{2j} + \cdots + b_nA_{nj} = D_j$$

如果能求得一个正整数 γ, 使得 $D\gamma \equiv 1 \bmod (p)$, 那么

$$x_j \equiv D_j\gamma \bmod (p)$$

当 p 为素数且 $D \not\equiv 0 \bmod (p)$ 时, 这样的 γ 是存在的, 但在一般情况下未必有解. 另外, 如果 $D \equiv r \bmod (p)$, $D_j \equiv r_j \bmod (p)$, 则同余方程 (1.15) 可简化为

$$r\,x_j \equiv r_j \bmod (p)$$

例如, 如果 $7x \equiv 10 \bmod (3)$, 则由于 $7 \equiv 1 \bmod (3)$, $10 \equiv 1 \bmod (3)$, 所以 $x \equiv 1 \bmod (3)$. 而当 $7y \equiv -4 \bmod (3)$ 时, 由于 $-4 \equiv 2 \bmod (3)$, 故 $y \equiv 2 \bmod (3)$.

1.4 几何定理的机器证明

数值计算和定理证明是数学活动的两项主要形式. 一般来说, 计算相对容易, 证明相对困难. 例如, 即使是叙述简单的初等几何问题, 其证明也可能难倒一些大数学家. 几何定理的机器证明就是要将几何定理证明化难为易, 能够像数值计算那样机械化完成.

在西方, 早在 17 世纪 Leibniz 时期就有机械化证明的思想, 而我国数学家吴文俊从 20 世纪 70 年代末开始研究定理证明的机械化问题, 他改进了美国数学家 J.F. Ritt 于 20 世纪 30 年代提出的代数几何构造理论, 提出了一种切实可行的机械化方法, 将其成功应用于许多几何定理的机器证明. 这种方法称为吴方法或 Wu-Ritt 方法, 或吴消元法. 应用吴消元法的前提是: 命题的假设和结论都能表示为多项式方程组.

多项式方程组是一类非线性方程组. 有意思的是, Gauss 消元法的思想也适用于求这类非线性方程组, 将变量的幂及不同变量的交叉乘积项视为独立变量, 并分别消元. 例如, 为了求解如下多项式方程组

$$3x^2 - xy + 4y^2 + x - 3y - 28 = 0 \tag{1.16}$$

$$3x^2 + 9xy - 2y^2 - 9x + 11y - 36 = 0 \tag{1.17}$$

可先将 x 视为参数, 利用 (1.16)+2(1.17) 即可消去 y^2, 或者说利用多项式除法有

$$\begin{aligned}4y^2 - (x+3)y + (3x^2 + x - 28) = & -2(-2y^2 + (9x+11)y + 3x^2 - 9x - 36) \\ & + (17x+9)y + 9x^2 - 17x - 100\end{aligned}$$

方程组的解必须使得上式中的余式等于零, 即

$$(17\,x + 19)\,y + 9\,x^2 - 17\,x - 100 = 0 \tag{1.18}$$

同样地, 在方程 (1.16) 两边同时乘以 $17x + 19$, 且在方程 (1.18) 两边同时乘以 $-4y$, 再将这样得到的两个方程两边分别相加, 即 $(17x+19)(1.16)-4y(1.18)$, 也可消去 y^2 得到

$$\left(-53\,x^2 - 2\,x + 343\right)\,y + 51\,x^3 + 74\,x^2 - 457\,x - 532 = 0 \tag{1.19}$$

然后由方程 (1.18) 和 (1.19), 利用 $(17x+9)(1.19)-(-53x^2-2x+343)(1.18)$ 消去 y, 并约去公因子 1344, 得仅含 x 的多项式方程

$$x^4 + x^3 - 11x^2 - 9x + 18 = 0$$

分解因式得

$$(x-1)(x-3)(x+3)(x+2)=0$$

由此求得 x 的四个值. 将 x 的值代入原方程组即求得 y 的值. 进而得到方程组的四个解

$$(x,y)=(3,1),\ (-3,1),\ (1,3),\ (-2,-2)$$

在这些步骤中, 用含 x 的多项式 $17x+19$ 和 $-53x^2-2x+343$ 去乘方程的两边可能产生增根. 容易知道, 这种情况不会发生. 例如, $x=-\dfrac{19}{17}$ 不会使方程 (1.16) 和 (1.17) 同时成立. 所以, 方程两边同时乘以非零因式 $17x+19$ 得到的方程与原方程具有相同的解, 故这个多项式方程组有且仅有上述四个解.

上述消元法求解过程有几个关键点. 一是选定消元顺序, 这里是先消 y, 得到仅含 x 的多项式方程, 应用中当然也可以选择先消去 x 的次序, 其求解过程是类似的; 二是消元过程中用到 $(17x+19)(1.16)-4y(1.18)$ 等, 其本质是作多项式除法求余式, 并且使余式为多项式. 其实, 如果直接对多项式 $3x^2-xy+4y^2+x-3y-28$ 和 $(17x+19)y+9x^2-17x-100$ 作除法, 余式为一有理式, 但对 $(17x+19)(3x^2-xy+4y^2+x-3y-28)$ 和 $4y((17x+19)y+9x^2-17x-100)$ 作除法, 所得余式是多项式 $(-53x^2-2x+343)y+51x^3+74x^2-457x-532$, 在后续消元过程中可避免有理式的复杂运算, 这种除法称为伪除法; 三是将多项式方程组的求解问题转化为求由伪除法得到的两个余式 (多项式)

$$r_1=(17\,x+19)\,y+9\,x^2-17\,x-100$$
$$r_2=x^4+x^3-11\,x^2-9\,x+18$$

的根, 由 $r_2=0$ 先求得 x 的值, 再由 $r_1=0$ 求得 y 的值. $\{r_2, r_1\}$ 称为原多项式方程组的特征列. 这里, 伪除法过程中用到的因子 $17x+19$, $-53x^2-2x+343$ 和 $4y$ 都不能等于零, 从而多项式方程组的解可由特征列完全确定.

吴消元法是一种构造性机械化算法, 适用于求解一般的多项式方程组, 有大量成功应用. 它采用伪除法运算将多项式方程组转化为满足一定条件的阶梯型多项式方程组

$$\begin{cases} f_1(x_1)=0\\ f_2(x_1,x_2)=0\\ \quad\cdots\cdots\\ f_n(x_1,x_2,\cdots,x_n)=0 \end{cases}$$

更一般地, 多项式方程组中还可以有一些参数. 伪除法和特征列是吴消元法中两个非常重要的概念. 主要的基本结论有: 对任何多项式方程组, 利用伪除法运算, 存

在一个机械化的算法, 经过有限步后, 或者能够求出该多项式组的一个特征列, 求出特征列的零点, 或者能够判定所给多项式方程组是矛盾的, 即无解.

对给定的多项式方程组, 选定消元的次序, 利用 Maple 程序 wsolve 可直接求出多项式组的特征列[28], 进而确定方程组是否有解.

例如, 对 $\triangle ABC$, 其三条边长分别为 a, b, c, 而三角形的面积记为 S, 则成立如下秦九韶公式

$$S=\sqrt{p(p-a)(p-b)(p-c)}$$

其中 $p=\frac{1}{2}(a+b+c)$.

下面利用吴消元法来证明此公式. 为此, 如图 1.2 所示, 首先建立平面坐标系, 各顶点的坐标分别为 $A(0,0)$, $B(c,0)$, $C(x,y)$, 且 $\overline{AC}=b$, $\overline{BC}=a$, 则有多项式方程组

$$\begin{cases} p_1 := cy-2S=0 \\ p_2 := x^2+y^2-b^2=0 \\ p_3 := (c-x)^2+y^2-a^2=0 \end{cases}$$

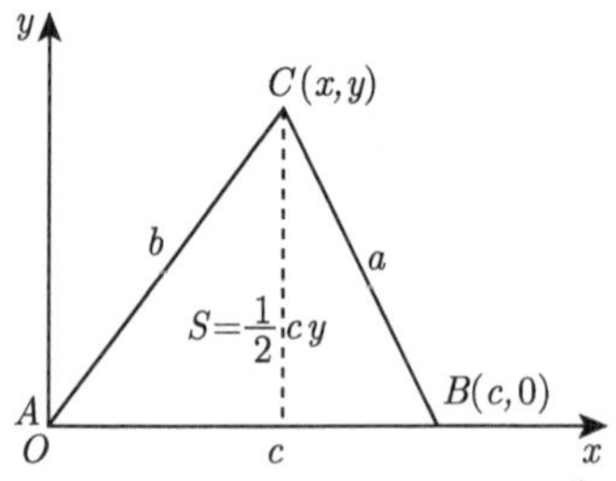

图 1.2 三角形及其面积 $S=\frac{1}{2}cy$

这里是要消去 x, y 后得到 a, b, c, S 的关系式, 因而取变量的次序为 S, x, y, 即先消去 y 再消去 x. 在所有三个多项式中, p_1 关于 y 的次数最低, 因而可取为 $r_1=p_1$. 按照吴方法中采用的伪除法, 需分别求 c^2p_2 与 c^2p_3 用 r_1 去除所得的余式, 为两个关于 x 的二次多项式

$$r_{12}=c^2x^2-c^2b^2+4S^2$$
$$r_{13}=c^2x^2-2c^3x+c^4-c^2a^2+4S^2$$

再用 r_{12} 去除 r_{13}, 得到的余式是关于 x 的一次多项式

$$r_2=-c^2(2cx+a^2-b^2-c^2)$$

进一步, 用 r_2 去除 r_{12} 得到的余式就不含 x, 当然它也不含 y:

$$r_3=16S^2+a^4+b^4+c^4-2a^2b^2-2b^2c^2-2c^2a^2$$

如此求得的三个多项式 $\{r_1, r_2, r_3\}$ 即是该多项式组 $\{p_1, p_2, p_3\}$ 的特征列. 原多项式组的零点由特征列的零点所确定.

进一步, 由 $r_3 = 0$ 有

$$\begin{aligned} S^2 &= \frac{1}{16}(2a^2b^2 + 2b^2c^2 + 2c^2a^2 - a^4 - b^4 - c^4) \\ &= \frac{1}{16}(a+b+c)(a+b-c)(b+c-a)(c+a-b) \\ &= p(p-a)(p-b)(p-c) \end{aligned}$$

由此可得秦九韶公式. 而由 $r_2 = 0$ 可以得到

$$a^2 = b^2 + c^2 - 2cx = b^2 + c^2 - 2bc\cos\angle BAC$$

这就是余弦定理. 也就是说, 利用吴方法求特征列, 不仅证明了秦九韶公式, 还顺带证明了余弦定理. 有关吴消元法、特征列的定义与计算及机器证明的简要介绍可参考文献 [3].

多项式方程组的求解方法还有结式 (resultant) 方法, 如 Sylvester 结式、Bezout 结式和 Dixon 结式等[19]. Sylvester 结式和 Bezout 结式可用于求解二元多项式方程组. 例如, 对前面讨论的两个多项式方程, 将 y 视为参数, 而视两个多项式方程为关于 x 的方程, 那么它们的 Sylvester 结式为一个四阶行列式

$$\begin{vmatrix} 3 & 1-y & -3y-28+4y^2 & 0 \\ 0 & 3 & 1-y & -3y-28+4y^2 \\ 3 & -9+9y & 11y-36-2y^2 & 0 \\ 0 & 3 & -9+9y & 11y-36-2y^2 \end{vmatrix}$$

结式等于零, 即 $1344(y+2)(y-3)(y-1)^2 = 0$, 由此求得 y 的值为 $-2, 1, 3$, 进而求得 x 的值. 而 Bezout 结式得到的是一个二阶行列式

$$\begin{vmatrix} 42y-24-18y^2 & 272y-288+50y^2-34y^3 \\ -30+30y & 42y-24-18y^2 \end{vmatrix}$$

其值也等于 $1344(y+2)(y-3)(y-1)^2$. 如果将 x 视为参数, 而视两个多项式方程为关于 y 的方程, 则可类似计算相应的结式. 通用数学软件 Maple 提供直接计算 Sylvester 结式和 Bezout 结式的命令. 而 Dixon 结式可用于求解三元多项式方程组. 结式方法的本质是将多项式方程的解化为一个关于未知数的幂及乘积的齐次线性方程组的非零解, 再利用系数行列式等于零即可消元. 其中的线性化过程不是近似线性化, 而是精确线性化.

1.5　线性变换

随着计算机技术的进步, 电脑动画的发展也是一日千里, 各种生动逼真的画面让人爱不释手. 电脑动画是通过坐标变换来完成的. 基本的坐标变换包括平移、旋转、伸缩等, 其中旋转和伸缩是线性变换. 线性变换是理解线性方程组和矩阵的一种重要方式.

平面旋转变换与伸缩变换是两种简单线性变换. 对平面上的点 (x_1, x_2), 将其绕原点沿逆时针方向旋转一个角度 θ 得点 (y_1, y_2), 那么

$$\begin{cases} y_1 = x_1 \cos\theta - x_2 \sin\theta \\ y_2 = x_1 \sin\theta + x_2 \cos\theta \end{cases}$$

这是平面旋转变换. 由

$$\begin{cases} y_1 = c_1 x_1 \\ y_2 = c_2 x_2 \end{cases}$$

确定的是一个伸缩变换. 特别地, $c_1 = 1, c_2 = 0$ 对应的是垂直投影到 x_1 轴的投影变换, $c_1 = -1, c_2 = -1$ 对应的是关于原点对称的对称变换, 而 $c_1 = 1, c_2 = -1$ 对应的是关于 x_1 轴对称的对称变换. 更一般的平面线性变换可表示为

$$\begin{cases} y_1 = a_{11}x_1 + a_{12}x_2 \\ y_2 = a_{21}x_1 + a_{22}x_2 \end{cases} \tag{1.20}$$

采用矩阵记号, 上述线性变换可简记为

$$\boldsymbol{y} = \boldsymbol{A}\boldsymbol{x} \tag{1.21}$$

其中 $\boldsymbol{x}, \boldsymbol{y}$ 为二维向量, $\boldsymbol{A}$ 为 2×2 矩阵, 形式如下:

$$\boldsymbol{x} = \begin{bmatrix} x_1 \\ x_2 \end{bmatrix}, \quad \boldsymbol{y} = \begin{bmatrix} y_1 \\ y_2 \end{bmatrix}, \quad \boldsymbol{A} = \begin{bmatrix} a_{11} & a_{12} \\ a_{21} & a_{22} \end{bmatrix}$$

不同的线性变换对应的矩阵 $\boldsymbol{A}$ 是不同的. 这里, 我们用到了两个概念: 点 (x_1, x_2) 与向量 $\boldsymbol{x} = [x_1, x_2]^{\mathrm{T}}$, 其中 T 表示对向量或矩阵进行转置. 它们两个似乎是相同的概念, 实际上是不一样的. 只有向量 $\boldsymbol{x}$ 的起点取为原点时, 点 (x_1, x_2) 与向量 $\boldsymbol{x} = [x_1, x_2]^{\mathrm{T}}$ 的作用才是等同的. 向量的旋转中心总是向量的起点, 不必另外交代,

变换公式简洁. 点的旋转则需要交代旋转中心, 当旋转中心坐标是 (ξ_1, ξ_2) 时, 点 (x_1, x_2) 沿逆时针方向旋转一个角度 θ 得点 (y_1, y_2), 那么对应的变换公式是

$$\begin{cases} y_1 = \xi_1 + x_1 \cos\theta - x_2 \sin\theta \\ y_2 = \xi_2 + x_1 \sin\theta + x_2 \cos\theta \end{cases}$$

记 $\boldsymbol{\xi} = [\xi_1, \xi_2]^{\mathrm{T}}$, 则上式 (利用向量和矩阵) 可表示为

$$\boldsymbol{y} = \boldsymbol{\xi} + \boldsymbol{A}\boldsymbol{x}$$

它可视为一个平移变换和线性变换的和. 需要特别注意的是: 当 $\boldsymbol{\xi} \neq \mathbf{0}$ 时, 这不是一个线性变换, 通常称其为仿射变换.

反之, 对任何 $\boldsymbol{A} \in \mathbb{R}^{2\times 2}$, 由 $\boldsymbol{y} = \boldsymbol{A}\boldsymbol{x}$ 也确定了一个线性变换. 矩阵和线性变换之间具有一一对应的关系. 所以, 可以从几何的角度按线性变换去理解矩阵. 例如, 矩阵乘积 $\boldsymbol{AB}$ 对应的线性变换是 $\boldsymbol{z} = \boldsymbol{AB}\boldsymbol{x}$, 它可以看作是线性变换 $\boldsymbol{y} = \boldsymbol{B}\boldsymbol{x}$, $\boldsymbol{z} = \boldsymbol{A}\boldsymbol{y}$ 的复合线性变换. 而 $\boldsymbol{y} = \boldsymbol{A}^2\boldsymbol{x}$ 可以看作是向量 $\boldsymbol{x}$ 在连续两次线性变换作用下所得的向量 $\boldsymbol{y}$. 由旋转变换的几何意义可知, 对任何整数 $n = 0, 1, 2, \cdots$, 成立

$$\begin{bmatrix} \cos\theta & -\sin\theta \\ \sin\theta & \cos\theta \end{bmatrix}^n = \begin{bmatrix} \cos(n\theta) & -\sin(n\theta) \\ \sin(n\theta) & \cos(n\theta) \end{bmatrix} \tag{1.22}$$

此式也可利用数学归纳法得到证明.

求线性变换 $\boldsymbol{y} = \boldsymbol{A}\boldsymbol{x}$ 的逆变换即是解线性方程组. 当且仅当系数矩阵的行列式 $|\boldsymbol{A}|$ 不为零时, 线性变换 $\boldsymbol{y} = \boldsymbol{A}\boldsymbol{x}$ 的逆变换存在且唯一, 可表示为

$$\boldsymbol{x} = \boldsymbol{A}^{-1}\boldsymbol{y}$$

旋转变换的逆变换一定是存在且唯一的, 而投影变换则是不可逆的. 上述平面旋转变换矩阵的行列式等于 1, 因而旋转变换是可逆变换, 故式 (1.22) 对 n 为负整数也是成立的.

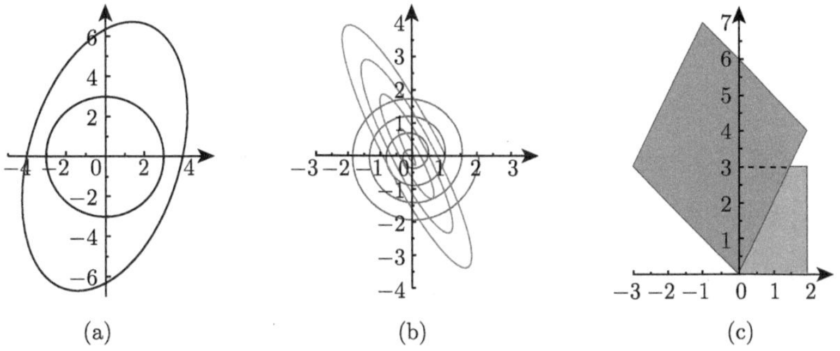

图 1.3 可逆线性变换不改变几何图形的拓扑结构

可逆线性变换不改变几何图形的拓扑结构. 如图 1.3 所示, 平面线性变换

$$\begin{cases} y_1 = x_1 - x_2 \\ y_2 = 2x_1 + x_2 \end{cases}$$

将圆变为椭圆 (图 1.3(a)), 将一条不相交且不封闭的螺旋线变为一条不相交不封闭的螺旋线 (图 1.3(b)), 将一个矩形 (四边形, $0 \leqslant x_1 \leqslant 2$, $0 \leqslant x_2 \leqslant 3$) 变为一个菱形 (四边形)(图 1.3(c)), 但它不能将一个四边形变为一个非四边形的多边形. 而包括投影变换在内的不可逆线性变换则可改变图形的形状与拓扑结构.

在 n 维欧氏空间中, 线性变换具有如下形式

$$\begin{cases} y_1 = a_{11}x_1 + a_{12}x_2 + \cdots + a_{1n}x_n \\ y_2 = a_{21}x_1 + a_{22}x_2 + \cdots + a_{2n}x_n \\ \qquad \cdots\cdots \\ y_n = a_{n1}x_1 + a_{n2}x_2 + \cdots + a_{nn}x_n \end{cases} \tag{1.23}$$

通常, 上述线性变换可简记为

$$\boldsymbol{y} = \boldsymbol{A}\boldsymbol{x}$$

的形式, 其中 $\boldsymbol{x}, \boldsymbol{y}$ 为 n 维向量, $\boldsymbol{A}$ 为 $n \times n$ 矩阵, 形式如下:

$$\boldsymbol{x} = \begin{bmatrix} x_1 \\ x_2 \\ \vdots \\ x_n \end{bmatrix}, \quad \boldsymbol{y} = \begin{bmatrix} y_1 \\ y_2 \\ \vdots \\ y_n \end{bmatrix}, \quad \boldsymbol{A} = \begin{bmatrix} a_{11} & a_{12} & \cdots & a_{1n} \\ a_{21} & a_{22} & \cdots & a_{2n} \\ \vdots & \vdots & & \vdots \\ a_{n1} & a_{n2} & \cdots & a_{nn} \end{bmatrix}$$

线性变换 $\boldsymbol{y} = \boldsymbol{A}\boldsymbol{x}$ 的本质特征是: 对定义域中的任何向量 $\boldsymbol{x}_1, \boldsymbol{x}_2$ 有

$$\boldsymbol{A}(\boldsymbol{x}_1 + \boldsymbol{x}_2) = \boldsymbol{A}\boldsymbol{x}_1 + \boldsymbol{A}\boldsymbol{x}_2$$

这就是说, 用输入 $\boldsymbol{x}$ 与输出 $\boldsymbol{A}\boldsymbol{x}$ 的关系来描述, 线性变换的输入与输出具有叠加关系. 但是, 当 $\boldsymbol{\xi} \neq \boldsymbol{0}$ 时, 由于

$$\boldsymbol{\xi} + \boldsymbol{A}(\boldsymbol{x}_1 + \boldsymbol{x}_2) \neq (\boldsymbol{\xi} + \boldsymbol{A}\boldsymbol{x}_1) + (\boldsymbol{\xi} + \boldsymbol{A}\boldsymbol{x}_2)$$

所以前面出现的 $\boldsymbol{y} = \boldsymbol{\xi} + \boldsymbol{A}\boldsymbol{x}$ 不满足线性关系特征, 不是线性变换, 而是仿射变换.

一般地, 如果 $\xi_1, \xi_2, \cdots, \xi_n$ 不全为零, 那么 $\boldsymbol{y}=\boldsymbol{\xi}+\boldsymbol{A}\boldsymbol{x}$ 所给出的变换, 即

$$\begin{cases} y_1=\xi_1+a_{11}x_1+a_{12}x_2+\cdots+a_{1n}x_n \\ y_2=\xi_2+a_{21}x_1+a_{22}x_2+\cdots+a_{2n}x_n \\ \qquad\cdots\cdots \\ y_n=\xi_n+a_{n1}x_1+a_{n2}x_2+\cdots+a_{nn}x_n \end{cases} \tag{1.24}$$

是一个仿射变换, 不满足线性变换所要求的上述叠加性质. 而在 $n+1$ 维空间里有

$$\tilde{\boldsymbol{y}}=\begin{bmatrix} y_1 \\ y_2 \\ \vdots \\ y_n \\ 1 \end{bmatrix}=\begin{bmatrix} a_{11} & a_{12} & \cdots & a_{1n} & \xi_1 \\ a_{21} & a_{22} & \cdots & a_{2n} & \xi_2 \\ \vdots & \vdots & & \vdots & \vdots \\ a_{n1} & a_{n2} & \cdots & a_{nn} & \xi_n \\ 0 & 0 & \cdots & 0 & 1 \end{bmatrix}\begin{bmatrix} x_1 \\ x_2 \\ \vdots \\ x_n \\ 1 \end{bmatrix}=\tilde{\boldsymbol{A}}\tilde{\boldsymbol{x}}$$

这是一个线性变换, 满足

$$\tilde{\boldsymbol{A}}(\tilde{\boldsymbol{x}}_1+\tilde{\boldsymbol{x}}_2)=\tilde{\boldsymbol{A}}\tilde{\boldsymbol{x}}_1+\tilde{\boldsymbol{A}}\tilde{\boldsymbol{x}}_2$$

这个变换相当于先作线性变换后作平移变换

$$\begin{bmatrix} a_{11} & a_{12} & \cdots & a_{1n} & \xi_1 \\ a_{21} & a_{22} & \cdots & a_{2n} & \xi_2 \\ \vdots & \vdots & & \vdots & \vdots \\ a_{n1} & a_{n2} & \cdots & a_{nn} & \xi_n \\ 0 & 0 & \cdots & 0 & 1 \end{bmatrix}=\begin{bmatrix} 1 & 0 & \cdots & 0 & \xi_1 \\ 0 & 1 & \cdots & 0 & \xi_2 \\ \vdots & \vdots & & \vdots & \vdots \\ 0 & 0 & \cdots & 1 & \xi_n \\ 0 & 0 & \cdots & 0 & 1 \end{bmatrix}\begin{bmatrix} a_{11} & a_{12} & \cdots & a_{1n} & 0 \\ a_{21} & a_{22} & \cdots & a_{2n} & 0 \\ \vdots & \vdots & & \vdots & \vdots \\ a_{n1} & a_{n2} & \cdots & a_{nn} & 0 \\ 0 & 0 & \cdots & 0 & 1 \end{bmatrix}$$

这样, 线性变换和仿射变换的表示得到了统一, 运算更加方便. 这种统一形式的线性变换在计算机图形学和机器人学中具有基础性作用[11]. 注意到, 矩阵的乘法一般不具有交换性, 这个变换作用的结果与先作平移变换后作线性变换的结果是不同的.

对一个矩阵 $\boldsymbol{A}=[a_{ij}]_{n\times n}\in\mathbb{R}^{n\times n}$, 如果存在非零向量 $\boldsymbol{x}$ 和数 λ(实数或复数) 使得

$$\boldsymbol{A}\boldsymbol{x}=\lambda\boldsymbol{x} \tag{1.25}$$

则称 λ 为 $\boldsymbol{A}$ 的特征值, $\boldsymbol{x}$ 为对应于 λ 的特征向量. 由于特征向量是非零的, 所以齐次线性方程组 $(\lambda\boldsymbol{E}-\boldsymbol{A})\boldsymbol{x}=\boldsymbol{0}$ 有非零解, 其系数行列式必为零, 即特征值 λ 是多项式方程

$$|\lambda\boldsymbol{E}-\boldsymbol{A}|=0 \tag{1.26}$$

的解, 其中 $\boldsymbol{E}$ 为 n 阶单位矩阵. 根据行列式的定义可知, 行列式 $|\lambda\boldsymbol{E}-\boldsymbol{A}|$ 的展开式中次数最高的两项由行列式对角线上元素 $\lambda-a_{11}$, $\lambda-a_{22}$, $\cdots$, $\lambda-a_{nn}$ 的乘积所确定, 因而

$$|\lambda\boldsymbol{E}-\boldsymbol{A}|=\lambda^n-(a_{11}+a_{22}+\cdots+a_{nn})\lambda^{n-1}+\cdots$$

另一方面, 假设 $\boldsymbol{A}$ 的 n 个特征根是 $\lambda_1, \lambda_2, \cdots, \lambda_n$, 即 $|\lambda\boldsymbol{E}-\boldsymbol{A}|=(\lambda-\lambda_1)(\lambda-\lambda_2)\cdots(\lambda-\lambda_n)$, 则 $|-\boldsymbol{A}|=(-1)^n|\boldsymbol{A}|=(-1)^n\lambda_1\lambda_2\cdots\lambda_n$, 且

$$|\lambda\boldsymbol{E}-\boldsymbol{A}|=\lambda^n-(\lambda_1+\lambda_2+\cdots+\lambda_n)\lambda^{n-1}+\cdots+(-1)^n\lambda_1\lambda_2\cdots\lambda_n$$

从而必有

$$\lambda_1+\lambda_2+\cdots+\lambda_n=\mathrm{tr}(\boldsymbol{A}),\quad \lambda_1\lambda_2\cdots\lambda_n=|\boldsymbol{A}|$$

其中 $\mathrm{tr}(\boldsymbol{A})$ 是矩阵 $\boldsymbol{A}$ 的迹, 等于矩阵 $\boldsymbol{A}$ 对角线上所有元素之和.

可以从几何上来理解特征值和特征向量. 如图 1.4 所示, 线性变换 $\boldsymbol{y}=\boldsymbol{Ax}$ 将圆变为椭圆, 以原点为起点圆上点为终点的向量 $\boldsymbol{x}$ 在此变换下的像是 $\boldsymbol{Ax}$, 其起点为原点, 终点在椭圆上, 利用动画观察两个向量的位置变化, 寻找 $\boldsymbol{x}$ 与 $\boldsymbol{Ax}$ 平行时对应的向量即可发现: 当 $\boldsymbol{x}=[0, 3]^{\mathrm{T}}$ 时, $\boldsymbol{Ax}=\boldsymbol{x}$. 这表明, 1 是矩阵 $\boldsymbol{A}$ 的特征值, 且 $\boldsymbol{x}=[0, 3]^{\mathrm{T}}$ 是对应的特征向量.

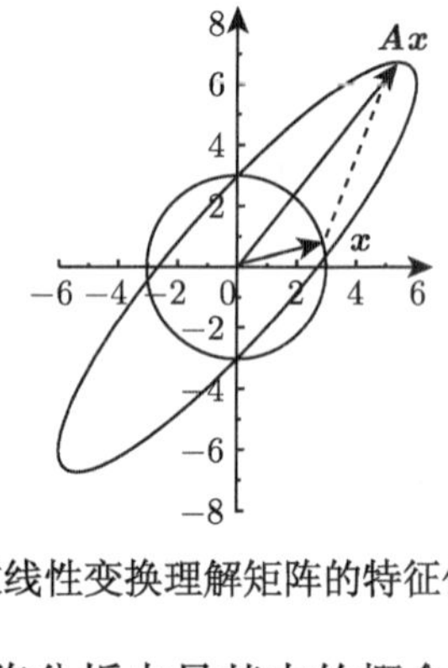

图 1.4　通过线性变换理解矩阵的特征值与特征向量

特征值和特征向量是矩阵分析中最基本的概念, 在许多问题研究中具有重要作用. 例如, 假设矩阵 $\boldsymbol{A}\in\mathbb{R}^{n\times n}$ 具有 n 个线性无关的特征向量 $\boldsymbol{p}_1, \boldsymbol{p}_2, \cdots, \boldsymbol{p}_n$, 对应的特征值分别为 $\lambda_1, \lambda_2, \cdots, \lambda_n$, 满足 $\boldsymbol{Ap}_i=\lambda_i\boldsymbol{p}_i\ (i=1, 2, \cdots, n)$, 并记 $\boldsymbol{P}=[\boldsymbol{p}_1, \boldsymbol{p}_2, \cdots, \boldsymbol{p}_n]\in\mathbb{R}^{n\times n}$, 那么, 矩阵 $\boldsymbol{P}$ 是可逆矩阵, 且

$$\boldsymbol{P}^{-1}\boldsymbol{AP}=\begin{bmatrix}\lambda_1 & & & \\ & \lambda_2 & & \\ & & \ddots & \\ & & & \lambda_n\end{bmatrix} \tag{1.27}$$

此时, 称 $\boldsymbol{A}$ 可对角化. 特别地, 当 $\boldsymbol{A}$ 是实对称矩阵时, 属于不同特征值的特征向量一定是正交的, 当然也是线性无关的. 可对角化矩阵的一些计算可以简化, 例如, 对任何多项式 $f(\lambda)=a_0+a_1\lambda+a_2\lambda^2+\cdots+a_m\lambda^m$, 如果定义

$$f(\boldsymbol{A})=a_0\boldsymbol{E}+a_1\boldsymbol{A}+a_2\boldsymbol{A}^2+\cdots+a_m\boldsymbol{A}^m$$

那么

$$\boldsymbol{P}^{-1}f(\boldsymbol{A})\boldsymbol{P}=\begin{bmatrix} f(\lambda_1) & & & \\ & f(\lambda_2) & & \\ & & \ddots & \\ & & & f(\lambda_n) \end{bmatrix} \tag{1.28}$$

从而求得 $f(\boldsymbol{A})$. 另外, 对常系数的线性微分方程组

$$\frac{\mathrm{d}\boldsymbol{x}}{\mathrm{d}t}=\boldsymbol{A}\boldsymbol{x}$$

如果令 $\boldsymbol{y}=\boldsymbol{P}^{-1}\boldsymbol{x}$, 则有

$$\frac{\mathrm{d}\boldsymbol{y}}{\mathrm{d}t}=\begin{bmatrix} \lambda_1 & & & \\ & \lambda_2 & & \\ & & \ddots & \\ & & & \lambda_n \end{bmatrix}\boldsymbol{y} \tag{1.29}$$

由此可得 $\dfrac{\mathrm{d}y_i}{\mathrm{d}t}=\lambda_i y_i(i=1,\ 2,\ \cdots,\ n)$, 分别求解即可得到 $\boldsymbol{y}$, 从而求得 $\boldsymbol{x}=\boldsymbol{P}\boldsymbol{y}$.

值得再次强调的是: 在线性同构的意义下, 可将线性变换等同于矩阵. 事实上, 对 $\mathbb{R}^n$ 中的一个线性变换 T, 取定 $\mathbb{R}^n$ 的一组基: $\boldsymbol{\alpha}_1,\ \boldsymbol{\alpha}_2,\ \cdots,\ \boldsymbol{\alpha}_n$(列向量组), 由于 $T\boldsymbol{\alpha}_i\in\mathbb{R}^n$ 也可用这组基线性表示, 故有矩阵 $\boldsymbol{A}\in\mathbb{R}^{n\times n}$ 使得

$$T[\boldsymbol{\alpha}_1,\ \boldsymbol{\alpha}_2,\ \cdots,\ \boldsymbol{\alpha}_n]=[\boldsymbol{\alpha}_1,\ \boldsymbol{\alpha}_2,\ \cdots,\ \boldsymbol{\alpha}_n]\boldsymbol{A} \tag{1.30}$$

反之, 对任意矩阵 $\boldsymbol{A}\in\mathbb{R}^{n\times n}$, 可由式 (1.30) 确定一个线性变换 T. 不同的线性变换对应不同的矩阵, 不同的矩阵定义不同的线性变换. 记定义在 $\mathbb{R}^n$ 中的所有线性变换按照通常的加法和数乘构成的线性空间为 X, 定义映射 S 如下:

$$\begin{aligned} S:\quad X &\to \mathbb{R}^{n\times n} \\ T &\mapsto \boldsymbol{A} \end{aligned}$$

则它是一个可逆映射. 进一步, 对任意 $\boldsymbol{A},\ \boldsymbol{B}\in\mathbb{R}^{n\times n},\ \lambda,\ \mu\in\mathbb{R}$, 有

$$S(\lambda\boldsymbol{A}+\mu\boldsymbol{B})=\lambda S(\boldsymbol{A})+\mu S(\boldsymbol{B})$$

这说明 S 是线性同构映射. 从而可以把线性变换与它对应的基矩阵等同看待.

1.6 Koch 雪 花

在实际问题中, 非线性方程组和非线性变换是普遍的, 线性方程组和线性变换仅仅是非线性方程组和非线性变换的局部近似. 例如,

$$\begin{aligned} T_1:\ & \mathbb{R}^1 \to \mathbb{R}^1 \\ & \forall\, x \mapsto T_1(x) = \mu x(1-x) \end{aligned}$$

$$\begin{aligned} T_2:\ & \mathbb{R}^2 \to \mathbb{R}^2 \\ & \forall\, \boldsymbol{x} = \begin{bmatrix} x_1 \\ x_2 \end{bmatrix} \mapsto T_2(\boldsymbol{x}) = \begin{bmatrix} x_1x_2 \\ 2x_2 \end{bmatrix} \end{aligned}$$

是非线性变换. 对任意实数 λ_1, λ_2, 一般来说只能有

$$T_1(\lambda_1 x_1 + \lambda_2 x_2) \neq \lambda_1 T_1(x_1) + \lambda_2 T_1(x_2)$$
$$T_2(\lambda_1 \boldsymbol{x}_1 + \lambda_2 \boldsymbol{x}_2) \neq \lambda_1 T_2(\boldsymbol{x}_1) + \lambda_2 T_2(\boldsymbol{x}_2)$$

T_1 是著名的 Logistic 映射, 当 $|x|$ 很小时, $T_1(x) \approx \mu x$ 可近似为线性变换.

非线性变换可以将直线变为曲线, 将三角形变为非三角形, 将不相交曲线变为相交曲线, 将封闭曲线变为非封闭曲线, 将平面变为曲面, 等等. 非线性将导致复杂性. 对 Logistic 映射, 以及给定的初始值 $x_0 \in (0,1)$ 和不同的 $\mu \in (0,1)$, 由

$$x_{n+1} = T_1(x_n)$$

定义的序列可以有完全不同的性态: 存在一些 μ 的取值, 在这些点的两边附近, 对应的序列演化具有本质的差异, 在左边附近, 序列的最终状态在某 2^i 个数中循环出现, 而在右边附近, 序列的最终状态在某 2^{i+1} 个数中循环出现, 这样的 μ 值称为倍周期分岔点, 而对另外一些 μ 值, 序列的初始值的微小变化会导致序列最终的状态本质不同, “失之毫厘差之千里”, 这是所谓的混沌现象. Logistic 映射呈现出由倍周期分岔导致的混沌现象[6].

分形是非线性变换产生的复杂性的一种几何表现. 考察平面 Koch 曲线, 它是按如下简单规则构造的一条极限曲线:

(1) 取一条线段, 将其三等分, 以中间段为底边向一侧作一个等边三角形, 然后移去这个中间段底边, 得到一条由 4 条等长线段构成的折线.

(2) 对 4 条线段重复上述步骤得到一个由 16 条等长线段构成的折线.

(3) 重复上述步骤至无穷, 其极限曲线为 Koch 曲线.

其前几步构造如图 1.5 所示, 每一个步骤中都包含一些对直线段所作的旋转、拉伸与平移变换. 例如, 由线段 $\{(x_1, x_2):\ 0 \leqslant x_1 \leqslant 1,\ x_2 = 0\}$ 开始, 变换后的第一段至第四段分别由

图 1.5 Koch 曲线的构造

$$\begin{cases} y_1 = \dfrac{x_1}{3}, \\ y_2 = 0, \end{cases} \quad \begin{cases} y_1 = \dfrac{1}{3} + \dfrac{x_1}{3}\cos\dfrac{\pi}{3}, \\ y_2 = \dfrac{x_1}{3}\sin\dfrac{\pi}{3}, \end{cases} \quad \begin{cases} y_1 = \dfrac{2}{3} + \dfrac{x_1}{3}\cos\dfrac{2\pi}{3}, \\ y_2 = \dfrac{x_1}{3}\sin\dfrac{2\pi}{3}, \end{cases} \quad \begin{cases} y_1 = \dfrac{2}{3} + \dfrac{x_1}{3} \\ y_2 = 0 \end{cases}$$

确定, 可统一表示为

$$\begin{cases} y_1^{(i)} = x_1^{(0)} + \dfrac{x_1}{3}\cos\left(\dfrac{\pi}{3}i\right) \\ y_2^{(i)} = x_2^{(0)} + \dfrac{x_1}{3}\sin\left(\dfrac{\pi}{3}i\right) \end{cases} \quad (i = 0,\ 1,\ 2,\ 3)$$

其中 $x_2^{(0)} = 0$. 每一部分是线性变换或仿射变换, 这是简单的变换, 但合在一起就可以是一个复杂的非线性变换. 在反复迭代过程中, 各局部变换的公式类似, 只是 $x_1^{(0)}, x_2^{(0)}$ 的值和因子 $\dfrac{x_1}{3}$形式要变.

Koch 雪花是以等边三角形的三边生成的 Koch 曲线组成的封闭曲线, 如图 1.6 所示. 将一个三角形变成一个十二边形一定是非线性变换.

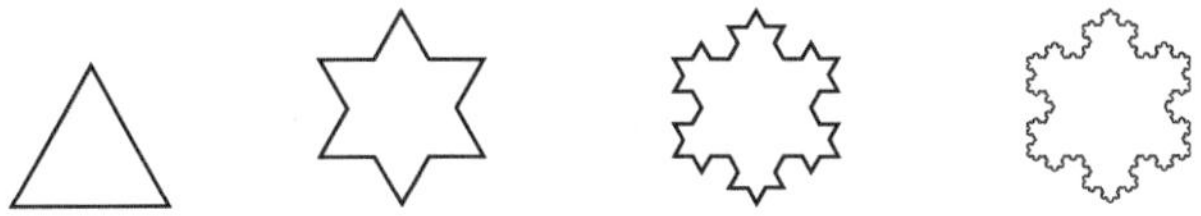

图 1.6 Koch 雪花的构造

Koch 曲线与 Koch 雪花处处连续 (不间断), 但处处不光滑 (导数不存在). 法国数学家 Jordan 在他的*Cours d'analyse* (1887) 给曲线下的定义是: 连续函数 $x = f(t),\ y = g(t)\ (t_0 \leqslant t \leqslant t_1)$ 所表示的点的集合, 且满足不自相交的条件. 这种定义过于宽泛, 意大利数学家 Peano 曾于 1890 年构造出一条满足 Jordan 定义条件的曲线, 竟能跑遍正方形内的所有点, 每点至少走过一次. 对于这种情况, 曲线与曲面之间的界线不明确. 曲线的长度 (曲面的面积) 通常需要利用积分去定义, 这就要求所描述的曲线 (曲面) 是可微函数. 19 世纪后期, 数学家构造出了一个又一个令人目瞪口呆的古怪的函数、曲线、曲面. 对实数 $0 < a < 1$ 和奇数 b, 且满足 $ab > 1 + \dfrac{3}{2}\pi$, 下面是著名的 Weierstrass 函数

$$w(x) = \sum_{k=1}^{\infty} a^k \cos(b^k \pi x)$$

它处处连续但 (几乎) 处处不可导. 当初这样的函数是作为个案的病态函数提出来的. 从简单直观看, 我们很难写出一个处处不可导的函数, 可能认为这样的函数很少. 而实际情况则正好相反, 这种函数不仅很多, 而且多得不得了. 其实, 在“泛函分析”中, 利用 Baire 纲定理可以证明, 在一个闭区间上处处不可导的函数是普遍的, 而至少在一点可微的函数是稀有的. 这正如在实数集中, 有理数是稀有的, 而无理数是普遍的.

假设构造 Koch 雪花最初的正三角形的边长是 1, 其面积是 A_0, 则

$$A_0 = \frac{1}{2}\left(1 \cdot \frac{\sqrt{3}}{2}\right) = \frac{\sqrt{3}}{4}.$$

在第 n 步, Koch 雪花曲线的长度 $l(n)$ 为

$$l(n) = 3 \times \left(\frac{4}{3}\right)^{n-1}$$

而 Koch 雪花所围成的区域的面积 $A(n)$ 为

$$\begin{aligned}
A(n) &= A_0 + A_0 \times 3 \times \left(\frac{1}{3}\right)^2 + A_0 \times 3 \times 4 \times \left(\frac{1}{3}\right)^4 + A_0 \times 3 \times 4^2 \times \left(\frac{1}{3}\right)^6 + \cdots \\
&\quad + A_0 \times 3 \times 4^{n-2} \times \left(\frac{1}{3}\right)^{2(n-1)} \\
&= A_0\left(1 + \frac{1}{3} + \frac{1}{3} \times \left(\frac{4}{9}\right) + \frac{1}{3} \times \left(\frac{4}{9}\right)^2 + \cdots + \frac{1}{3} \times \left(\frac{4}{9}\right)^{n-2}\right) \\
&= A_0\left(1 + \frac{1}{3}\frac{1-\left(\frac{4}{9}\right)^{n-1}}{1-\frac{4}{9}}\right) = A_0\left(\frac{8}{5} - \frac{3}{5}\left(\frac{4}{9}\right)^{n-1}\right)
\end{aligned}$$

因而 Koch 雪花所围成的平面区域面积是有限的, $\lim\limits_{n\to+\infty} A(n) = \frac{2}{5}\sqrt{3}$, 但其周长却为无穷大, $\lim\limits_{n\to+\infty} l(n) = +\infty$. 结论令人惊奇.

更为惊奇的是 Koch 曲线具有分数维. 众所周知, 对边长为 1 的正方形, 由中心分成四个边长为 $\frac{1}{2}$ 且面积为 $\frac{1}{4} = \left(\frac{1}{2}\right)^2$ 的全等正方形, 满足 $4 = 2^d$, 正方形是 $d(=2)$ 维的; 对边长为 1 的正方体, 当边长缩短为 $\frac{1}{2}$ 时, 得到八个边长为 $\frac{1}{2}$ 且体积为 $\frac{1}{8} = \left(\frac{1}{2}\right)^3$ 的全等正方体, 有 $8 = 2^d$, 正方体是 $d(=3)$ 维的. Koch 曲线与 Koch

雪花具有相同的维数. 对长度为 1 的线段, 将其三等分, 得到四段相似的 Koch 曲线. 如果 Koch 曲线是 d 维的, 由类比法应有

$$4 = 3^d$$

于是, Koch 曲线的维数是

$$d = \frac{\log 4}{\log 3} \approx 1.262$$

这表明, Koch 曲线具有自相似性, 其局部和整体具有相似的结构, 其维数等于一个非整数, 约等于 1.262. 这样的图像称为分形 (fractals), 其初步介绍可参考文献 [1].

分形不仅是数学领域的重要研究对象, 而且在许多技术领域都有成功的实际应用, 比如, 分形天线比常规天线更具有优越性[20].

第 2 章　线性方程组的唯一解

线性方程组理论以向量与矩阵为工具研究线性方程组解的存在性及其表示等问题，是许多数学理论的基础，发展得非常成熟. 同时，它们又是信息技术、自动控制、经济规划、电网计算等各种应用技术领域的重要数学工具，具有其他数学理论无法替代的作用. 本章在线性方程组有唯一解的前提下，从二元一次线性方程组和三元一次线性方程组出发，综合运用向量和矩阵工具推导线性方程组的求解公式，重点是对线性方程组求解相关结论和方法从不同角度加以理解和分析，并以合情合理的方式将结果呈现出来.

2.1　二元一次线性方程组

最简单的线性方程组是二元一次线性方程组，其一般形式是

$$\begin{cases} a_{11}x_1 + a_{12}x_2 = b_1 \\ a_{21}x_1 + a_{22}x_2 = b_2 \end{cases} \tag{2.1}$$

如前所述，求解线性方程组的基本思路和方法是消元法. 采用消元法，当 $a_{11}a_{22} - a_{21}a_{12} \neq 0$ 时，方程组的唯一解可表示为

$$\begin{cases} x_1 = \dfrac{b_1a_{22} - b_2a_{12}}{a_{11}a_{22} - a_{21}a_{12}} \\ x_2 = \dfrac{b_2a_{11} - b_1a_{21}}{a_{11}a_{22} - a_{21}a_{12}} \end{cases} \tag{2.2}$$

或者表示为行列式的商.

线性方程组的解 x_1 和 x_2 不能孤立存在，因而可以以一个整体的形式出现，向量和矩阵是将多个数量以整体形式出现的好工具. 为此，引入如下记号

$$\boldsymbol{x} = \begin{bmatrix} x_1 \\ x_2 \end{bmatrix}, \quad \boldsymbol{b} = \begin{bmatrix} b_1 \\ b_2 \end{bmatrix}, \quad \boldsymbol{A} = \begin{bmatrix} a_{11} & a_{12} \\ a_{21} & a_{22} \end{bmatrix}$$

其中 $\boldsymbol{A}$ 称为线性方程组的系数矩阵. 那么，线性方程组 (2.1) 又可表示为

$$\boldsymbol{Ax} = \boldsymbol{b} \tag{2.3}$$

由解的表达式 (2.2), 当系数行列式 $|\boldsymbol{A}| = a_{11}a_{22} - a_{21}a_{12} \neq 0$ 时, 有

$$\boldsymbol{x} = \frac{1}{|\boldsymbol{A}|}\begin{bmatrix} b_1a_{22} - b_2a_{12} \\ b_2a_{11} - b_1a_{21} \end{bmatrix} = \frac{1}{|\boldsymbol{A}|}\begin{bmatrix} a_{22} & -a_{12} \\ -a_{21} & a_{11} \end{bmatrix}\begin{bmatrix} b_1 \\ b_2 \end{bmatrix}$$

矩阵方程 $\boldsymbol{Ax} = \boldsymbol{b}$ 和标量方程 $ax = b$ 的形式类似, 其解在形式上也应该是类似的. 因此, 有理由相信, 矩阵

$$\frac{1}{|\boldsymbol{A}|}\begin{bmatrix} a_{22} & -a_{12} \\ -a_{21} & a_{11} \end{bmatrix}$$

和 a^{-1} 的地位作用相当, 即可猜想系数矩阵 $\boldsymbol{A}$ 的逆矩阵为

$$\boldsymbol{A}^{-1} = \frac{1}{|\boldsymbol{A}|}\begin{bmatrix} a_{22} & -a_{12} \\ -a_{21} & a_{11} \end{bmatrix}$$

经验证, 右端矩阵满足逆矩阵的定义, 利用逆矩阵的唯一性可知它就是 $\boldsymbol{A}$ 的逆矩阵. 因此, 线性方程组的解可表示为

$$\boldsymbol{x} = \boldsymbol{A}^{-1}\boldsymbol{b} \tag{2.4}$$

上述解向量中出现的二阶矩阵可按如下方式得到: a_{22} 是矩阵 $\boldsymbol{A}$ 中去掉 a_{11} 所在的行列后所得的数, a_{11} 是去掉 a_{22} 所在的行列后所得的数, $-a_{21}$ 是去掉 a_{12} 所在的行列后所得的数并乘以 $(-1)^{1+2}$ 得到, 而 $-a_{12}$ 是去掉 a_{21} 所在的行列后所得的数并乘以 $(-1)^{2+1}$ 得到. 此矩阵由系数矩阵 $\boldsymbol{A}$ 的代数余子式构成, 是系数矩阵 $\boldsymbol{A}$ 的伴随矩阵, 记为 $\boldsymbol{A}^*$. 从而, 利用伴随矩阵, 二阶矩阵 $\boldsymbol{A}$ 的逆矩阵可表示为

$$\boldsymbol{A}^{-1} = \frac{1}{|\boldsymbol{A}|}\boldsymbol{A}^* \quad (|\boldsymbol{A}| \neq 0) \tag{2.5}$$

下面换个角度思考问题. 将线性方程组 (2.1) 表示为如下向量方程的形式

$$\boldsymbol{\alpha}_1 x_1 + \boldsymbol{\alpha}_2 x_2 = \boldsymbol{b} \tag{2.6}$$

其中

$$\boldsymbol{\alpha}_1 = \begin{bmatrix} a_{11} \\ a_{21} \end{bmatrix}, \quad \boldsymbol{\alpha}_2 = \begin{bmatrix} a_{12} \\ a_{22} \end{bmatrix}$$

对任何二维向量 $\boldsymbol{\beta}$, 利用向量点积运算将上述向量方程化为数量方程

$$(\boldsymbol{\alpha}_1 \cdot \boldsymbol{\beta})x_1 + (\boldsymbol{\alpha}_2 \cdot \boldsymbol{\beta})x_2 = \boldsymbol{b} \cdot \boldsymbol{\beta}$$

当 $\boldsymbol{\alpha}_1 \cdot \boldsymbol{\beta} = 0$ 时即消去了 x_1, 当 $\boldsymbol{\alpha}_2 \cdot \boldsymbol{\beta} = 0$ 时即消去了 x_2. 因此, 在这种形式下, 由向量点积的性质可知, 消去 x_2 的含义就是找一个和 $\boldsymbol{\alpha}_2$ 垂直的向量 $\boldsymbol{\beta}_2$, 使

$\boldsymbol{\alpha}_2 \cdot \boldsymbol{\beta}_2 = 0$, 而消去 x_1 的含义就是找一个和 $\boldsymbol{\alpha}_1$ 垂直的向量 $\boldsymbol{\beta}_1$, 使 $\boldsymbol{\alpha}_1 \cdot \boldsymbol{\beta}_1 = 0$. 显然, 这样的向量 $\boldsymbol{\beta}$ 可分别取为

$$\boldsymbol{\beta}_1 = \begin{bmatrix} -a_{21} \\ a_{11} \end{bmatrix}, \quad \boldsymbol{\beta}_2 = \begin{bmatrix} a_{22} \\ -a_{12} \end{bmatrix}$$

此时

$$\begin{aligned} &\boldsymbol{\alpha}_1 \cdot \boldsymbol{\beta}_2 = \boldsymbol{\alpha}_2 \cdot \boldsymbol{\beta}_1 = a_{11}a_{22} - a_{21}a_{12} \\ &\boldsymbol{\alpha}_1 \cdot \boldsymbol{\beta}_1 = \boldsymbol{\alpha}_2 \cdot \boldsymbol{\beta}_2 = 0 \\ &\boldsymbol{b} \cdot \boldsymbol{\beta}_1 = b_2 a_{11} - b_1 a_{21} \\ &\boldsymbol{b} \cdot \boldsymbol{\beta}_2 = b_1 a_{22} - b_2 a_{12} \end{aligned}$$

从而当系数行列式的值 $a_{11}a_{22} - a_{12}a_{21} = \boldsymbol{\alpha}_1 \cdot \boldsymbol{\beta}_2 = \boldsymbol{\alpha}_2 \cdot \boldsymbol{\beta}_1 \neq 0$ 时, 所求得的解为

$$\begin{cases} x_1 = \dfrac{\boldsymbol{b} \cdot \boldsymbol{\beta}_2}{\boldsymbol{\alpha}_1 \cdot \boldsymbol{\beta}_2} = \dfrac{\begin{vmatrix} b_1 & a_{12} \\ b_2 & a_{22} \end{vmatrix}}{\begin{vmatrix} a_{11} & a_{12} \\ a_{21} & a_{22} \end{vmatrix}} \\[4ex] x_2 = \dfrac{\boldsymbol{b} \cdot \boldsymbol{\beta}_1}{\boldsymbol{\alpha}_2 \cdot \boldsymbol{\beta}_1} = \dfrac{\begin{vmatrix} a_{11} & b_1 \\ a_{21} & b_2 \end{vmatrix}}{\begin{vmatrix} a_{11} & a_{12} \\ b_{21} & a_{22} \end{vmatrix}} \end{cases}$$

与经典消元法得到的结论完全一致.

线性方程组的向量表示形式 (2.6) 具有明确的几何意义. 当向量 $\boldsymbol{\alpha}_1$, $\boldsymbol{\alpha}_2$ 线性无关 (不平行, 即系数行列式 $|\boldsymbol{A}| = a_{11}a_{22} - a_{21}a_{12} \neq 0$) 时, 由平行四边形法则, 存在唯一的实数 x_1, x_2 使得等式 (2.6) 成立. 进一步, 如图 2.1 所示, 取 $\boldsymbol{\alpha}_2$ 的垂直向量 $\boldsymbol{\beta}_2$, 由向量 $x_1\boldsymbol{\alpha}_1$ 和 $\boldsymbol{\alpha}_1$ 的终点 A_1, A_2 分别作 $\boldsymbol{\beta}_2$ 的垂线得垂足 B_1, B_2, 那么 OB_1 和 OB_2 分别是向量 $\boldsymbol{b}$ 和 $\boldsymbol{\alpha}_1$ 在向量 $\boldsymbol{\beta}$ 上的垂直投影, 可表示为

$$\begin{aligned} \mathrm{Proj}_{\boldsymbol{\beta}_2}\boldsymbol{b} &= \|\boldsymbol{b}\|_2 \cos\left(\widehat{\boldsymbol{b}, \boldsymbol{\beta}_2}\right) = \frac{\boldsymbol{b} \cdot \boldsymbol{\beta}_2}{\|\boldsymbol{\beta}_2\|_2} \\ \mathrm{Proj}_{\boldsymbol{\beta}_2}\boldsymbol{\alpha}_1 &= \|\boldsymbol{\alpha}_1\|_2 \cos\left(\widehat{\boldsymbol{\alpha}_1, \boldsymbol{\beta}_2}\right) = \frac{\boldsymbol{\alpha}_1 \cdot \boldsymbol{\beta}_2}{\|\boldsymbol{\beta}_2\|_2} \end{aligned}$$

其中, 对 $\boldsymbol{x} = [x_1, x_2, x_3]^{\mathrm{T}}$, $\|\boldsymbol{x}\|_2 = \sqrt{x_1^2 + x_2^2 + x_3^2}$. 由于 $\triangle OA_1B_1$ 和 $\triangle OA_2B_2$ 相似, 所以

$$x_1 = \frac{x_1\|\boldsymbol{\alpha}_1\|_2}{\|\boldsymbol{\alpha}_1\|_2} = \frac{OA_1}{OA_2} = \frac{OB_1}{OB_2} = \frac{\boldsymbol{b} \cdot \boldsymbol{\beta}_2}{\boldsymbol{\alpha}_1 \cdot \boldsymbol{\beta}_2} \tag{2.7}$$

类似地, 可以求得 x_2.

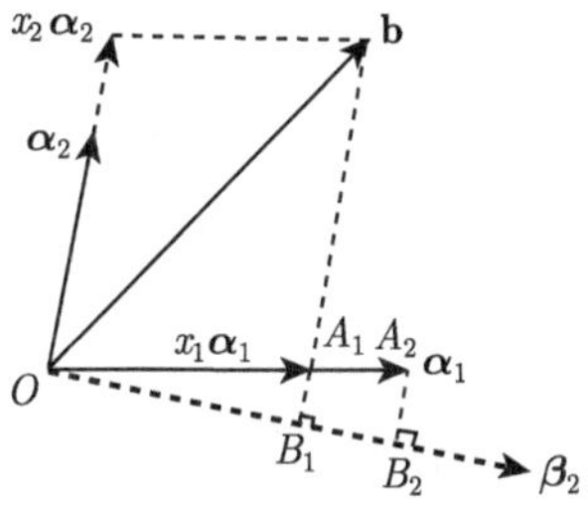

图 2.1 向量方程 (2.6) 及其解的几何解释

2.2 三元一次线性方程组

和二元一次线性方程组类似, 三元一次线性方程组

$$\begin{cases} a_{11}x_1 + a_{12}x_2 + a_{13}x_3 = b_1 \\ a_{21}x_1 + a_{22}x_2 + a_{23}x_3 = b_2 \\ a_{31}x_1 + a_{32}x_2 + a_{33}x_3 = b_3 \end{cases} \tag{2.8}$$

也可以表示为不同形式, 采用不同方法求得其解.

最基本的消元法是依次消元法. 选取其中的两个方程, 如第一个方程和第二个方程, 方程两边各自分别乘以 a_{23} 和 a_{13}, 然后两边相减, 得到一个不含 x_3 的二元一次方程为

$$(a_{23}a_{11} - a_{13}a_{21})x_1 + (a_{23}a_{12} - a_{13}a_{22})x_2 = a_{23}b_1 - a_{13}b_2 \tag{2.9}$$

同样地, 选取第二个方程和第三个方程, 方程两边各自分别乘以 a_{33} 和 a_{23}, 然后两边相减, 得到另一个不含 x_3 的二元一次线性线性方程

$$(a_{21}a_{33} - a_{23}a_{31})x_1 + (a_{22}a_{33} - a_{23}a_{32})x_2 = a_{33}b_2 - a_{23}b_3 \tag{2.10}$$

进一步, 联立上述两个二元一次线性方程, 用 $a_{22}a_{33} - a_{23}a_{32}$ 乘以式 (2.9) 的两边, 用 $a_{23}a_{12} - a_{13}a_{22}$ 乘以式 (2.10) 的两边, 然后方程两边分别相减, 并消去公因子 a_{23} 即得

$$D\,x_1 = D_1 \tag{2.11}$$

同理, 采用消元法, 可分别得到

$$D\,x_2 = D_2, \quad D\,x_3 = D_3$$

其中

$$D=a_{11}a_{22}a_{33}+a_{12}a_{23}a_{31}+a_{21}a_{32}a_{13}-a_{13}a_{22}a_{31}-a_{23}a_{32}a_{11}-a_{33}a_{21}a_{12}$$

$$D_1=a_{22}a_{33}b_1+a_{12}a_{23}b_3+b_2a_{32}a_{13}-a_{13}a_{22}b_3-a_{23}a_{32}b_1-a_{33}a_{12}b_2$$

$$D_2=a_{11}a_{33}b_2+b_1a_{23}a_{31}+a_{21}a_{13}b_3-a_{13}a_{31}b_2-a_{23}a_{11}b_3-a_{33}a_{21}b_1$$

$$D_3=a_{11}a_{22}b_3+a_{12}a_{31}b_2+a_{21}a_{32}b_1-a_{22}a_{31}b_1-a_{32}a_{11}b_2-a_{21}a_{12}b_3$$

这里的 D, D_1, D_2, D_3 都可表示为行列式的形式. 当 $D\neq 0$ 时, 线性方程组的唯一解为

$$x_1=\frac{D_1}{D},\quad x_2=\frac{D_2}{D},\quad x_3=\frac{D_3}{D}$$

这就是三元一次线性方程组的 Cramer 法则.

为了从整体上把握线性方程组的解 x_1, x_2 和 x_3, 引入如下向量和矩阵

$$\boldsymbol{x}=\begin{bmatrix}x_1\\x_2\\x_3\end{bmatrix},\quad \boldsymbol{b}=\begin{bmatrix}b_1\\b_2\\b_3\end{bmatrix},\quad \boldsymbol{A}=\begin{bmatrix}a_{11}&a_{12}&a_{13}\\a_{21}&a_{22}&a_{23}\\a_{31}&a_{32}&a_{33}\end{bmatrix}$$

其中 $\boldsymbol{A}$ 称为线性方程组的系数矩阵. 那么, 上述三元一次线性方程组又可表示为

$$\boldsymbol{Ax}=\boldsymbol{b} \tag{2.12}$$

利用行列式的记号, D 就是系数矩阵 $\boldsymbol{A}$ 的行列式 $|\boldsymbol{A}|$, 若记 A_{ij} 为 a_{ij} 的代数余子式, 那么, D_i 可用 b_1, b_2, b_3 的线性组合表示, 其系数即是代数余子式, 例如

$$a_{22}a_{33}-a_{23}a_{32}=\begin{vmatrix}a_{22}&a_{23}\\a_{32}&a_{33}\end{vmatrix}=A_{11},\quad a_{23}a_{31}-a_{33}a_{21}=(-1)^{1+2}\begin{vmatrix}a_{21}&a_{23}\\a_{32}&a_{33}\end{vmatrix}=A_{12}$$

于是有

$$D_i=b_1A_{1i}+b_2A_{2i}+b_3A_{3i}\quad (i=1,\ 2,\ 3)$$

从而解向量 $\boldsymbol{x}$ 可表示为

$$\boldsymbol{x}=\frac{1}{|\boldsymbol{A}|}\begin{bmatrix}D_1\\D_2\\D_3\end{bmatrix}=\frac{1}{|\boldsymbol{A}|}\begin{bmatrix}A_{11}&A_{21}&A_{31}\\A_{12}&A_{22}&A_{32}\\A_{13}&A_{23}&A_{33}\end{bmatrix}\begin{bmatrix}b_1\\b_2\\b_3\end{bmatrix}$$

其中由代数余子式构成的三阶矩阵就是系数矩阵 $\boldsymbol{A}$ 的伴随矩阵 $\boldsymbol{A}^*$.

记 $\boldsymbol{E}$ 为三阶单位矩阵, 直接验证可知

$$\boldsymbol{A}\left(\frac{1}{|\boldsymbol{A}|}\boldsymbol{A}^*\right)=\left(\frac{1}{|\boldsymbol{A}|}\boldsymbol{A}^*\right)\boldsymbol{A}=\boldsymbol{E}$$

这表明, 在 $|\boldsymbol{A}| \neq 0$ 时, 矩阵 $\boldsymbol{A}$ 可逆, 且逆矩阵 $\boldsymbol{A}^{-1}$ 可用行列式 $|\boldsymbol{A}|$ 与伴随矩阵 $\boldsymbol{A}^*$ 表示:

$$\boldsymbol{A}^{-1} = \frac{1}{|\boldsymbol{A}|}\boldsymbol{A}^* \quad (|\boldsymbol{A}| \neq 0) \tag{2.13}$$

由此可以看出为什么要引入伴随矩阵并清楚了解伴随矩阵与逆矩阵之间的关系. 进一步, 利用逆矩阵记号, 线性方程组的解可表示为

$$\boldsymbol{x} = \boldsymbol{A}^{-1}\boldsymbol{b} \tag{2.14}$$

采用消元法求解三元一次线性方程组, 既可一个一个地消元, 也可同时消去两个未知数. 为此, 定义系数向量

$$\boldsymbol{\alpha}_1 = \begin{bmatrix} a_{11} \\ a_{21} \\ a_{31} \end{bmatrix}, \quad \boldsymbol{\alpha}_2 = \begin{bmatrix} a_{12} \\ a_{22} \\ a_{32} \end{bmatrix}, \quad \boldsymbol{\alpha}_3 = \begin{bmatrix} a_{13} \\ a_{23} \\ a_{33} \end{bmatrix}$$

则线性方程组 (2.8) 可表示为

$$\boldsymbol{\alpha}_1 x_1 + \boldsymbol{\alpha}_2 x_2 + \boldsymbol{\alpha}_3 x_3 = \boldsymbol{b} \tag{2.15}$$

对任何向量 $\boldsymbol{\beta}$, 作点积得到

$$(\boldsymbol{\alpha}_1 \cdot \boldsymbol{\beta})x_1 + (\boldsymbol{\alpha}_2 \cdot \boldsymbol{\beta})x_2 + (\boldsymbol{\alpha}_3 \cdot \boldsymbol{\beta})x_3 = \boldsymbol{b} \cdot \boldsymbol{\beta}$$

我们不仅可以如前面那样消去其中一个未知数, 利用向量的叉积还可以同时消去两个未知数. 例如, 为了同时消去 x_2, x_3, 取 $\boldsymbol{\beta} = \boldsymbol{\alpha}_2 \times \boldsymbol{\alpha}_3$, 那么

$$(\boldsymbol{\alpha}_1 \cdot \boldsymbol{\beta})x_1 = \boldsymbol{b} \cdot \boldsymbol{\beta}$$

其中 $\boldsymbol{\alpha}_1 \cdot (\boldsymbol{\alpha}_2 \times \boldsymbol{\alpha}_3)$ 即系数行列式, 而 $\boldsymbol{b} \cdot (\boldsymbol{\alpha}_2 \times \boldsymbol{\alpha}_3)$ 就是将系数行列式中第 1 列 $\boldsymbol{\alpha}_1$ 替换为 $\boldsymbol{b}$ 得到的行列式, 即

$$\boldsymbol{\alpha}_1 \cdot (\boldsymbol{\alpha}_2 \times \boldsymbol{\alpha}_3) = \begin{vmatrix} a_{11} & a_{12} & a_{13} \\ a_{21} & a_{22} & a_{23} \\ a_{31} & a_{32} & a_{33} \end{vmatrix} = |\boldsymbol{A}|$$

$$\boldsymbol{b} \cdot (\boldsymbol{\alpha}_2 \times \boldsymbol{\alpha}_3) = \begin{vmatrix} b_1 & a_{12} & a_{13} \\ b_2 & a_{22} & a_{23} \\ b_3 & a_{32} & a_{33} \end{vmatrix} = D_1$$

因此, $x_1D = D_1$. 类似地, 依次将系数行列式的第 2 列、第 3 列替换为 $\boldsymbol{b}$, 所得的行列式分别记为 D_2, D_3, 则有 $x_2D = D_2, x_3D = D_3$. 这表明, 只要系数行列式 $D = |\boldsymbol{A}| \neq 0$, 那么三元一次线性方程组 (2.8) 的解可表示为

$$x_1 = \frac{D_1}{D}, \quad x_2 = \frac{D_2}{D}, \quad x_3 = \frac{D_3}{D}$$

从而以不同方式又得到三元一次线性方程组的 Cramer 法则.

类似于二元一次线性方程组, 也可以给出上述求解公式的几何解释. 例如, 解 x_1 可由如图 2.2 所示的线段长度关系所确定.

$$x_1 = \frac{x_1\|\boldsymbol{\alpha}_1\|_2}{\|\boldsymbol{\alpha}_1\|_2} = \frac{OA_1}{OA_2} = \frac{OB_1}{OB_2} = \frac{\boldsymbol{b}\cdot(\boldsymbol{\alpha}_2 \times \boldsymbol{\alpha}_3)}{\boldsymbol{\alpha}_1\cdot(\boldsymbol{\alpha}_2 \times \boldsymbol{\alpha}_3)} \tag{2.16}$$

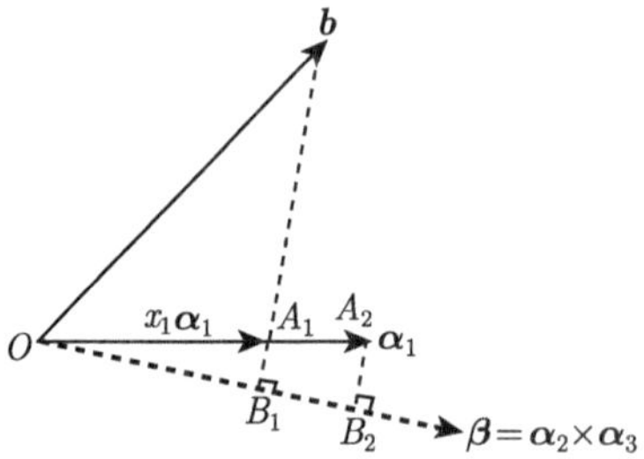

图 2.2　向量方程 (2.15) 及其解的几何解释

证明 Cramer 法则不需要逆矩阵, 故也可以利用 Cramer 法则推导出公式 (2.13). 事实上, 矩阵 $\boldsymbol{A}$ 的逆矩阵就是线性矩阵方程

$$\boldsymbol{AX} = \boldsymbol{E} \tag{2.17}$$

的唯一解, 其中 $\boldsymbol{E}$ 为三阶单位矩阵. 该线性矩阵方程和线性方程组具有类似的形式, 如果将矩阵 $\boldsymbol{X}$ 和单位矩阵 $\boldsymbol{E}$ 按列分块, 就可以将其化为求解典型的线性方程组. 事实上, 记

$$\boldsymbol{X} = [x_{ij}]_{3\times3} = [\boldsymbol{x}_1,\ \boldsymbol{x}_2,\ \boldsymbol{x}_3] \in \mathbb{R}^{3\times3}, \quad \boldsymbol{E} = [\boldsymbol{e}_1,\ \boldsymbol{e}_2,\ \boldsymbol{e}_3]$$

那么该方程有解等价于如下 3 个具有相同系数矩阵的线性方程组

$$\boldsymbol{Ax}_i = \boldsymbol{e}_i \quad (i = 1, 2, 3)$$

同时有解. 由 Cramer 法则有

$$x_{ij} = \frac{1}{|\boldsymbol{A}|} \cdot A_{ji} \tag{2.18}$$

从而矩阵 $\boldsymbol{X}$ 具有如下形式:

$$\boldsymbol{X} = \frac{1}{|\boldsymbol{A}|}\boldsymbol{A}^*$$

以 x_{11} 为例, 则有

$$x_{11} = \frac{1}{|\boldsymbol{A}|} \cdot \begin{vmatrix} 1 & a_{12} & a_{13} \\ 0 & a_{22} & a_{23} \\ 0 & a_{32} & a_{33} \end{vmatrix} = \frac{1}{|\boldsymbol{A}|} \cdot A_{11}$$

对 x_{21}, 则有

$$x_{21} = \frac{1}{|\boldsymbol{A}|} \cdot \begin{vmatrix} a_{11} & 1 & a_{13} \\ a_{21} & 0 & a_{23} \\ a_{31} & 0 & a_{33} \end{vmatrix} = \frac{1}{|\boldsymbol{A}|} \cdot A_{12}$$

而对 x_{31}, 则有

$$x_{31} = \frac{1}{|\boldsymbol{A}|} \cdot \begin{vmatrix} a_{11} & a_{12} & 1 \\ a_{21} & a_{22} & 0 \\ a_{31} & a_{32} & 0 \end{vmatrix} = \frac{1}{|\boldsymbol{A}|} \cdot A_{13}$$

其余依此类推. 因此, 利用伴随矩阵求逆矩阵的公式可看作是 Cramer 法则的一个直接应用.

2.3 n 元一次线性方程组

利用向量的正交性对线性方程组进行消元求解具有普遍性, 可得到一般情形的 Cramer 法则, 这种推广在教材[10] 中有讨论. 下面基于归纳法和类比法重新整理这个过程, 力求更加自然一些. 考察 n 元一次线性方程组

$$\begin{cases} a_{11}x_1 + a_{12}x_2 + \cdots + a_{1n}x_n = b_1 \\ a_{21}x_1 + a_{22}x_2 + \cdots + a_{2n}x_n = b_2 \\ \qquad\qquad \cdots\cdots \\ a_{n1}x_1 + a_{n2}x_2 + \cdots + a_{nn}x_n = b_n \end{cases} \tag{2.19}$$

对各未知数的系数, 分别引入如下系数向量

$$\boldsymbol{\alpha}_1=\begin{bmatrix}a_{11}\\a_{21}\\\vdots\\a_{n1}\end{bmatrix},\ \boldsymbol{\alpha}_2=\begin{bmatrix}a_{12}\\a_{22}\\\vdots\\a_{n2}\end{bmatrix},\cdots,\quad \boldsymbol{\alpha}_n=\begin{bmatrix}a_{1n}\\a_{2n}\\\vdots\\a_{nn}\end{bmatrix},\quad \boldsymbol{b}=\begin{bmatrix}b_1\\b_2\\\vdots\\b_n\end{bmatrix}$$

则线性方程组可以表示为向量线性组合的形式:

$$\boldsymbol{\alpha}_1x_1+\boldsymbol{\alpha}_2x_2+\cdots+\boldsymbol{\alpha}_nx_n=\boldsymbol{b} \tag{2.20}$$

为了同时消去 $x_2, x_3, \cdots, x_n$ 并求得 x_1, 关键是找到一个同时与向量 $\boldsymbol{\alpha}_2, \boldsymbol{\alpha}_3, \cdots, \boldsymbol{\alpha}_n$ 正交的向量 $\boldsymbol{\beta}$.

回顾在三元一次线性方程组消去 x_1 的过程中, 所用的正交向量是 $\boldsymbol{\beta}=\boldsymbol{\alpha}_2\times\boldsymbol{\alpha}_3$, 利用行列式记号, 可形式上表示为

$$\boldsymbol{\beta}=\begin{vmatrix}\boldsymbol{e}_1 & a_{12} & a_{13}\\\boldsymbol{e}_2 & a_{22} & a_{23}\\\boldsymbol{e}_3 & a_{32} & a_{33}\end{vmatrix}=A_{11}\boldsymbol{e}_1+A_{21}\boldsymbol{e}_2+A_{31}\boldsymbol{e}_3$$

其中 A_{ij} 为 a_{ij} 的代数余子式, $\boldsymbol{e}_1=[1,\ 0,\ 0]^{\mathrm{T}}$, $\boldsymbol{e}_2=[0,\ 1,\ 0]^{\mathrm{T}}$, $\boldsymbol{e}_3=[0,\ 0,\ 1]^{\mathrm{T}}$ 为三维标准单位正交向量. 而在二元一次线性方程组的消元过程中, 消去 x_1 和消去 x_2 的正交向量分别是

$$\boldsymbol{\beta}_1=\begin{bmatrix}-a_{21}\\a_{11}\end{bmatrix},\quad \boldsymbol{\beta}_2=\begin{bmatrix}a_{22}\\-a_{12}\end{bmatrix}$$

利用二维标准单位正交向量 $\boldsymbol{e}_1=[1,\ 0]^{\mathrm{T}}$, $\boldsymbol{e}_2=[0,\ 1]^{\mathrm{T}}$ 和行列式, 又可将 $\boldsymbol{\beta}_1, \boldsymbol{\beta}_2$ 从形式上表示为

$$\boldsymbol{\beta}_1=\begin{vmatrix}a_{11} & \boldsymbol{e}_1\\a_{21} & \boldsymbol{e}_2\end{vmatrix}=A_{12}\boldsymbol{e}_1+A_{22}\boldsymbol{e}_2$$

$$\boldsymbol{\beta}_2=\begin{vmatrix}\boldsymbol{e}_1 & a_{12}\\\boldsymbol{e}_2 & a_{22}\end{vmatrix}=A_{11}\boldsymbol{e}_1+A_{21}\boldsymbol{e}_2$$

受此启发, 为了消去 n 元线性方程组的未知数 $x_2, x_3, \cdots, x_n$, 记 $\boldsymbol{e}_1, \boldsymbol{e}_2, \cdots, \boldsymbol{e}_n$ 为标准单位正交列向量, 其中 $\boldsymbol{e}_i$ 表示除第 i 个分量取值为 1 外其余分量全为 0, A_{ij} 为系数矩阵 $\boldsymbol{A}=[\boldsymbol{\alpha}_1, \boldsymbol{\alpha}_2, \cdots, \boldsymbol{\alpha}_n]$ 中元素 a_{ij} 的代数余子式, 取向量 $\boldsymbol{\beta}$ 为

$$\boldsymbol{\beta}=A_{11}\boldsymbol{e}_1+A_{21}\boldsymbol{e}_2+\cdots+A_{n1}\boldsymbol{e}_n \tag{2.21}$$

由于 $\boldsymbol{\alpha}_i = a_{1i}\boldsymbol{e}_1 + a_{2i}\boldsymbol{e}_2 + \cdots + a_{ni}\boldsymbol{e}_n (\forall i = 1, 2, \cdots, n)$, 直接验证有

$$\boldsymbol{\alpha}_i \cdot \boldsymbol{\beta} = a_{1i}A_{11} + a_{2i}A_{21} + \cdots + a_{ni}A_{n1} = \begin{cases} |\boldsymbol{A}|, & i = 1 \\ 0, & i \neq 1 \end{cases}$$

故 $\boldsymbol{\beta}$ 同时与 $\alpha_2, \alpha_3, \cdots, \alpha_n$ 正交. 注意到, 向量点积也可以写成矩阵乘法的形式: $\boldsymbol{\alpha}_i \cdot \boldsymbol{\beta} = \boldsymbol{\alpha}_i^{\mathrm{T}}\boldsymbol{\beta}$. 这样, 利用式 (2.21) 定义的 n 维向量 $\boldsymbol{\beta}$, 在线性方程组 (2.20) 两边作点积即可同时消去 $x_2, x_3, \cdots, x_n$, 而得到

$$\left(\boldsymbol{\alpha}_1^{\mathrm{T}}\boldsymbol{\beta}\right) x_1 = |\boldsymbol{A}|x_1 = \boldsymbol{b}^{\mathrm{T}}\boldsymbol{\beta} = D_1$$

其中 D_1 为矩阵 $[\boldsymbol{b}, \boldsymbol{\alpha}_2, \cdots, \boldsymbol{\alpha}_n]$ 的行列式. 类似地, 可得到 $|\boldsymbol{A}|x_i = D_i$, 其中 D_i 为将系数矩阵的第 i 列替换为 $\boldsymbol{b}$ 得到的矩阵的行列式. 因而当 $D = |\boldsymbol{A}| \neq 0$ 时, 有

$$x_1 = \frac{D_1}{D}, \quad x_2 = \frac{D_2}{D}, \quad \cdots, \quad x_n = \frac{D_n}{D} \tag{2.22}$$

这就是 n 元线性方程组的 Cramer 法则. Cramer 法则的几何解释如图 2.3 所示.

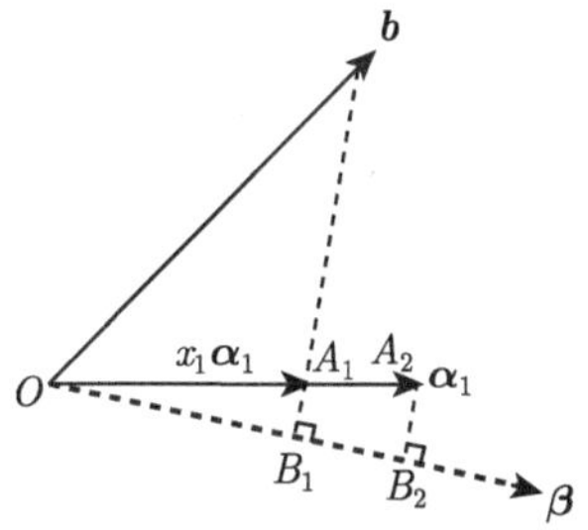

图 2.3 向量方程 (2.15) 及其解的几何解释, 其中 $\boldsymbol{\beta}$ 由式 (2.21) 所定义

上述求解过程首先将三维向量空间中的叉积概念推广到 n 维向量空间中, 利用 n 个 $n-1$ 阶行列式来定义 $n-1$ 个向量的叉积, 进而利用该叉积同时消去 $n-1$ 个变元达到求解的目的. 这个过程给出了 Cramer 法则的另一种证明方法.

进一步, 利用

$$D_i = b_1A_{1i} + b_2A_{2i} + \cdots + b_nA_{ni} \quad (i = 1, 2, \cdots, n)$$

将线性方程组的解向量表示为

$$\boldsymbol{x} = \frac{1}{|\boldsymbol{A}|}\begin{bmatrix} D_1 \\ D_2 \\ \vdots \\ D_n \end{bmatrix} = \frac{1}{|\boldsymbol{A}|}\begin{bmatrix} A_{11} & A_{21} & \cdots & A_{n1} \\ A_{12} & A_{22} & \cdots & A_{n2} \\ \vdots & \vdots & & \vdots \\ A_{1n} & A_{2n} & \cdots & A_{nn} \end{bmatrix}\begin{bmatrix} b_1 \\ b_2 \\ \vdots \\ b_n \end{bmatrix} = \boldsymbol{A}^{-1}\boldsymbol{b}$$

其中由代数余子式构成的矩阵 $[A_{ji}]_{n\times n}$ 就是系数矩阵 $\boldsymbol{A}$ 的伴随矩阵 $\boldsymbol{A}^*$. 即在一般情形下, 逆矩阵仍然可以用行列式与伴随矩阵来表示:

$$\boldsymbol{A}^{-1}=\frac{1}{|\boldsymbol{A}|}\boldsymbol{A}^* \quad (|\boldsymbol{A}|\neq 0) \tag{2.23}$$

以上展示的是如何由二元线性方程组和三元线性方程组的求解获得启发而得到 n 元线性方程组的求解公式, 体现了由特殊到一般的认识过程, 以及对这些公式的深入理解. 如果仅仅要证明 Cramer 法则, 则完全可以采用更简单的做法. 例如, 由 $x_i|\boldsymbol{A}|$ 出发, 将常数因子 x_i 变为第 i 列的公因子, 然后分别将第 1 列的 x_1 倍, 第 2 列的 x_2 倍, $\cdots$, 第 $i-1$ 列的 x_{i-1} 倍, 第 $i+1$ 列的 x_{i+1} 倍, $\cdots$, 第 n 列的 x_n 倍都加到第 i 列, 利用等式 (2.20) 即得到行列式 D_i, 也就是

$$\begin{aligned}
x_i|\boldsymbol{A}| &= |[\boldsymbol{\alpha}_1, \cdots, \boldsymbol{\alpha}_{i-1}, x_i\boldsymbol{\alpha}_i, \boldsymbol{\alpha}_{i+1}, \cdots, \boldsymbol{\alpha}_n]| \\
&= \left|\left[\boldsymbol{\alpha}_1, \cdots, \boldsymbol{\alpha}_{i-1}, \sum_{j=1}^{n} x_j\boldsymbol{\alpha}_j, \boldsymbol{\alpha}_{i+1}, \cdots, \boldsymbol{\alpha}_n\right]\right| \\
&= |[\boldsymbol{\alpha}_1, \cdots, \boldsymbol{\alpha}_{i-1}, \boldsymbol{b}, \boldsymbol{\alpha}_{i+1}, \cdots, \boldsymbol{\alpha}_n]| = D_i
\end{aligned}$$

另外, 也可以认为 $x_i|\boldsymbol{A}|=D_i$ 是由 “两个矩阵相乘等于第三个矩阵” 这样的等式两边分别取行列式得到的, 最简单的情况, x_i 就是一个对角阵或上三角阵或下三角阵的行列式. 例如, 如果取

$$\boldsymbol{X}=\begin{bmatrix} x_1 & 0 & 0 & \cdots & 0 \\ x_2 & 1 & 0 & \cdots & 0 \\ \vdots & \vdots & \vdots & & \vdots \\ x_n & 0 & 0 & \cdots & 1 \end{bmatrix}$$

那么 $|\boldsymbol{X}|=x_1$, 且

$$[\boldsymbol{\alpha}_1, \boldsymbol{\alpha}_2, \cdots, \boldsymbol{\alpha}_n]\boldsymbol{X}=[\boldsymbol{b}, \boldsymbol{\alpha}_2, \cdots, \boldsymbol{\alpha}_n]$$

两边取行列式即得 $x_1|\boldsymbol{A}|=D_1$.

2.4　基于正交化过程的求解方法

采用以前的记号, 考察向量形式的线性方程组

$$\boldsymbol{\alpha}_1x_1+\boldsymbol{\alpha}_2x_2+\cdots+\boldsymbol{\alpha}_nx_n=\boldsymbol{b} \tag{2.24}$$

或等价地记为 $\boldsymbol{Ax}=\boldsymbol{b}$ 其中 $\boldsymbol{x},\boldsymbol{b}\in\mathbb{R}^n,\boldsymbol{A}\in\mathbb{R}^{n\times n}$. 当线性方程组的系数行列式 $|\boldsymbol{A}|\neq 0$ 时, 即系数向量组 $\boldsymbol{\alpha}_1,\boldsymbol{\alpha}_2,\cdots,\boldsymbol{\alpha}_n$ 线性无关时, 方程组有唯一解, 这个解可以用 Cramer 公式表示. 下面再换一个角度来考虑线性方程组的求解.

从简单的做起, 首先考察易于处理的情形. 如果向量 $\boldsymbol{\alpha}_1,\boldsymbol{\alpha}_2,\cdots,\boldsymbol{\alpha}_n$ 两两正交: $\boldsymbol{\alpha}_i^{\mathrm{T}}\boldsymbol{\alpha}_j=0\ (i\neq j)$, 那么线性方程组的求解非常简单, 其唯一解可表示为

$$x_i=\frac{\boldsymbol{\alpha}_i^{\mathrm{T}}\boldsymbol{b}}{\boldsymbol{\alpha}_i^{\mathrm{T}}\boldsymbol{\alpha}_i}\quad(i=1,2,\cdots,n)$$

在一般情况下, 由于 $\boldsymbol{\alpha}_1,\boldsymbol{\alpha}_2,\cdots,\boldsymbol{\alpha}_n$ 线性无关, 那么利用 Gram-Schmidt 正交化过程可得到两两正交的线性无关组 $\boldsymbol{\beta}_1,\boldsymbol{\beta}_2,\cdots,\boldsymbol{\beta}_n$, 其计算公式如下

$$\begin{cases}\boldsymbol{\beta}_1=\boldsymbol{\alpha}_1\\ \boldsymbol{\beta}_2=\boldsymbol{\alpha}_2-\dfrac{\boldsymbol{\beta}_1^{\mathrm{T}}\boldsymbol{\alpha}_2}{\boldsymbol{\beta}_1^{\mathrm{T}}\boldsymbol{\beta}_1}\boldsymbol{\beta}_1\\ \boldsymbol{\beta}_3=\boldsymbol{\alpha}_3-\dfrac{\boldsymbol{\beta}_2^{\mathrm{T}}\boldsymbol{\alpha}_3}{\boldsymbol{\beta}_2^{\mathrm{T}}\boldsymbol{\beta}_2}\boldsymbol{\beta}_2-\dfrac{\boldsymbol{\beta}_1^{\mathrm{T}}\boldsymbol{\alpha}_3}{\boldsymbol{\beta}_1^{\mathrm{T}}\boldsymbol{\beta}_1}\boldsymbol{\beta}_1\\ \qquad\cdots\cdots\\ \boldsymbol{\beta}_n=\boldsymbol{\alpha}_n-\dfrac{\boldsymbol{\beta}_{n-1}^{\mathrm{T}}\boldsymbol{\alpha}_n}{\boldsymbol{\beta}_{n-1}^{\mathrm{T}}\boldsymbol{\beta}_{n-1}}\boldsymbol{\beta}_{n-1}-\dfrac{\boldsymbol{\beta}_{n-2}^{\mathrm{T}}\boldsymbol{\alpha}_n}{\boldsymbol{\beta}_{n-2}^{\mathrm{T}}\boldsymbol{\beta}_{n-2}}\boldsymbol{\beta}_{n-2}-\cdots-\dfrac{\boldsymbol{\beta}_1^{\mathrm{T}}\boldsymbol{\alpha}_n}{\boldsymbol{\beta}_1^{\mathrm{T}}\boldsymbol{\beta}_1}\boldsymbol{\beta}_1\end{cases}\tag{2.25}$$

等价地有

$$\begin{cases}\boldsymbol{\alpha}_1=\boldsymbol{\beta}_1\\ \boldsymbol{\alpha}_2=\boldsymbol{\beta}_2+\dfrac{\boldsymbol{\beta}_1^{\mathrm{T}}\boldsymbol{\alpha}_2}{\boldsymbol{\beta}_1^{\mathrm{T}}\boldsymbol{\beta}_1}\boldsymbol{\beta}_1\\ \boldsymbol{\alpha}_3=\boldsymbol{\beta}_3+\dfrac{\boldsymbol{\beta}_2^{\mathrm{T}}\boldsymbol{\alpha}_3}{\boldsymbol{\beta}_2^{\mathrm{T}}\boldsymbol{\beta}_2}\boldsymbol{\beta}_2+\dfrac{\boldsymbol{\beta}_1^{\mathrm{T}}\boldsymbol{\alpha}_3}{\boldsymbol{\beta}_1^{\mathrm{T}}\boldsymbol{\beta}_1}\boldsymbol{\beta}_1\\ \qquad\cdots\cdots\\ \boldsymbol{\alpha}_n=\boldsymbol{\beta}_n+\dfrac{\boldsymbol{\beta}_{n-1}^{\mathrm{T}}\boldsymbol{\alpha}_n}{\boldsymbol{\beta}_{n-1}^{\mathrm{T}}\boldsymbol{\beta}_{n-1}}\boldsymbol{\beta}_{n-1}+\dfrac{\boldsymbol{\beta}_{n-2}^{\mathrm{T}}\boldsymbol{\alpha}_n}{\boldsymbol{\beta}_{n-2}^{\mathrm{T}}\boldsymbol{\beta}_{n-2}}\boldsymbol{\beta}_{n-2}+\cdots+\dfrac{\boldsymbol{\beta}_1^{\mathrm{T}}\boldsymbol{\alpha}_n}{\boldsymbol{\beta}_1^{\mathrm{T}}\boldsymbol{\beta}_1}\boldsymbol{\beta}_1\end{cases}$$

从而有

$$[\boldsymbol{\alpha}_1, \boldsymbol{\alpha}_2, \cdots, \boldsymbol{\alpha}_n] = [\boldsymbol{\beta}_1, \boldsymbol{\beta}_2, \cdots, \boldsymbol{\beta}_n]\begin{bmatrix} 1 & \dfrac{\boldsymbol{\beta}_1^{\mathrm{T}}\boldsymbol{\alpha}_2}{\boldsymbol{\beta}_1^{\mathrm{T}}\boldsymbol{\beta}_1} & \dfrac{\boldsymbol{\beta}_1^{\mathrm{T}}\boldsymbol{\alpha}_3}{\boldsymbol{\beta}_1^{\mathrm{T}}\boldsymbol{\beta}_1} & \cdots & \dfrac{\boldsymbol{\beta}_1^{\mathrm{T}}\boldsymbol{\alpha}_n}{\boldsymbol{\beta}_1^{\mathrm{T}}\boldsymbol{\beta}_1} \\ 0 & 1 & \dfrac{\boldsymbol{\beta}_2^{\mathrm{T}}\boldsymbol{\alpha}_3}{\boldsymbol{\beta}_2^{\mathrm{T}}\boldsymbol{\beta}_2} & \cdots & \dfrac{\boldsymbol{\beta}_2^{\mathrm{T}}\boldsymbol{\alpha}_n}{\boldsymbol{\beta}_2^{\mathrm{T}}\boldsymbol{\beta}_2} \\ 0 & 0 & 1 & \cdots & \dfrac{\boldsymbol{\beta}_3^{\mathrm{T}}\boldsymbol{\alpha}_n}{\boldsymbol{\beta}_3^{\mathrm{T}}\boldsymbol{\beta}_3} \\ \vdots & \vdots & \vdots & & \vdots \\ 0 & 0 & 0 & \cdots & 1 \end{bmatrix} \tag{2.26}$$

作线性变换

$$\begin{bmatrix} y_1 \\ y_2 \\ y_3 \\ \vdots \\ y_n \end{bmatrix} = \begin{bmatrix} 1 & \dfrac{\boldsymbol{\beta}_1^{\mathrm{T}}\boldsymbol{\alpha}_2}{\boldsymbol{\beta}_1^{\mathrm{T}}\boldsymbol{\beta}_1} & \dfrac{\boldsymbol{\beta}_1^{\mathrm{T}}\boldsymbol{\alpha}_3}{\boldsymbol{\beta}_1^{\mathrm{T}}\boldsymbol{\beta}_1} & \cdots & \dfrac{\boldsymbol{\beta}_1^{\mathrm{T}}\boldsymbol{\alpha}_n}{\boldsymbol{\beta}_1^{\mathrm{T}}\boldsymbol{\beta}_1} \\ 0 & 1 & \dfrac{\boldsymbol{\beta}_2^{\mathrm{T}}\boldsymbol{\alpha}_3}{\boldsymbol{\beta}_2^{\mathrm{T}}\boldsymbol{\beta}_2} & \cdots & \dfrac{\boldsymbol{\beta}_2^{\mathrm{T}}\boldsymbol{\alpha}_n}{\boldsymbol{\beta}_2^{\mathrm{T}}\boldsymbol{\beta}_2} \\ 0 & 0 & 1 & \cdots & \dfrac{\boldsymbol{\beta}_3^{\mathrm{T}}\boldsymbol{\alpha}_n}{\boldsymbol{\beta}_3^{\mathrm{T}}\boldsymbol{\beta}_3} \\ \vdots & \vdots & \vdots & & \vdots \\ 0 & 0 & 0 & \cdots & 1 \end{bmatrix}\begin{bmatrix} x_1 \\ x_2 \\ x_3 \\ \vdots \\ x_n \end{bmatrix} \tag{2.27}$$

那么线性方程组 (2.24) 可化为

$$\boldsymbol{\beta}_1 y_1 + \boldsymbol{\beta}_2 y_2 + \cdots + \boldsymbol{\beta}_n y_n = \boldsymbol{b} \tag{2.28}$$

利用系数向量的正交性, 各系数 $y_1, y_2, \cdots, y_n$ 的值可表示为

$$y_i = \frac{\boldsymbol{\beta}_i^{\mathrm{T}}\boldsymbol{b}}{\boldsymbol{\beta}_i^{\mathrm{T}}\boldsymbol{\beta}_i} \quad (i = 1, 2, \cdots, n) \tag{2.29}$$

利用变换公式 (2.27) 的逆变换可求得

$$\begin{bmatrix} x_1 \\ x_2 \\ x_3 \\ \vdots \\ x_n \end{bmatrix} = \begin{bmatrix} 1 & \dfrac{\boldsymbol{\beta}_1^{\mathrm{T}}\boldsymbol{\alpha}_2}{\boldsymbol{\beta}_1^{\mathrm{T}}\boldsymbol{\beta}_1} & \dfrac{\boldsymbol{\beta}_1^{\mathrm{T}}\boldsymbol{\alpha}_3}{\boldsymbol{\beta}_1^{\mathrm{T}}\boldsymbol{\beta}_1} & \cdots & \dfrac{\boldsymbol{\beta}_1^{\mathrm{T}}\boldsymbol{\alpha}_n}{\boldsymbol{\beta}_1^{\mathrm{T}}\boldsymbol{\beta}_1} \\ 0 & 1 & \dfrac{\boldsymbol{\beta}_2^{\mathrm{T}}\boldsymbol{\alpha}_3}{\boldsymbol{\beta}_2^{\mathrm{T}}\boldsymbol{\beta}_2} & \cdots & \dfrac{\boldsymbol{\beta}_2^{\mathrm{T}}\boldsymbol{\alpha}_n}{\boldsymbol{\beta}_2^{\mathrm{T}}\boldsymbol{\beta}_2} \\ 0 & 0 & 1 & \cdots & \dfrac{\boldsymbol{\beta}_3^{\mathrm{T}}\boldsymbol{\alpha}_n}{\boldsymbol{\beta}_3^{\mathrm{T}}\boldsymbol{\beta}_3} \\ \vdots & \vdots & \vdots & & \vdots \\ 0 & 0 & 0 & \cdots & 1 \end{bmatrix}^{-1} \begin{bmatrix} \dfrac{\boldsymbol{\beta}_1^{\mathrm{T}}\boldsymbol{b}}{\boldsymbol{\beta}_1^{\mathrm{T}}\boldsymbol{\beta}_1} \\ \dfrac{\boldsymbol{\beta}_2^{\mathrm{T}}\boldsymbol{b}}{\boldsymbol{\beta}_2^{\mathrm{T}}\boldsymbol{\beta}_2} \\ \dfrac{\boldsymbol{\beta}_3^{\mathrm{T}}\boldsymbol{b}}{\boldsymbol{\beta}_3^{\mathrm{T}}\boldsymbol{\beta}_3} \\ \vdots \\ \dfrac{\boldsymbol{\beta}_n^{\mathrm{T}}\boldsymbol{b}}{\boldsymbol{\beta}_n^{\mathrm{T}}\boldsymbol{\beta}_n} \end{bmatrix} \tag{2.30}$$

或者更直接地利用变换公式 (2.27)，先求 x_n, 后求 x_{n-1}, 再求 x_{n-2}, 这样便可依次求得各 x_i 的值

$$\begin{cases} x_n = y_n \\ x_{n-1} = y_{n-1} - \dfrac{\boldsymbol{\beta}_{n-1}^{\mathrm{T}}\boldsymbol{\alpha}_n}{\boldsymbol{\beta}_{n-1}^{\mathrm{T}}\boldsymbol{\beta}_{n-1}} x_n \\ x_{n-2} = y_{n-2} - \dfrac{\boldsymbol{\beta}_{n-2}^{\mathrm{T}}\boldsymbol{\alpha}_n}{\boldsymbol{\beta}_{n-2}^{\mathrm{T}}\boldsymbol{\beta}_{n-2}} x_n - \dfrac{\boldsymbol{\beta}_{n-2}^{\mathrm{T}}\boldsymbol{\alpha}_{n-1}}{\boldsymbol{\beta}_{n-2}^{\mathrm{T}}\boldsymbol{\beta}_{n-2}} x_{n-1} \\ \qquad\qquad \cdots\cdots \\ x_1 = y_1 - \dfrac{\boldsymbol{\beta}_1^{\mathrm{T}}\boldsymbol{\alpha}_n}{\boldsymbol{\beta}_1^{\mathrm{T}}\boldsymbol{\beta}_1} x_n - \dfrac{\boldsymbol{\beta}_1^{\mathrm{T}}\boldsymbol{\alpha}_{n-1}}{\boldsymbol{\beta}_1^{\mathrm{T}}\boldsymbol{\beta}_1} x_{n-1} - \cdots - \dfrac{\boldsymbol{\beta}_1^{\mathrm{T}}\boldsymbol{\alpha}_2}{\boldsymbol{\beta}_1^{\mathrm{T}}\boldsymbol{\beta}_1} x_2 \end{cases} \tag{2.31}$$

从数学理论本身来说, Cramer 公式非常漂亮. 注意到, 按行列式定义来计算高阶行列式是很费时间的一件事. 例如, 对一个 25 阶行列式, 按定义计算的乘法运算量有 $25! \approx 1.5511 \times 10^{25}$, 若计算机每秒作 1 万亿次乘法运算, 则需要超过 500000 年时间才能算完, 这是完全不可接受的[9]. 因此, 在实际应用中必须考虑求解方法的计算效率. 事实上, 除少量极简单的行列式采用定义来计算外, 一般都需要采用初等变换将行列式化简到方便直接计算的简单形式.

现在我们来计算上述基于正交化过程求解中所需要的乘法运算总数. 对 Gram-Schmidt 正交化过程, 每个系数都要作 $2n$ 次乘法运算和 1 次除法运算, 这样整个过程需要的乘除法运算数是

$$N_1 = (2n+1)(1+2+\cdots+(n-1)) = \frac{(2n+1)n(n-1)}{2}$$

在计算各 y_i 的值的过程中, 需要完成的乘除法运算数是

$$N_2 = n(2n+1)$$

而在由各 y_i 的值求各 x_j 的过程中, 由内积的商所定义的各系数在正交化过程中已求得, 从而所需要的乘法运算数是

$$N_3 = 1 + 2 + \cdots + (n-1) = \frac{n(n-1)}{2}$$

因此, 本方法所需要的乘法运算的总数是

$$N = N_1 + N_2 + N_3 \tag{2.32}$$

很明显, N 是一个三次多项式. 而直接采用行列式定义求解所需的乘法运算次数是 $(n+1)n! = (n+1)!$. 对较大的 n, $N \ll (n+1)!$. 例如, 当 $n = 6$ 时, $N \approx 0.0571 \times (n+1)!$. 当 $n = 25$ 时, 有

$$\frac{N}{(n+1)!} \approx 4.1843 \times 10^{-23} \tag{2.33}$$

这表明, 与 Cramer 法则需要计算 $n+1$ 个 n 阶行列式所需要的乘法运算数相比较, 本方法所需要的乘法运算数量是微不足道的.

2.5 分块矩阵

对具体的线性方程组, Gauss 消元法是求解基本方法. 采用前面已经用到的记号, n 元线性方程组的一般形式是

$$\begin{cases} a_{11}x_1 + a_{12}x_2 + \cdots + a_{1n}x_n = b_1 \\ a_{21}x_1 + a_{22}x_2 + \cdots + a_{2n}x_n = b_2 \\ \qquad \cdots\cdots \\ a_{n1}x_1 + a_{n2}x_2 + \cdots + a_{nn}x_n = b_n \end{cases} \tag{2.34}$$

或者简记为 $\boldsymbol{Ax} = \boldsymbol{b}$. 在系数矩阵 $\boldsymbol{A}$ 的基础上, 增加向量 $\boldsymbol{b}$ 为第 $n+1$ 列得到一个 $n \times (n+1)$ 矩阵, 称为线性方程组的增广矩阵, 记为 $[\boldsymbol{A}, \boldsymbol{b}]$. 线性方程组和增广矩阵是一一对应的. 采用 Gauss 消元法求解线性方程组, 实际上是对增广矩阵作如下三类行初等变换:

(1) 交换矩阵的第 i 行与第 j 行, 记为 $r_i \leftrightarrow r_j$;

(2) 用非零数 k 乘以第 i 行, 记为 $k\,r_i$;

(3) 用非零数 k 乘以第 i 行后加到第 j 行, 但保持第 i 行不变, 记为 $r_j + k\,r_i$,

得到更简单更易于求解的等价线性方程组. 而《九章算术》中提供的算法是对按列向量排列的增广矩阵进行初等列变换. 一般来说, 经过初等变换得到的矩阵和变换

前的矩阵是不相等的. 为了建立变换前后矩阵之间的等式关系, 需要引入初等方阵. 对 n 阶单位矩阵 $\boldsymbol{E}$, 经上述三类初等行变换得到的矩阵分别记为 $\boldsymbol{E}_{i\leftrightarrow j}$, $\boldsymbol{E}_i(k)$ 和 $\boldsymbol{E}_{i\to j}(k)$, 统称为基本初等方阵. 对一个矩阵作行初等变换, 相当于将一个同类的基本初等方阵左乘原矩阵. 例如, 对一个 3×4 矩阵

$$\boldsymbol{A}=\begin{bmatrix} a_{11} & a_{12} & a_{13} & b_1 \\ a_{21} & a_{22} & a_{23} & b_2 \\ a_{31} & a_{32} & a_{33} & b_3 \end{bmatrix}$$

交换其第 1 行和第 2 行得到矩阵

$$\boldsymbol{B}=\begin{bmatrix} a_{21} & a_{22} & a_{23} & b_2 \\ a_{11} & a_{12} & a_{13} & b_1 \\ a_{31} & a_{32} & a_{33} & b_3 \end{bmatrix}$$

直接验证有 $\boldsymbol{E}_{1\leftrightarrow 2}\boldsymbol{A}=\boldsymbol{B}$, 即

$$\begin{bmatrix} 0 & 1 & 0 \\ 1 & 0 & 0 \\ 0 & 0 & 1 \end{bmatrix}\begin{bmatrix} a_{11} & a_{12} & a_{13} & b_1 \\ a_{21} & a_{22} & a_{23} & b_2 \\ a_{31} & a_{32} & a_{33} & b_3 \end{bmatrix}=\begin{bmatrix} a_{21} & a_{22} & a_{23} & b_2 \\ a_{11} & a_{12} & a_{13} & b_1 \\ a_{31} & a_{32} & a_{33} & b_3 \end{bmatrix}$$

Gauss 消元法的本质就是通过若干次初等变换使增广矩阵化为形式更简单且方便求解的形式. 如果方程的系数含有参数, 只要参数的值使得系数不为零, 则消元法仍然有效. 类似地, 右乘一个基本初等矩阵相当于对矩阵作相应的初等列变换. 例如, 矩阵

$$\begin{bmatrix} 0 & 1 & 0 \\ 1 & 0 & 0 \\ 0 & 0 & 1 \end{bmatrix}$$

可由单位矩阵交换第 1 列和第 2 列得到, 因此, 它右乘一个矩阵相当于交换这个矩阵的第 1 列和第 2 列, 如

$$\begin{bmatrix} a_{11} & a_{12} & a_{13} & b_1 \\ a_{21} & a_{22} & a_{23} & b_2 \\ a_{31} & a_{32} & a_{33} & b_3 \end{bmatrix}\begin{bmatrix} 0 & 1 & 0 \\ 1 & 0 & 0 \\ 0 & 0 & 1 \end{bmatrix}=\begin{bmatrix} a_{12} & a_{11} & a_{13} & b_1 \\ a_{22} & a_{21} & a_{23} & b_2 \\ a_{32} & a_{31} & a_{33} & b_3 \end{bmatrix}$$

一般地, 对给定的矩阵 $\boldsymbol{A}\in\mathbb{R}^{m\times n}$, 假设其秩等于 r, 那么通过初等变换可将矩阵 $\boldsymbol{A}$ 化为最简标准形, 其左上角是一个 r 阶单位矩阵, 其余元素都为零, 也就是说, 存在 m 阶可逆方阵 $\boldsymbol{P}$ 和 n 阶可逆方阵 $\boldsymbol{Q}$ 使得

$$\boldsymbol{PAQ}=\begin{bmatrix} \boldsymbol{E}_r & \boldsymbol{0}_{r\times(n-r)} \\ \boldsymbol{0}_{(m-r)\times r} & \boldsymbol{0}_{(m-r)\times(n-r)} \end{bmatrix}$$

其中矩阵 $\boldsymbol{P}$ 和 $\boldsymbol{Q}$ 分别为一些基本初等方阵的乘积. 等式右边的记号相当于将一个 $m\times n$ 矩阵分成四块: $\boldsymbol{E}_r$ 是一个 $r\times r$ 的单位矩阵, $\boldsymbol{0}_{r\times(n-r)}$ 是一个 $r\times(n-r)$ 零矩阵, $\boldsymbol{0}_{(m-r)\times r}$ 是一个 $(m-r)\times r$ 零矩阵, $\boldsymbol{0}_{(m-r)\times(n-r)}$ 是一个 $(m-r)\times(n-r)$ 零矩阵. 分块矩阵记号使得矩阵表示更加简洁清晰.

特别地, 当矩阵 $\boldsymbol{A}\in\mathbb{R}^{n\times n}$ 是可逆方阵时, 那么, (可通过行动等变换将 $\boldsymbol{A}$ 化为单位矩阵, 即) 有基本初等方阵 $\boldsymbol{H}_1, \boldsymbol{H}_2, \cdots, \boldsymbol{H}_k$ 使得

$$\boldsymbol{H}_k\boldsymbol{H}_{k-1}\cdots\boldsymbol{H}_2\boldsymbol{H}_1\boldsymbol{A}=\boldsymbol{E}$$

或等价地有

$$\boldsymbol{H}_k\boldsymbol{H}_{k-1}\cdots\boldsymbol{H}_2\boldsymbol{H}_1\boldsymbol{E}=\boldsymbol{A}^{-1}$$

采用分块矩阵的记号, 将上述两个等式联立起来有

$$\boldsymbol{H}_k\boldsymbol{H}_{k-1}\cdots\boldsymbol{H}_2\boldsymbol{H}_1[\boldsymbol{A},\ \boldsymbol{E}]=\left[\boldsymbol{E},\ \boldsymbol{A}^{-1}\right]\tag{2.35}$$

这表明, 对一个可逆矩阵 $\boldsymbol{A}$, 可在其右边增加一个同阶单位矩阵 $\boldsymbol{E}$ 得到一个 $n\times 2n$ 的增广矩阵, 然后对其作行初等变换, 当矩阵 $\boldsymbol{A}$ 化为单位矩阵 $\boldsymbol{E}$ 时, $\boldsymbol{E}$ 化为 $\boldsymbol{A}$ 的逆矩阵 $\boldsymbol{A}^{-1}$. 对偶地, 对一个可逆矩阵 $\boldsymbol{A}$, 可在其下方增加一个同阶单位矩阵 $\boldsymbol{E}$ 得到一个 $2n\times n$ 的增广矩阵, 然后对其作列初等变换, 当矩阵 $\boldsymbol{A}$ 化为单位矩阵 $\boldsymbol{E}$ 时, $\boldsymbol{E}$ 化为逆矩阵 $\boldsymbol{A}^{-1}$.

对线性方程组 $\boldsymbol{Ax}=\boldsymbol{b}$, 如果有基本初等方阵 $\boldsymbol{H}_1, \boldsymbol{H}_2, \cdots, \boldsymbol{H}_k$ 使得

$$\boldsymbol{H}_k\boldsymbol{H}_{k-1}\cdots\boldsymbol{H}_2\boldsymbol{H}_1\boldsymbol{A}=\boldsymbol{E}$$

那么, 同时也成立

$$\boldsymbol{H}_k\boldsymbol{H}_{k-1}\cdots\boldsymbol{H}_2\boldsymbol{H}_1\boldsymbol{b}=\boldsymbol{A}^{-1}\boldsymbol{b}$$

因此, 利用分块矩阵记号有

$$\boldsymbol{H}_k\boldsymbol{H}_{k-1}\cdots\boldsymbol{H}_2\boldsymbol{H}_1[\boldsymbol{A},\ \boldsymbol{b}]=[\boldsymbol{E},\ \boldsymbol{A}^{-1}\boldsymbol{b}]\tag{2.36}$$

这表明, 要求解线性方程组 $\boldsymbol{Ax}=\boldsymbol{b}$, 可对其增广矩阵作行初等变换, 当矩阵 $\boldsymbol{A}$ 化为单位矩阵 $\boldsymbol{E}$ 时, $\boldsymbol{b}$ 所在列就是要求的解 $\boldsymbol{x}=\boldsymbol{A}^{-1}\boldsymbol{b}$. 更一般地, 当矩阵 $\boldsymbol{A}$ 可逆时, 如果要求线性矩阵方程

$$\boldsymbol{AX}=\boldsymbol{B}\quad(\boldsymbol{A}\in\mathbb{R}^{n\times n},\ \boldsymbol{X}\in\mathbb{R}^{n\times m},\ \boldsymbol{B}\in\mathbb{R}^{n\times m})$$

只需对增广矩阵 $[\boldsymbol{A},\ \boldsymbol{B}]$ 作行初等变换即可:

$$\boldsymbol{H}_k\boldsymbol{H}_{k-1}\cdots\boldsymbol{H}_2\boldsymbol{H}_1[\boldsymbol{A},\ \boldsymbol{B}]=\left[\boldsymbol{E},\ \boldsymbol{A}^{-1}\boldsymbol{B}\right]\tag{2.37}$$

这里的矩阵 $[\boldsymbol{A},\ \boldsymbol{B}]$, $[\boldsymbol{E},\ \boldsymbol{A}^{-1}\boldsymbol{B}]$ 都是分块矩阵.

由前所述, 对 $\boldsymbol{A}\in\mathbb{R}^{m\times n}$ 且 $R(\boldsymbol{A})=r$, 必存在可逆矩阵 $\boldsymbol{P}\in\mathbb{R}^{m\times m}$, $\boldsymbol{Q}\in\mathbb{R}^{n\times n}$, 使得

$$\boldsymbol{PAQ}=\boldsymbol{\Omega}=\begin{bmatrix}\boldsymbol{E}_r & \boldsymbol{0}_{r\times(n-r)}\\ \boldsymbol{0}_{(m-r)\times r} & \boldsymbol{0}_{(m-r)\times(n-r)}\end{bmatrix}$$

于是有

$$\begin{bmatrix}\boldsymbol{P} & \boldsymbol{0}_{m\times n}\\ \boldsymbol{0}_{n\times m} & \boldsymbol{E}_n\end{bmatrix}\begin{bmatrix}\boldsymbol{A} & \boldsymbol{E}_m\\ \boldsymbol{E}_n & \boldsymbol{0}_{n\times m}\end{bmatrix}\begin{bmatrix}\boldsymbol{Q} & \boldsymbol{0}_{n\times m}\\ \boldsymbol{0}_{m\times n} & \boldsymbol{E}_m\end{bmatrix}=\begin{bmatrix}\boldsymbol{\Omega} & \boldsymbol{P}\\ \boldsymbol{Q} & \boldsymbol{0}_{n\times m}\end{bmatrix}$$

这就是说, 对矩阵 $\begin{bmatrix}\boldsymbol{A} & \boldsymbol{E}_m\\ \boldsymbol{E}_n & \boldsymbol{0}_{n\times m}\end{bmatrix}$ 作初等变换, 左乘矩阵相当于对此矩阵作行初等变换, 右乘矩阵相当于对此矩阵作列初等变换, 当矩阵 $\boldsymbol{A}$ 所在位置被化为矩阵 $\boldsymbol{\Omega}$ 时, 右上角单位矩阵 $\boldsymbol{E}_m$ 所在位置化为 $\boldsymbol{P}$, 而左下角单位矩阵 $\boldsymbol{E}_n$ 所在位置化为 $\boldsymbol{Q}$. 这就是说, 利用分块矩阵的初等变换可同时求得将矩阵 $\boldsymbol{A}$ 化为最简标准形中的矩阵 $\boldsymbol{P}$, $\boldsymbol{Q}$.

分块矩阵的记号和运算在本书中反复应用, 在许多情况下带来很大的方便. 2.4 节将正交化过程的向量组写成矩阵分解的形式 (2.26) 就是其中一例. 常见的分块方式包括按矩阵行分块或者按列分块. 例如, 在对矩阵 $\boldsymbol{A}\in\mathbb{R}^{m\times n}$, $\boldsymbol{B}\in\mathbb{R}^{n\times l}$ 作乘法求 $\boldsymbol{AB}$ 时, 可对矩阵 $\boldsymbol{B}$ 按列分块

$$\boldsymbol{B}=[\boldsymbol{b}_1,\ \boldsymbol{b}_2,\ \cdots,\ \boldsymbol{b}_l]\in\mathbb{R}^{n\times l}$$

那么

$$\boldsymbol{AB}=[\boldsymbol{Ab}_1,\ \boldsymbol{Ab}_2,\ \cdots,\ \boldsymbol{Ab}_l]\in\mathbb{R}^{m\times l}$$

而如果对矩阵 $\boldsymbol{A}$ 按行分块

$$\boldsymbol{A}=\begin{bmatrix}\boldsymbol{a}_1\\ \boldsymbol{a}_2\\ \vdots\\ \boldsymbol{a}_m\end{bmatrix}$$

那么又有

$$\boldsymbol{AB}=\begin{bmatrix}\boldsymbol{a}_1\boldsymbol{B}\\ \boldsymbol{a}_2\boldsymbol{B}\\ \vdots\\ \boldsymbol{a}_m\boldsymbol{B}\end{bmatrix}$$

特别地, 如果 $\boldsymbol{AB}=\mathbf{0}$, 则利用 $\boldsymbol{B}$ 矩阵的列分块, 可知各列向量 $\boldsymbol{b}_1, \boldsymbol{b}_2, \cdots, \boldsymbol{b}_n$ 都是齐次线性方程组 $\boldsymbol{Ax}=\mathbf{0}$ 的解, 其中线性无关的向量个数 $R(\boldsymbol{B})$ 不会超过 $\boldsymbol{Ax}=\mathbf{0}$ 的线性无关解的个数 $n-R(\boldsymbol{A})$, 即 $R(\boldsymbol{B})\leqslant n-R(\boldsymbol{A})$, 故 $R(\boldsymbol{A})+R(\boldsymbol{B})\leqslant n$.

反之, 在某些情况下, 又要将上面两个等式中出现的分块矩阵的形式简记为 $\boldsymbol{AB}$. 常常要处理向量组的线性组合. 在 $\boldsymbol{\alpha}_1, \boldsymbol{\alpha}_2, \cdots, \boldsymbol{\alpha}_n$ 分别为列向量组和行向量组的情形, 线性组合 $x_1\boldsymbol{\alpha}_1+x_2\boldsymbol{\alpha}_2+\cdots+x_n\boldsymbol{\alpha}_n$ 可分别表示为

$$x_1\boldsymbol{\alpha}_1+x_2\boldsymbol{\alpha}_2+\cdots+x_n\boldsymbol{\alpha}_n=[\boldsymbol{\alpha}_1, \boldsymbol{\alpha}_2, \cdots, \boldsymbol{\alpha}_n]\begin{bmatrix} x_1 \\ x_2 \\ \vdots \\ x_n \end{bmatrix}$$

$$x_1\boldsymbol{\alpha}_1+x_2\boldsymbol{\alpha}_2+\cdots+x_n\boldsymbol{\alpha}_n=[x_1, x_2, \cdots, x_n]\begin{bmatrix} \boldsymbol{\alpha}_1 \\ \boldsymbol{\alpha}_2 \\ \vdots \\ \boldsymbol{\alpha}_n \end{bmatrix}$$

等式右边分别出现了由列向量构成的矩阵与由系数构成的列向量, 以及由行向量构成的矩阵与由系数构成的行向量.

另外, 对矩阵 $\boldsymbol{A}=[a_{ij}]_{m\times n}$, 其 Frobenius 范数定义为

$$\|\boldsymbol{A}\|_F=\sqrt{\sum_{i=1}^{m}\sum_{j=1}^{n}a_{ij}^2}$$

可对矩阵 $\boldsymbol{A}$ 按列分块, 列向量分别为 $\boldsymbol{\alpha}_1, \boldsymbol{\alpha}_2, \cdots, \boldsymbol{\alpha}_n$, 那么

$$\|\boldsymbol{A}\|_F^2=\sum_{i=1}^{m}\sum_{j=1}^{n}a_{ij}^2=\sum_{j=1}^{n}\|\boldsymbol{\alpha}_j\|_2^2$$

这里 $\|\boldsymbol{\alpha}_j\|_2$ 表示向量 $\boldsymbol{\alpha}_j$ 的 2 范数, 其值等于向量各分量的平方和的算术根. 或者对 $\boldsymbol{A}$ 按行分块, 行向量分别为 $\boldsymbol{\beta}_1, \boldsymbol{\beta}_2, \cdots, \boldsymbol{\beta}_m$, 那么又有

$$\|\boldsymbol{A}\|_F^2=\sum_{i=1}^{m}\sum_{j=1}^{n}a_{ij}^2=\sum_{i=1}^{m}\|\boldsymbol{\beta}_i\|_2^2$$

初等变换对分块矩阵也是适用的. 众所周知, 利用初等变换可以将矩阵指定位置上的非零元素变为零, 可以把矩阵化为各种形式的简单矩阵. 我们自然会想, 能否一次性地将一个指定位置上的非零块矩阵通过初等变换化为零. 答案是肯定的,

这就是 "矩阵打洞" 技巧[21]. 如果矩阵 $\boldsymbol{A}$ 可逆, 那么

$$\begin{bmatrix} \boldsymbol{A} & \boldsymbol{B} \\ \boldsymbol{C} & \boldsymbol{D} \end{bmatrix} \sim \begin{bmatrix} \boldsymbol{A} & \boldsymbol{B} \\ 0 & \boldsymbol{D}-\boldsymbol{C}\boldsymbol{A}^{-1}\boldsymbol{B} \end{bmatrix}$$

利用初等方阵和初等变换的关系, 上述变换写成等式就是

$$\begin{bmatrix} \boldsymbol{E} & 0 \\ -\boldsymbol{C}\boldsymbol{A}^{-1} & \boldsymbol{E} \end{bmatrix} \begin{bmatrix} \boldsymbol{A} & \boldsymbol{B} \\ \boldsymbol{C} & \boldsymbol{D} \end{bmatrix} = \begin{bmatrix} \boldsymbol{A} & \boldsymbol{B} \\ 0 & \boldsymbol{D}-\boldsymbol{C}\boldsymbol{A}^{-1}\boldsymbol{B} \end{bmatrix} \tag{2.38}$$

进一步还有

$$\begin{bmatrix} \boldsymbol{E} & 0 \\ -\boldsymbol{C}\boldsymbol{A}^{-1} & \boldsymbol{E} \end{bmatrix} \begin{bmatrix} \boldsymbol{A} & \boldsymbol{B} \\ \boldsymbol{C} & \boldsymbol{D} \end{bmatrix} \begin{bmatrix} \boldsymbol{E} & -\boldsymbol{A}^{-1}\boldsymbol{B} \\ 0 & \boldsymbol{E} \end{bmatrix} = \begin{bmatrix} \boldsymbol{A} & 0 \\ 0 & \boldsymbol{D}-\boldsymbol{C}\boldsymbol{A}^{-1}\boldsymbol{B} \end{bmatrix}$$

在上式两边分别取行列式便知

$$\begin{vmatrix} \boldsymbol{A} & \boldsymbol{B} \\ \boldsymbol{C} & \boldsymbol{D} \end{vmatrix} = \begin{vmatrix} \boldsymbol{A} & 0 \\ 0 & \boldsymbol{D}-\boldsymbol{C}\boldsymbol{A}^{-1}\boldsymbol{B} \end{vmatrix} = |\boldsymbol{A}(\boldsymbol{D}-\boldsymbol{C}\boldsymbol{A}^{-1}\boldsymbol{B})|$$

如果进一步假设 $\boldsymbol{A}\boldsymbol{C}=\boldsymbol{C}\boldsymbol{A}$, 那么

$$\begin{vmatrix} \boldsymbol{A} & \boldsymbol{B} \\ \boldsymbol{C} & \boldsymbol{D} \end{vmatrix} = |\boldsymbol{A}\boldsymbol{D}-\boldsymbol{C}\boldsymbol{B}|$$

如果矩阵 $\boldsymbol{A}$ 不可逆, 但是 $\boldsymbol{D}$ 可逆, 则可得到类似的公式. 例如,

$$\begin{bmatrix} \boldsymbol{E} & -\boldsymbol{B}\boldsymbol{D}^{-1} \\ 0 & \boldsymbol{E} \end{bmatrix} \begin{bmatrix} \boldsymbol{A} & \boldsymbol{B} \\ \boldsymbol{C} & \boldsymbol{D} \end{bmatrix} = \begin{bmatrix} \boldsymbol{A}-\boldsymbol{B}\boldsymbol{D}^{-1}\boldsymbol{C} & 0 \\ \boldsymbol{C} & \boldsymbol{D} \end{bmatrix}$$

$$\begin{bmatrix} \boldsymbol{A} & \boldsymbol{B} \\ \boldsymbol{C} & \boldsymbol{D} \end{bmatrix} \begin{bmatrix} \boldsymbol{E} & 0 \\ -\boldsymbol{D}^{-1}\boldsymbol{C} & \boldsymbol{E} \end{bmatrix} = \begin{bmatrix} \boldsymbol{A}-\boldsymbol{B}\boldsymbol{D}^{-1}\boldsymbol{C} & \boldsymbol{B} \\ 0 & \boldsymbol{D} \end{bmatrix}$$

以及

$$\begin{bmatrix} \boldsymbol{E} & -\boldsymbol{B}\boldsymbol{D}^{-1} \\ 0 & \boldsymbol{E} \end{bmatrix} \begin{bmatrix} \boldsymbol{A} & \boldsymbol{B} \\ \boldsymbol{C} & \boldsymbol{D} \end{bmatrix} \begin{bmatrix} \boldsymbol{E} & 0 \\ -\boldsymbol{D}^{-1}\boldsymbol{C} & \boldsymbol{E} \end{bmatrix} = \begin{bmatrix} \boldsymbol{A}-\boldsymbol{B}\boldsymbol{D}^{-1}\boldsymbol{C} & 0 \\ 0 & \boldsymbol{D} \end{bmatrix}$$

另外, 对 $\boldsymbol{A}\in\mathbb{R}^{n\times m}$, $\boldsymbol{B}\in\mathbb{R}^{m\times n}$, $\boldsymbol{E}_m$ 和 $\boldsymbol{E}_n$ 分别为 m, n 阶单位矩阵, $m\leqslant n$, 由于单位矩阵 $\boldsymbol{E}_m$ 是可逆的, 利用前面的式 (2.38) 有

$$\begin{vmatrix} \boldsymbol{E}_m & \boldsymbol{B} \\ \boldsymbol{A} & \lambda\boldsymbol{E}_n \end{vmatrix} = |\lambda\boldsymbol{E}_n-\boldsymbol{A}\boldsymbol{E}_m^{-1}\boldsymbol{B}| = |\lambda\boldsymbol{E}_n-\boldsymbol{A}\boldsymbol{B}|$$

又因为对 $\lambda \neq 0$, 对角阵 $\lambda \boldsymbol{E}_n$ 是可逆的, 所以有

$$\begin{bmatrix} \boldsymbol{E}_m & -\frac{1}{\lambda}\boldsymbol{B} \\ \boldsymbol{0} & \boldsymbol{E}_n \end{bmatrix} \begin{bmatrix} \boldsymbol{E}_m & \boldsymbol{B} \\ \boldsymbol{A} & \lambda \boldsymbol{E}_n \end{bmatrix} = \begin{bmatrix} \boldsymbol{E}_m - \frac{1}{\lambda}\boldsymbol{B}\boldsymbol{A} & \boldsymbol{0} \\ \boldsymbol{A} & \lambda \boldsymbol{E}_n \end{bmatrix}$$

所以

$$\begin{vmatrix} \boldsymbol{E}_m & \boldsymbol{B} \\ \boldsymbol{A} & \lambda \boldsymbol{E}_n \end{vmatrix} = \begin{vmatrix} \boldsymbol{E}_m - \frac{1}{\lambda}\boldsymbol{B}\boldsymbol{A} & \boldsymbol{0} \\ \boldsymbol{A} & \lambda \boldsymbol{E}_n \end{vmatrix} = \left|\boldsymbol{E}_m - \frac{1}{\lambda}\boldsymbol{B}\boldsymbol{A}\right|\lambda^n = \lambda^{n-m}|\lambda \boldsymbol{E}_m - \boldsymbol{B}\boldsymbol{A}|$$

于是

$$|\lambda \boldsymbol{E}_n - \boldsymbol{A}\boldsymbol{B}| = \lambda^{n-m}|\lambda \boldsymbol{E}_m - \boldsymbol{B}\boldsymbol{A}|$$

这表明, 矩阵 $\boldsymbol{AB}$ 的特征多项式和 $\boldsymbol{BA}$ 的特征多项式相差一个因式 λ^{n-m}. 恰当地运用分块矩阵及其打洞技巧可以使矩阵运算变得简洁清晰.

第 3 章　线性方程组的通解

线性方程组的标准形式是 $\boldsymbol{A}\boldsymbol{x}=\boldsymbol{b}$, 当 $\boldsymbol{b}=\boldsymbol{0}$ 时对应的线性方程组称为齐次线性方程组, 当 $\boldsymbol{b}\neq\boldsymbol{0}$ 时对应的线性方程组称为非齐次线性方程组. 线性方程组的解具有良好的结构, 非齐次线性方程组的通解等于它的一个特解加上相应的齐次线性方程组的通解. 本章遵循从简单的做起的思路, 从简单的二元一次方程和三元一次线性方程组开始, 求得用 $\boldsymbol{A}$ 和 $\boldsymbol{b}$ 表示的通解表达式, 受此启发进而引入广义递矩阵而求得一般情形的线性方程组的通解公式.

3.1　平面直线方程的通解

平面直线方程可用一个二元一次方程来表示:

$$a_{11}x_1+a_{12}x_2=b_1 \tag{3.1}$$

当 $a_{11}^2+a_{12}^2\neq 0$ 时, 这个线性方程有无穷多个解. 如果 $a_{11}\neq 0$, 则方程 (3.1) 的通解可表示为

$$\begin{cases} x_1=\dfrac{1}{a_{11}}\left(b_1-a_{12}c\right) \\ x_2=c \end{cases}$$

其中 c 为任意常数. 将方程的解 x_1, x_2 作为一个整体记为向量的形式得

$$\boldsymbol{x}=\begin{bmatrix} x_1 \\ x_2 \end{bmatrix}=\begin{bmatrix} \dfrac{b_1}{a_{11}} \\ 0 \end{bmatrix}+c\begin{bmatrix} \dfrac{-a_{12}}{a_{11}} \\ 1 \end{bmatrix}$$

上式中第一项是该二元一次方程的一个特解, 第二项则是相应的齐次线性方程的通解. 这个通解来得太容易, 没什么特别之处.

换一个角度来求上述平面直线方程的一个通解表达式. 注意到直线 $a_{11}x_1+a_{12}x_2=b_1$ 的法向量是 $\boldsymbol{n}_1=[a_{11}, a_{12}]$, 过原点的法线的参数方程为 $x_1=a_{11}s$, $x_2=a_{12}s$, 代入直线方程求得参数 s 的值为

$$s=s_0=\frac{b_1}{a_{11}^2+a_{12}^2}$$

由此求得原点在直线上的投影坐标为 $(a_{11}s_0,\ a_{12}s_0)$, 对应地, 方程 (3.1) 的一个特解为

$$\boldsymbol{x}_p=\begin{bmatrix}\dfrac{a_{11}b_1}{a_{11}^2+a_{12}^2}\\ \dfrac{a_{12}b_1}{a_{11}^2+a_{12}^2}\end{bmatrix}=\frac{1}{a_{11}^2+a_{12}^2}\begin{bmatrix}a_{11}b_1\\ a_{12}b_1\end{bmatrix}$$

对方程 (3.1) 的任意解 $[x_1,\ x_2]^{\mathrm{T}}$, 利用 $b_1=[a_{11},a_{12}]\begin{bmatrix}x_1\\ x_2\end{bmatrix}$ 可得

$$\begin{aligned}\begin{bmatrix}x_1\\ x_2\end{bmatrix}&=\boldsymbol{x}_p+\begin{bmatrix}x_1\\ x_2\end{bmatrix}-\boldsymbol{x}_p\\ &=\frac{1}{a_{11}^2+a_{12}^2}\begin{bmatrix}a_{11}b_1\\ a_{12}b_1\end{bmatrix}+\begin{bmatrix}x_1\\ x_2\end{bmatrix}-\frac{1}{a_{11}^2+a_{12}^2}\begin{bmatrix}a_{11}\\ a_{12}\end{bmatrix}[a_{11},a_{12}]\begin{bmatrix}x_1\\ x_2\end{bmatrix}\\ &=\frac{1}{a_{11}^2+a_{12}^2}\begin{bmatrix}a_{11}b_1\\ a_{12}b_1\end{bmatrix}+\begin{bmatrix}\dfrac{a_{12}^2}{a_{11}^2+a_{12}^2}&-\dfrac{a_{11}a_{12}}{a_{11}^2+a_{12}^2}\\ -\dfrac{a_{12}a_{11}}{a_{11}^2+a_{12}^2}&\dfrac{a_{11}^2}{a_{11}^2+a_{12}^2}\end{bmatrix}\begin{bmatrix}x_1\\ x_2\end{bmatrix}\end{aligned}$$

上式第二项 (矩阵与向量的乘积所得的向量) 满足相应的齐次线性方程 $a_{11}x_1+a_{12}x_2=0$, 即齐次方程的通解可表示为

$$\boldsymbol{x}_h=\begin{bmatrix}\dfrac{a_{12}^2}{a_{11}^2+a_{12}^2}&-\dfrac{a_{11}a_{12}}{a_{11}^2+a_{12}^2}\\ -\dfrac{a_{12}a_{11}}{a_{11}^2+a_{12}^2}&\dfrac{a_{11}^2}{a_{11}^2+a_{12}^2}\end{bmatrix}\begin{bmatrix}t_1\\ t_2\end{bmatrix}$$

其中 t_1, t_2 为两个可调参数. 当 t_1, t_2 各自取遍所有实数时, 就可以得到平面方程直线 $a_{11}x_1+a_{12}x_2=0$ 的所有解. 这样, 线性方程 $a_{11}x_1+a_{12}x_2=b_1$ 的通解又可表示为

$$\begin{bmatrix}x_1\\ x_2\end{bmatrix}=\frac{1}{a_{11}^2+a_{12}^2}\begin{bmatrix}a_{11}b_1\\ a_{12}b_1\end{bmatrix}+\begin{bmatrix}\dfrac{a_{12}^2}{a_{11}^2+a_{12}^2}&-\dfrac{a_{11}a_{12}}{a_{11}^2+a_{12}^2}\\ -\dfrac{a_{12}a_{11}}{a_{11}^2+a_{12}^2}&\dfrac{a_{11}^2}{a_{11}^2+a_{12}^2}\end{bmatrix}\begin{bmatrix}t_1\\ t_2\end{bmatrix}\tag{3.2}$$

由于 $a_{11}x_1+a_{12}x_2=0$ 的解空间是 $1(=2-1)$ 维的, $\boldsymbol{x}_h$ 中独立参数只能有一个. 其实, $\boldsymbol{x}_h$ 含 t_1, t_2 的分量满足 $a_{11}x_1+a_{12}x_2=0$, 因而含 t_1, t_2 的通解可进一步表示为一个独立参数的形式.

将平面直线方程改写为更一般的形式

$$\boldsymbol{A}\boldsymbol{x}=b\tag{3.3}$$

其中 $\boldsymbol{A}=[a_{11},\ a_{12}]$, $\boldsymbol{x}=[x_1,\ x_2]^{\mathrm{T}}$, $b=b_1$. 如果再引入矩阵

$$\boldsymbol{\varLambda}=\frac{1}{a_{11}^2+a_{12}^2}\begin{bmatrix}a_{11}\\a_{12}\end{bmatrix}=\boldsymbol{A}^{\mathrm{T}}(\boldsymbol{A}\boldsymbol{A}^{\mathrm{T}})^{-1},\quad \boldsymbol{t}=\begin{bmatrix}t_1\\t_2\end{bmatrix}$$

那么公式 (3.2) 又可表示为

$$\boldsymbol{x}=\boldsymbol{\varLambda}b+(\boldsymbol{E}-\boldsymbol{\varLambda}\boldsymbol{A})\boldsymbol{t} \tag{3.4}$$

图 3.1 给出了公式 (3.4) 的一种几何解释.

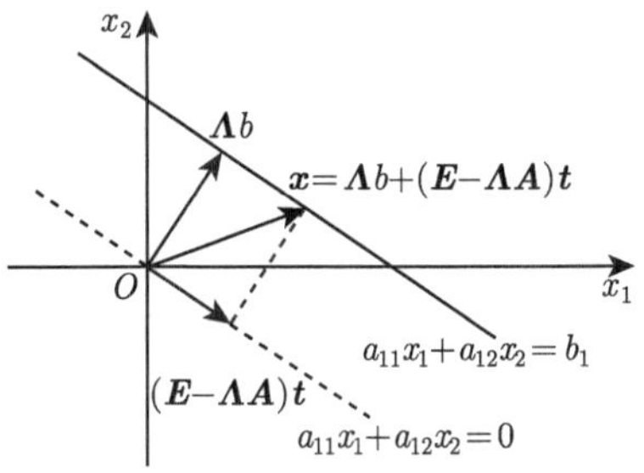

图 3.1 公式 (3.4) 的几何解释

容易验证, 这里的矩阵 $\boldsymbol{\varLambda}$ 具有如下性质:

$$\boldsymbol{A}\boldsymbol{\varLambda}\boldsymbol{A}=\boldsymbol{A},\quad \boldsymbol{\varLambda}\boldsymbol{A}\boldsymbol{\varLambda}=\boldsymbol{\varLambda},\quad (\boldsymbol{A}\boldsymbol{\varLambda})^{\mathrm{T}}=\boldsymbol{A}\boldsymbol{\varLambda},\quad (\boldsymbol{\varLambda}\boldsymbol{A})^{\mathrm{T}}=\boldsymbol{\varLambda}\boldsymbol{A} \tag{3.5}$$

3.2 空间直线方程的通解

考察空间直线 l, 其方程由两个三元一次线性方程组成:

$$\begin{cases}a_{11}x_1+a_{12}x_2+a_{13}x_3=b_1\\a_{21}x_1+a_{22}x_2+a_{23}x_3=b_2\end{cases} \tag{3.6}$$

或将其记为标准的线性方程组的形式: $\boldsymbol{A}\boldsymbol{x}=\boldsymbol{b}$. 假设 $R(\boldsymbol{A})=R(\boldsymbol{A},\boldsymbol{b})=2$, 那么线性方程组有无穷多个解. 几何上, 该线性方程组代表三维空间中两个相交平面的交线方程. 下面要求得线性方程组的一个通解表达式.

尝试用 3.1 节采用的思路. 首先求过原点且以 l 的方向为法向量的平面方程, 从而确定坐标原点在直线 l 上的垂足坐标. 直线 l 是两个平面的交线, 而两个平面的法向量分别是 $\boldsymbol{n}_1=[a_{11},\ a_{12},\ a_{13}]$ 和 $\boldsymbol{n}_2=[a_{21},\ a_{22},\ a_{23}]$, 所以该直线的方向可取为这两个法向量的叉积 $\boldsymbol{\xi}=\boldsymbol{n}_1\times\boldsymbol{n}_2$, 且 $\boldsymbol{\xi}\neq\mathbf{0}$. 利用二阶行列式可将此方向表示

为 $\boldsymbol{\xi}=[\xi_1,\xi_2,\xi_3]$, 其中

$$\xi_1=\begin{vmatrix} a_{12} & a_{13} \\ a_{22} & a_{23} \end{vmatrix},\quad \xi_2=-\begin{vmatrix} a_{11} & a_{13} \\ a_{21} & a_{23} \end{vmatrix},\quad \xi_3=\begin{vmatrix} a_{11} & a_{12} \\ a_{21} & a_{22} \end{vmatrix}$$

过原点且以 $\boldsymbol{\xi}$ 为法向量的平面方程是

$$\xi_1x_1+\xi_2x_2+\xi_3x_3=0$$

因此, 垂足坐标 x_1,x_2,x_3 满足线性方程组

$$\begin{cases} \xi_1x_1+\xi_2x_2+\xi_3x_3=0 \\ a_{11}x_1+a_{12}x_2+a_{13}x_3=b_1 \\ a_{21}x_1+a_{22}x_2+a_{23}x_3=b_2 \end{cases} \tag{3.7}$$

这个线性方程组的系数行列式就是向量 $\boldsymbol{\xi}$ 与 $\boldsymbol{\xi}=\boldsymbol{n}_1\times\boldsymbol{n}_2$ 的点积,

$$\begin{aligned}\begin{vmatrix} \xi_1 & \xi_2 & \xi_3 \\ a_{11} & a_{12} & a_{13} \\ a_{21} & a_{22} & a_{23} \end{vmatrix} &= \xi_1\begin{vmatrix} a_{12} & a_{13} \\ a_{22} & a_{23} \end{vmatrix}-\xi_2\begin{vmatrix} a_{11} & a_{13} \\ a_{21} & a_{23} \end{vmatrix}+\xi_3\begin{vmatrix} a_{11} & a_{12} \\ a_{21} & a_{22} \end{vmatrix} \\ &= \xi_1^2+\xi_2^2+\xi_3^2\neq 0\end{aligned}$$

于是, 线性方程组 (3.7) 的解 (垂足坐标) 必存在且是唯一的.

利用记号 $\boldsymbol{A},\boldsymbol{b}$, 按分块矩阵的形式将线性方程组 (3.7) 表示为如下形式

$$\begin{bmatrix} \boldsymbol{\xi} \\ \boldsymbol{A} \end{bmatrix}\boldsymbol{x}=\begin{bmatrix} 0 \\ \boldsymbol{b} \end{bmatrix} \tag{3.8}$$

作线性变换

$$\boldsymbol{x}=\left[\boldsymbol{\xi}^{\mathrm{T}},\ \boldsymbol{A}^{\mathrm{T}}\right]\boldsymbol{y},\quad \boldsymbol{y}=\begin{bmatrix} y_1 \\ y_2 \\ y_3 \end{bmatrix}$$

并注意到 $\boldsymbol{\xi}$ 同时正交于 $\boldsymbol{n}_1$ 和 $\boldsymbol{n}_2$(矩阵 $\boldsymbol{A}$ 的两个行向量), 所以线性方程组 (3.8) 可简化为

$$\begin{bmatrix} \boldsymbol{\xi}\boldsymbol{\xi}^{\mathrm{T}} & 0 \\ 0 & \boldsymbol{A}\boldsymbol{A}^{\mathrm{T}} \end{bmatrix}\boldsymbol{y}=\begin{bmatrix} 0 \\ \boldsymbol{b} \end{bmatrix}$$

由于 $\boldsymbol{\xi}\boldsymbol{\xi}^{\mathrm{T}}=\xi_1^2+\xi_2^2+\xi_3^2\neq 0, R(\boldsymbol{A}\boldsymbol{A}^{\mathrm{T}})=2$, 因而

$$\boldsymbol{y}=\begin{bmatrix} y_1 \\ y_2 \\ y_3 \end{bmatrix}=\begin{bmatrix} \dfrac{1}{\boldsymbol{\xi}\boldsymbol{\xi}^{\mathrm{T}}} & 0 \\ 0 & (\boldsymbol{A}\boldsymbol{A}^{\mathrm{T}})^{-1} \end{bmatrix}\begin{bmatrix} 0 \\ \boldsymbol{b} \end{bmatrix}=\begin{bmatrix} 0 \\ (\boldsymbol{A}\boldsymbol{A}^{\mathrm{T}})^{-1}\boldsymbol{b} \end{bmatrix}$$

这样, 垂足坐标又可表示为

$$\boldsymbol{x}=\left[\boldsymbol{\xi}^{\mathrm{T}},\ \boldsymbol{A}^{\mathrm{T}}\right]\begin{bmatrix}0\\(\boldsymbol{A}\boldsymbol{A}^{\mathrm{T}})^{-1}\boldsymbol{b}\end{bmatrix}=\boldsymbol{A}^{\mathrm{T}}(\boldsymbol{A}\boldsymbol{A}^{\mathrm{T}})^{-1}\boldsymbol{b} \tag{3.9}$$

它是线性方程组 (3.6) 的一个特解, 记为 $\boldsymbol{x}_p$.

对直线 $\boldsymbol{A}\boldsymbol{x}=\boldsymbol{b}$ 上的任何 $\boldsymbol{x}\in\mathbb{R}^3$, 有

$$\begin{aligned}\boldsymbol{x}&=\boldsymbol{A}^{\mathrm{T}}(\boldsymbol{A}\boldsymbol{A}^{\mathrm{T}})^{-1}\boldsymbol{b}+(\boldsymbol{x}-\boldsymbol{A}^{\mathrm{T}}(\boldsymbol{A}\boldsymbol{A}^{\mathrm{T}})^{-1}\boldsymbol{b})\\&=\boldsymbol{A}^{\mathrm{T}}(\boldsymbol{A}\boldsymbol{A}^{\mathrm{T}})^{-1}\boldsymbol{b}+(\boldsymbol{E}-\boldsymbol{A}^{\mathrm{T}}(\boldsymbol{A}\boldsymbol{A}^{\mathrm{T}})^{-1}\boldsymbol{A})\boldsymbol{x}\end{aligned}$$

反之, 对任意 $\boldsymbol{t}\in\mathbb{R}^3$, 由于 $\boldsymbol{A}(\boldsymbol{E}-\boldsymbol{A}^{\mathrm{T}}(\boldsymbol{A}\boldsymbol{A}^{\mathrm{T}})^{-1}\boldsymbol{A})\boldsymbol{t}=\boldsymbol{0}$, 即 $(\boldsymbol{E}-\boldsymbol{A}^{\mathrm{T}}(\boldsymbol{A}\boldsymbol{A}^{\mathrm{T}})^{-1}\cdot\boldsymbol{A})\boldsymbol{t}$ 是 $\boldsymbol{A}\boldsymbol{x}=\boldsymbol{0}$ 的解, 且为通解. 或者说, 向量 $(\boldsymbol{E}-\boldsymbol{A}^{\mathrm{T}}(\boldsymbol{A}\boldsymbol{A}^{\mathrm{T}})^{-1}\boldsymbol{A})\boldsymbol{t}$ 在直线 $\boldsymbol{A}\boldsymbol{x}=\boldsymbol{0}$ 上. 因此, 利用向量加法的平行四边形法则可知, 直线 $\boldsymbol{A}\boldsymbol{x}=\boldsymbol{b}$ 上的任意一点都可以表示为

$$\boldsymbol{x}=\boldsymbol{A}^{\mathrm{T}}(\boldsymbol{A}\boldsymbol{A}^{\mathrm{T}})^{-1}\boldsymbol{b}+(\boldsymbol{E}-\boldsymbol{A}^{\mathrm{T}}(\boldsymbol{A}\boldsymbol{A}^{\mathrm{T}})^{-1}\boldsymbol{A})\boldsymbol{t}\quad(\boldsymbol{t}\in\mathbb{R}^3) \tag{3.10}$$

这就是线性方程组 (3.6) 的一个通解表达式. 这里, 由于齐次方程组 $\boldsymbol{A}\boldsymbol{x}=\boldsymbol{0}$ 的解空间是一 $(=3-2)$ 维的, 所以, 实际上还可用一个独立参数来给出通解表达式.

记 $\boldsymbol{\Lambda}=\boldsymbol{A}^{\mathrm{T}}(\boldsymbol{A}\boldsymbol{A}^{\mathrm{T}})^{-1}$, 那么 $\boldsymbol{\Lambda}$ 仍然满足 (3.5) 中的所有四个性质, 即

$$\boldsymbol{A}\boldsymbol{\Lambda}\boldsymbol{A}=\boldsymbol{A},\quad \boldsymbol{\Lambda}\boldsymbol{A}\boldsymbol{\Lambda}=\boldsymbol{\Lambda},\quad (\boldsymbol{A}\boldsymbol{\Lambda})^{\mathrm{T}}=\boldsymbol{A}\boldsymbol{\Lambda},\quad (\boldsymbol{\Lambda}\boldsymbol{A})^{\mathrm{T}}=\boldsymbol{\Lambda}\boldsymbol{A}$$

3.3 高维向量空间中直线方程的通解

回顾前面求空间直线方程的通解的思路和步骤, 可以重新审视平面直线方程通解的求解过程. 对给定的平面直线方程 $a_{11}x_1+a_{12}x_2=b_1$, 它过坐标原点的法线的参数方程是 $x=a_{11}s, y=a_{12}s$, 其等价的直角坐标方程是 $a_{12}x-a_{11}y=0$. 因此, 采用空间情形对应的记号可将法向量取为 $\boldsymbol{\xi}=[\xi_1,\ \xi_2]=[a_{12},\ -a_{11}]$, 而垂足坐标 x_1,x_2 满足如下线性方程组

$$\begin{cases}\xi_1x_1+\xi_2x_2=0\\a_{11}x_1+a_{12}x_2=b_1\end{cases}$$

这样, 求平面直线方程的通解和求空间直线方程的通解完全统一起来了, 其关键步骤是求向量 $\boldsymbol{\xi}$. 在平面直线 $a_{11}x_1+a_{12}x_2=b_1$ 情形下, $\boldsymbol{\xi}$ 垂直 (正交) 于 $\boldsymbol{n}_1=[a_{11},\ a_{12}]$, 且 $\boldsymbol{\xi}$ 可借用行列式记号形式地表示为

$$\boldsymbol{\xi}=[a_{12},\ -a_{11}]=a_{12}\boldsymbol{e}_1^{\mathrm{T}}-a_{11}\boldsymbol{e}_2^{\mathrm{T}}=\begin{vmatrix}\boldsymbol{e}_1^{\mathrm{T}}&\boldsymbol{e}_2^{\mathrm{T}}\\a_{11}&a_{12}\end{vmatrix}$$

其中 $\boldsymbol{e}_1^{\mathrm{T}}, \boldsymbol{e}_2^{\mathrm{T}}$ 为二维标准单位正交 (行) 向量. 在空间直线

$$\begin{cases} a_{11}x_1 + a_{12}x_2 + a_{13}x_3 = b_1 \\ a_{21}x_1 + a_{22}x_2 + a_{23}x_3 = b_2 \end{cases}$$

情形下, 它是两个平面的交线, 平面的法向量分别是 $\boldsymbol{n}_1 = [a_{11}, a_{12}, a_{13}]$ 和 $\boldsymbol{n}_2 = [a_{21}, a_{22}, a_{23}]$, 与 $\boldsymbol{n}_1, \boldsymbol{n}_2$ 同时正交的向量 $\boldsymbol{\xi}$ 可取为 $\boldsymbol{n}_1 \times \boldsymbol{n}_2$. 利用行列式记号, $\boldsymbol{\xi}$ 可形式地表示为

$$\boldsymbol{\xi} = \boldsymbol{n}_1 \times \boldsymbol{n}_2 = \begin{vmatrix} \boldsymbol{e}_1^{\mathrm{T}} & \boldsymbol{e}_2^{\mathrm{T}} & \boldsymbol{e}_3^{\mathrm{T}} \\ a_{11} & a_{12} & a_{13} \\ a_{21} & a_{22} & a_{23} \end{vmatrix}$$

其中 $\boldsymbol{e}_1^{\mathrm{T}}, \boldsymbol{e}_2^{\mathrm{T}}, \boldsymbol{e}_3^{\mathrm{T}}$ 为三维标准单位正交 (行) 向量.

同样地, 对四元一次线性方程组

$$\begin{cases} a_{11}x_1 + a_{12}x_2 + a_{13}x_3 + a_{14}x_4 = b_1 \\ a_{21}x_1 + a_{22}x_2 + a_{23}x_3 + a_{24}x_4 = b_2 \\ a_{31}x_1 + a_{32}x_2 + a_{33}x_3 + a_{34}x_4 = b_3 \end{cases} \tag{3.11}$$

或将其记为标准的线性方程组的形式: $\boldsymbol{A}\boldsymbol{x} = \boldsymbol{b}$. 假设 $R(\boldsymbol{A}) = R(\boldsymbol{A}, \boldsymbol{b}) = 3$, 那么线性方程组有无穷多个解. 几何上, 可以想象为 4 维空间的一条直线的方程, 是三个超平面的交线. 而三个超平面的法向量分别是 $\boldsymbol{n}_1 = [a_{11}, a_{12}, a_{13}, a_{14}]$, $\boldsymbol{n}_2 = [a_{21}, a_{22}, a_{23}, a_{24}]$ 和 $\boldsymbol{n}_3 = [a_{31}, a_{32}, a_{33}, a_{34}]$. 由类比法, 取 4 维标准单位正交 (行) 向量 $\boldsymbol{e}_1^{\mathrm{T}}, \boldsymbol{e}_2^{\mathrm{T}}, \boldsymbol{e}_3^{\mathrm{T}}, \boldsymbol{e}_4^{\mathrm{T}}$, 利用行列式记号, 与三个超平面的法向量 $\boldsymbol{n}_1, \boldsymbol{n}_2, \boldsymbol{n}_3$ 都正交的向量 $\boldsymbol{\xi} = [\xi_1, \xi_2, \xi_3, \xi_4]$ 可形式上表示为:

$$\begin{aligned} \boldsymbol{\xi} &= \begin{vmatrix} \boldsymbol{e}_1^{\mathrm{T}} & \boldsymbol{e}_2^{\mathrm{T}} & \boldsymbol{e}_3^{\mathrm{T}} & \boldsymbol{e}_4^{\mathrm{T}} \\ a_{11} & a_{12} & a_{13} & a_{14} \\ a_{21} & a_{22} & a_{23} & a_{24} \\ a_{31} & a_{32} & a_{33} & a_{34} \end{vmatrix} \\ &= \begin{vmatrix} a_{12} & a_{13} & a_{14} \\ a_{22} & a_{23} & a_{24} \\ a_{32} & a_{33} & a_{34} \end{vmatrix} \boldsymbol{e}_1^{\mathrm{T}} - \begin{vmatrix} a_{11} & a_{13} & a_{14} \\ a_{21} & a_{23} & a_{24} \\ a_{31} & a_{33} & a_{34} \end{vmatrix} \boldsymbol{e}_2^{\mathrm{T}} + \begin{vmatrix} a_{11} & a_{12} & a_{14} \\ a_{21} & a_{22} & a_{24} \\ a_{31} & a_{32} & a_{34} \end{vmatrix} \boldsymbol{e}_3^{\mathrm{T}} \\ &\quad - \begin{vmatrix} a_{11} & a_{12} & a_{13} \\ a_{21} & a_{22} & a_{23} \\ a_{31} & a_{32} & a_{33} \end{vmatrix} \boldsymbol{e}_4^{\mathrm{T}} \end{aligned}$$

由于 $R(\boldsymbol{A})=3$, 所以 $\boldsymbol{\xi}\neq\boldsymbol{0}$. 将向量 $\boldsymbol{\xi}$ 与三个超平面的法向量 $\boldsymbol{n}_1$, $\boldsymbol{n}_2$ 和 $\boldsymbol{n}_3$ 分别作点积, 由行列式的性质可知

$$\boldsymbol{\xi}^{\mathrm{T}}[a_{i1},\, a_{i2},\, a_{i3},\, a_{i4}]=\begin{vmatrix} a_{i1} & a_{i2} & a_{i3} & a_{i4} \\ a_{11} & a_{12} & a_{13} & a_{14} \\ a_{21} & a_{22} & a_{23} & a_{24} \\ a_{31} & a_{32} & a_{33} & a_{34} \end{vmatrix}=0 \quad (i=1,2,3)$$

从而 $\boldsymbol{\xi}$ 同时垂直三个超平面的法向量 $\boldsymbol{n}_1$, $\boldsymbol{n}_2$ 和 $\boldsymbol{n}_3$. 以 $\boldsymbol{\xi}$ 为法向量且过原点的超平面方程为

$$\xi_1x_1+\xi_2x_2+\xi_3x_3+\xi_4x_4=0$$

这个超平面与原直线的交点即是垂足. 因此, 垂足坐标 x_1,x_2,x_3,x_4 由如下线性方程组

$$\begin{cases} \xi_1x_1+\xi_2x_2+\xi_3x_3+\xi_4x_4=0 \\ a_{11}x_1+a_{12}x_2+a_{13}x_3+a_{14}x_4=b_1 \\ a_{21}x_1+a_{22}x_2+a_{23}x_3+a_{24}x_4=b_2 \\ a_{31}x_1+a_{32}x_2+a_{33}x_3+a_{34}x_4=b_3 \end{cases} \tag{3.12}$$

确定. 由于系数行列式

$$\begin{vmatrix} \xi_1 & \xi_2 & \xi_3 & \xi_4 \\ a_{11} & a_{12} & a_{13} & a_{14} \\ a_{21} & a_{22} & a_{23} & a_{24} \\ a_{31} & a_{32} & a_{33} & a_{34} \end{vmatrix}=\xi_1^2+\xi_2^2+\xi_3^2+\xi_4^2\neq 0$$

所以, 该线性方程组有唯一解, 此解可取为原非齐次线性方程组的一个特解. 进而求得非齐次线性方程组的通解.

在一般情形下, 对 n 维向量空间中的直线方程

$$\begin{cases} a_{11}x_1+a_{12}x_2+\cdots+a_{1n}x_n=b_1 \\ a_{21}x_1+a_{22}x_2+\cdots+a_{2n}x_n=b_2 \\ \qquad\cdots\cdots \\ a_{n-1,1}x_1+a_{n-1,2}x_2+\cdots+a_{n-1,n}x_n=b_{n-1} \end{cases} \tag{3.13}$$

或将其记为标准的线性方程组的形式: $\boldsymbol{Ax}=\boldsymbol{b}$, 满足 $R(\boldsymbol{A})=R(\boldsymbol{A},\boldsymbol{b})=n-1$. 取 n 维标准单位正交 (行) 向量 $\boldsymbol{e}_1^{\mathrm{T}}$, $\boldsymbol{e}_2^{\mathrm{T}}$, $\cdots$, $\boldsymbol{e}_n^{\mathrm{T}}$, 利用行列式记号, 定义向量 $\boldsymbol{\xi}=$

$[\xi_1, \xi_2, \cdots, \xi_n]$ 如下:

$$\boldsymbol{\xi} = \begin{vmatrix} \boldsymbol{e}_1^{\mathrm{T}} & \boldsymbol{e}_2^{\mathrm{T}} & \cdots & \boldsymbol{e}_n^{\mathrm{T}} \\ a_{11} & a_{12} & \cdots & a_{1n} \\ a_{21} & a_{22} & \cdots & a_{2n} \\ \vdots & \vdots & & \vdots \\ a_{n-1,1} & a_{n-1,2} & \cdots & a_{n-1,n} \end{vmatrix}$$
$$= \eta_1 \boldsymbol{e}_1^{\mathrm{T}} - \eta_2 \boldsymbol{e}_2^{\mathrm{T}} + \eta_3 \boldsymbol{e}_3^{\mathrm{T}} - \eta_4 \boldsymbol{e}_4^{\mathrm{T}} + \cdots + (-1)^{1+n} \eta_n \boldsymbol{e}_n^{\mathrm{T}}$$

其中 η_j 为矩阵 $\boldsymbol{A}$ 中划去其第 j 列所得矩阵的行列式. 由行列式的性质, $\boldsymbol{\xi}$ 同时正交上述 $n-1$ 个超平面的法向量, 故过坐标原点且以 $\boldsymbol{\xi}$ 为法向量的超平面方程是

$$\xi_1 x_1 + \xi_2 x_2 + \cdots + \xi_n x_n = 0$$

因此, 垂足坐标 $x_1, x_2, \cdots, x_n$ 由如下线性方程组

$$\begin{cases} \xi_1 x_1 + \xi_2 x_2 + \cdots + \xi_n x_n = 0 \\ a_{11} x_1 + a_{12} x_2 + \cdots + a_{1n} x_n = b_1 \\ a_{21} x_1 + a_{22} x_2 + \cdots + a_{2n} x_n = b_2 \\ \qquad \cdots\cdots \\ a_{n-1,1} x_1 + a_{n-1,2} x_2 + \cdots + a_{n-1,n} x_n = b_{n-1} \end{cases} \tag{3.14}$$

确定, 由于其系数行列式的值等于 $\xi_1^2+\xi_2^2+\cdots+\xi_n^2$, 且不为零, 故垂足坐标 $x_1, x_2, \cdots, x_n$ 唯一确定.

和空间直线情形一样, 将垂足坐标满足的线性方程组 (3.14) 表示为

$$\begin{bmatrix} \boldsymbol{\xi} \\ \boldsymbol{A} \end{bmatrix} \boldsymbol{x} = \begin{bmatrix} 0 \\ \boldsymbol{b} \end{bmatrix} \tag{3.15}$$

记 $\boldsymbol{y} = [y_1, y_2, \cdots, y_n]^{\mathrm{T}}$, 并作线性变换

$$\boldsymbol{x} = \left[\boldsymbol{\xi}^{\mathrm{T}}, \boldsymbol{A}^{\mathrm{T}}\right] \boldsymbol{y}$$

利用 $\boldsymbol{\xi}$ 与 $\boldsymbol{A}$ 的 $n-1$ 个行向量的正交性, 有

$$\begin{bmatrix} \boldsymbol{\xi}\boldsymbol{\xi}^{\mathrm{T}} & 0 \\ 0 & \boldsymbol{A}\boldsymbol{A}^{\mathrm{T}} \end{bmatrix} \boldsymbol{y} = \begin{bmatrix} 0 \\ \boldsymbol{b} \end{bmatrix}$$

由于 $\boldsymbol{\xi}\boldsymbol{\xi}^{\mathrm{T}}=\xi_1^2+\xi_2^2+\cdots+\xi_n^2\neq 0$, 且 $R(\boldsymbol{A}\boldsymbol{A}^{\mathrm{T}})=n-1$, 所以有

$$\boldsymbol{y}=\begin{bmatrix}\dfrac{1}{\boldsymbol{\xi}\boldsymbol{\xi}^{\mathrm{T}}} & 0\\ 0 & (\boldsymbol{A}\boldsymbol{A}^{\mathrm{T}})^{-1}\end{bmatrix}\begin{bmatrix}0\\ \boldsymbol{b}\end{bmatrix}=\begin{bmatrix}0\\ (\boldsymbol{A}\boldsymbol{A}^{\mathrm{T}})^{-1}\boldsymbol{b}\end{bmatrix}$$

这样, 垂足坐标又可表示为

$$\boldsymbol{x}_p=\left[\boldsymbol{\xi}^{\mathrm{T}},\ \boldsymbol{A}^{\mathrm{T}}\right]\begin{bmatrix}0\\ (\boldsymbol{A}\boldsymbol{A}^{\mathrm{T}})^{-1}\boldsymbol{b}\end{bmatrix}=\boldsymbol{A}^{\mathrm{T}}(\boldsymbol{A}\boldsymbol{A}^{\mathrm{T}})^{-1}\boldsymbol{b} \tag{3.16}$$

它是线性方程组 (3.13) 的一个特解. 容易验证, 对任意 $\boldsymbol{t}\in\mathbb{R}^n$, $\boldsymbol{x}_h=(\boldsymbol{E}-\boldsymbol{A}^{\mathrm{T}}(\boldsymbol{A}\boldsymbol{A}^{\mathrm{T}})^{-1}\boldsymbol{A})\boldsymbol{t}$ 满足 $\boldsymbol{A}\boldsymbol{x}_h=\boldsymbol{0}$. 由于 $\boldsymbol{A}\boldsymbol{x}=\boldsymbol{0}$ 的解空间是一 $(=n-(n-1))$ 维的, 所以其通解可还进一步表示为仅有 1 个独立参数的形式.

利用向量加法的平行四边形法则可知, 直线 $\boldsymbol{A}\boldsymbol{x}=\boldsymbol{b}$ 上的任意一点可以表示为 $\boldsymbol{x}=\boldsymbol{x}_p+\boldsymbol{x}_h$, 即

$$\boldsymbol{x}=\boldsymbol{A}^{\mathrm{T}}(\boldsymbol{A}\boldsymbol{A}^{\mathrm{T}})^{-1}\boldsymbol{b}+(\boldsymbol{E}-\boldsymbol{A}^{\mathrm{T}}(\boldsymbol{A}\boldsymbol{A}^{\mathrm{T}})^{-1}\boldsymbol{A})\boldsymbol{t}\quad(\boldsymbol{t}\in\mathbb{R}^n) \tag{3.17}$$

此即非齐次线性方程组 (3.13) 的通解. 记 $\boldsymbol{\Lambda}=\boldsymbol{A}^{\mathrm{T}}(\boldsymbol{A}\boldsymbol{A}^{\mathrm{T}})^{-1}$, 那么 $\boldsymbol{\Lambda}$ 满足式 (3.5) 中的所有四个性质.

另外, 由前面的分析可知, 坐标原点到直线 $\boldsymbol{A}\boldsymbol{x}=\boldsymbol{b}$ 的投影 (垂足) 坐标可表示为 $\boldsymbol{\Lambda}\boldsymbol{b}$, 因而坐标原点到直线 $\boldsymbol{A}\boldsymbol{x}=\boldsymbol{b}$ 的距离为向量 $\boldsymbol{\Lambda}\boldsymbol{b}$ 的 2 范数, 即

$$d=\left\|\boldsymbol{A}^{\mathrm{T}}(\boldsymbol{A}\boldsymbol{A}^{\mathrm{T}})^{-1}\boldsymbol{b}\right\|_2=\sqrt{(\boldsymbol{A}^{\mathrm{T}}(\boldsymbol{A}\boldsymbol{A}^{\mathrm{T}})^{-1}\boldsymbol{b})^{\mathrm{T}}(\boldsymbol{A}^{\mathrm{T}}(\boldsymbol{A}\boldsymbol{A}^{\mathrm{T}})^{-1}\boldsymbol{b})}=\sqrt{\boldsymbol{b}^{\mathrm{T}}(\boldsymbol{A}\boldsymbol{A}^{\mathrm{T}})^{-1}\boldsymbol{b}} \tag{3.18}$$

当点 $\boldsymbol{x}_0$ 不是坐标原点时, 作平移变换 $\boldsymbol{u}=\boldsymbol{x}-\boldsymbol{x}_0$, 那么原直线方程化为 $\boldsymbol{A}\boldsymbol{u}=\boldsymbol{b}-\boldsymbol{A}\boldsymbol{x}_0$. 利用等式 (3.18) 可得点 $\boldsymbol{x}_0$ 到直线 $\boldsymbol{A}\boldsymbol{x}=\boldsymbol{b}$ 的距离是

$$d=\sqrt{(\boldsymbol{b}-\boldsymbol{A}\boldsymbol{x}_0)^{\mathrm{T}}(\boldsymbol{A}\boldsymbol{A}^{\mathrm{T}})^{-1}(\boldsymbol{b}-\boldsymbol{A}\boldsymbol{x}_0)} \tag{3.19}$$

容易验证, 这个公式是平面上点到直线距离公式的推广.

3.4 空间平面方程的通解

三维空间中的平面方程可表示为如下的三元一次线性方程

$$a_{11}x_1+a_{12}x_2+a_{13}x_3=b_1 \tag{3.20}$$

或者简记为 $\boldsymbol{A}\boldsymbol{x}=b$, 其中 $\boldsymbol{A}=[a_{11},\ a_{12},\ a_{13}]\neq\boldsymbol{0}$, $b=b_1$, $\boldsymbol{x}=[x_1,\ x_2,\ x_3]^{\mathrm{T}}$. 和前面求解平面直线方程的通解及空间直线方程的通解类似, 需要求坐标原点在此平面

上的垂直投影坐标, 这个垂直投影就是过原点且以平面法向量 $\boldsymbol{n}_1=[a_{11},\ a_{12},\ a_{13}]$ 为方向的直线与平面的交点. 此直线的方程可用参数方程表示: $x_1=a_{11}s,\ x_2=a_{12}s,\ x_3=a_{13}s$, 其中 s 为参数, 将其代入平面方程即可求得在交点处对应的参数值

$$s=s_0=\frac{b_1}{a_{11}^2+a_{12}^2+a_{13}^2}$$

其中 $a_{11}^2+a_{12}^2+a_{13}^2=\boldsymbol{A}\boldsymbol{A}^{\mathrm{T}}$, 故 $\boldsymbol{A}\boldsymbol{A}^{\mathrm{T}}$ 可逆, 由此求得方程 (3.20) 的一个特解为

$$\boldsymbol{x}_p=\begin{bmatrix}\dfrac{a_{11}b_1}{a_{11}^2+a_{12}^2+a_{13}^2}\\ \dfrac{a_{12}b_1}{a_{11}^2+a_{12}^2+a_{13}^2}\\ \dfrac{a_{13}b_1}{a_{11}^2+a_{12}^2+a_{13}^2}\end{bmatrix}=\frac{1}{a_{11}^2+a_{12}^2+a_{13}^2}\begin{bmatrix}a_{11}b_1\\ a_{12}b_1\\ a_{13}b_1\end{bmatrix}=\boldsymbol{A}^{\mathrm{T}}(\boldsymbol{A}\boldsymbol{A}^{\mathrm{T}})^{-1}b$$

对线性方程的任意解 $\boldsymbol{x}\in\mathbb{R}^3$, 显然有

$$\begin{aligned}\boldsymbol{x}&=\boldsymbol{A}^{\mathrm{T}}(\boldsymbol{A}\boldsymbol{A}^{\mathrm{T}})^{-1}b+\boldsymbol{x}-\boldsymbol{A}^{\mathrm{T}}(\boldsymbol{A}\boldsymbol{A}^{\mathrm{T}})^{-1}b\\&=\boldsymbol{A}^{\mathrm{T}}(\boldsymbol{A}\boldsymbol{A}^{\mathrm{T}})^{-1}b+\boldsymbol{x}-\boldsymbol{A}^{\mathrm{T}}(\boldsymbol{A}\boldsymbol{A}^{\mathrm{T}})^{-1}\boldsymbol{A}\boldsymbol{x}\\&=\boldsymbol{A}^{\mathrm{T}}(\boldsymbol{A}\boldsymbol{A}^{\mathrm{T}})^{-1}b+(\boldsymbol{E}-\boldsymbol{A}^{\mathrm{T}}(\boldsymbol{A}\boldsymbol{A}^{\mathrm{T}})^{-1}\boldsymbol{A})\boldsymbol{x}\end{aligned}$$

反之, 对任何 $\boldsymbol{t}\in\mathbb{R}^3$, $\boldsymbol{x}_h=(\boldsymbol{E}-\boldsymbol{A}^{\mathrm{T}}(\boldsymbol{A}\boldsymbol{A}^{\mathrm{T}})^{-1}\boldsymbol{A})\boldsymbol{t}$ 的分量坐标满足齐次线性方程 $\boldsymbol{A}\boldsymbol{x}_h=0$, 即齐次线性方程 $\boldsymbol{A}\boldsymbol{x}=0$ 的通解可表示为

$$\boldsymbol{x}_h=(\boldsymbol{E}-\boldsymbol{A}^{\mathrm{T}}(\boldsymbol{A}\boldsymbol{A}^{\mathrm{T}})^{-1}\boldsymbol{A})\boldsymbol{t}\quad(\boldsymbol{t}=[t_1,\ t_2,\ t_3]^{\mathrm{T}})$$

其中 $t_1,\ t_2,\ t_3$ 为三个可调参数, 但受条件 $\boldsymbol{A}\boldsymbol{x}_h=0$ 限制 (其解空间的维数是 2), 实际上通解还可表示为只有两个独立参数的形式. 当 $t_1,\ t_2,\ t_3$ 各自取遍所有实数时, 可得到齐次线性方程的所有解. 这样, 非齐次线性方程 $\boldsymbol{A}\boldsymbol{x}=b$(即 $a_{11}x_1+a_{12}x_2+a_{13}x_3=b_1$) 的通解可表示为

$$\boldsymbol{x}=\boldsymbol{x}_p+\boldsymbol{x}_h=\boldsymbol{A}^{\mathrm{T}}(\boldsymbol{A}\boldsymbol{A}^{\mathrm{T}})^{-1}b+(\boldsymbol{E}-\boldsymbol{A}^{\mathrm{T}}(\boldsymbol{A}\boldsymbol{A}^{\mathrm{T}})^{-1}\boldsymbol{A})\boldsymbol{t}\quad(\boldsymbol{t}=[t_1,\ t_2,\ t_3]^{\mathrm{T}})\tag{3.21}$$

记 $\boldsymbol{\varLambda}=\boldsymbol{A}^{\mathrm{T}}(\boldsymbol{A}\boldsymbol{A}^{\mathrm{T}})^{-1}$, 那么 $\boldsymbol{\varLambda}$ 仍然满足式 (3.5) 中的所有四个性质.

由于 $a_{11},\ a_{12},\ a_{13}$ 不全为零, 不妨设 $a_{12}\neq 0$, 那么用参数方程 $x_1=a_{11}s,\ x_2=a_{12}s,\ x_3=a_{13}s$ 表示的垂线方程也可以表示为两个平面的交线, 其方程可以是

$$\begin{cases}a_{12}x_1-a_{11}x_2=0\\ a_{13}x_2-a_{12}x_3=0\end{cases}$$

这两个空间平面的法向量分别是 $\boldsymbol{\xi}_1 = [a_{12}, -a_{11}, 0]$ 和 $\boldsymbol{\xi}_2 = [0, a_{13}, -a_{12}]$, $\boldsymbol{\xi}_1$ 和 $\boldsymbol{\xi}_2$ 都与平面 $\boldsymbol{Ax} = b$ 的法向量 $\boldsymbol{n}_1 = [a_{11}, a_{12}, a_{13}]$ 正交 (垂直). 由于垂足坐标 x_1, x_2, x_3 是如下线性方程组

$$\begin{cases} a_{12}x_1 - a_{11}x_2 = 0 \\ a_{13}x_2 - a_{12}x_3 = 0 \\ a_{11}x_1 + a_{12}x_2 + a_{13}x_3 = b_1 \end{cases} \tag{3.22}$$

的解, 且系数行列式

$$\begin{vmatrix} a_{12} & -a_{11} & 0 \\ 0 & a_{13} & -a_{12} \\ a_{11} & a_{12} & a_{13} \end{vmatrix} = a_{12}(a_{11}^2 + a_{12}^2 + a_{13}^2) \neq 0$$

所以, 上述线性方程组有唯一解.

为了求得此唯一解的简洁表达式, 记 $\boldsymbol{\xi}$ 是由行向量 $\boldsymbol{\xi}_1$ 和 $\boldsymbol{\xi}_2$ 组成的 2×3 矩阵, 将线性方程组 (3.22) 表示为如下形式:

$$\begin{bmatrix} \boldsymbol{\xi} \\ \boldsymbol{A} \end{bmatrix} \boldsymbol{x} = \begin{bmatrix} \boldsymbol{0} \\ b \end{bmatrix} \tag{3.23}$$

记 $\boldsymbol{y} = [y_1, y_2, y_3]^{\mathrm{T}}$, 作线性变换

$$\boldsymbol{x} = \left[\boldsymbol{\xi}^{\mathrm{T}}, \boldsymbol{A}^{\mathrm{T}}\right] \boldsymbol{y}$$

利用 $\boldsymbol{\xi}_1, \boldsymbol{\xi}_2$ 与 $\boldsymbol{A} = \boldsymbol{n}_1$ 的正交性, 有

$$\begin{bmatrix} \boldsymbol{\xi\xi}^{\mathrm{T}} & \boldsymbol{0} \\ \boldsymbol{0} & \boldsymbol{AA}^{\mathrm{T}} \end{bmatrix} \boldsymbol{y} = \begin{bmatrix} \boldsymbol{0} \\ b \end{bmatrix}$$

这里, $\boldsymbol{\xi\xi}^{\mathrm{T}}$ 是二阶矩阵, 其行列式等于 $a_{12}^2(a_{11}^2 + a_{12}^2 + a_{13}^2) \neq 0$, 因而 $\boldsymbol{\xi\xi}^{\mathrm{T}}$ 可逆, 故

$$\boldsymbol{y} = \begin{bmatrix} (\boldsymbol{\xi\xi}^{\mathrm{T}})^{-1} & \boldsymbol{0} \\ \boldsymbol{0} & (\boldsymbol{AA}^{\mathrm{T}})^{-1} \end{bmatrix} \begin{bmatrix} \boldsymbol{0} \\ b \end{bmatrix} = \begin{bmatrix} \boldsymbol{0} \\ (\boldsymbol{AA}^{\mathrm{T}})^{-1}b \end{bmatrix}$$

这样, 垂直坐标向量又可表示为

$$\boldsymbol{x}_p = \left[\boldsymbol{\xi}^{\mathrm{T}}, \ \boldsymbol{A}^{\mathrm{T}}\right] \begin{bmatrix} \boldsymbol{0} \\ (\boldsymbol{AA}^{\mathrm{T}})^{-1}b \end{bmatrix} = \boldsymbol{A}^{\mathrm{T}}(\boldsymbol{AA}^{\mathrm{T}})^{-1}b \tag{3.24}$$

和前面得到的结论完全相同. 因此, 空间平面方程 $\boldsymbol{Ax} = \boldsymbol{b}$ 的通解是

$$\boldsymbol{x} = \boldsymbol{A}^{\mathrm{T}}(\boldsymbol{AA}^{\mathrm{T}})^{-1}b + (\boldsymbol{E} - \boldsymbol{A}^{\mathrm{T}}(\boldsymbol{AA}^{\mathrm{T}})^{-1}\boldsymbol{A})\boldsymbol{t} \quad (\boldsymbol{t} \in \mathbb{R}^3) \tag{3.25}$$

3.5 广义逆矩阵与一般情形的通解

由于上述几种特殊情形对应的通解具有完全相同的形式, 由归纳法可猜想这种形式的通解在一般情形也是成立的, 而由类比法可直接得到有关结论.

一般地, 考察如下线性方程组

$$\begin{cases} a_{11}x_1 + a_{12}x_2 + \cdots + a_{1n}x_n = b_1 \\ a_{21}x_1 + a_{22}x_2 + \cdots + a_{2n}x_n = b_2 \\ \qquad\qquad \cdots\cdots \\ a_{m1}x_1 + a_{m2}x_2 + \cdots + a_{mn}x_n = b_m \end{cases} \tag{3.26}$$

或者简记为 $\boldsymbol{Ax} = \boldsymbol{b}$, 其中 $\boldsymbol{A} \in \mathbb{R}^{m\times n}$. 首先, 假设系数矩阵的秩 $R(\boldsymbol{A})$ 和增广矩阵的秩 $R(\boldsymbol{A}, \boldsymbol{b})$ 都等于 m. 受前面分析的启发, 我们完全有理由相信 $\boldsymbol{Ax} = \boldsymbol{b}$ 的通解可表示为

$$\boldsymbol{x} = \boldsymbol{A}^{\mathrm{T}}(\boldsymbol{AA}^{\mathrm{T}})^{-1}\boldsymbol{b} + (\boldsymbol{E} - \boldsymbol{A}^{\mathrm{T}}(\boldsymbol{AA}^{\mathrm{T}})^{-1}\boldsymbol{A})\boldsymbol{t} \quad (\boldsymbol{t} \in \mathbb{R}^n) \tag{3.27}$$

事实上, 由 3.4 节讨论可知, 首先求解齐次线性方程组 $\boldsymbol{Ax} = \boldsymbol{0}$. 由于 $R(\boldsymbol{A}) = m$, 所以有 $n-m$ 个线性无关解, 将这些解向量 (列向量) 的转置分别记为 $\boldsymbol{\xi}_1, \boldsymbol{\xi}_2, \cdots, \boldsymbol{\xi}_{n-m}$, 它们都是行向量, 并且记

$$\boldsymbol{\xi} = \begin{bmatrix} \boldsymbol{\xi}_1 \\ \boldsymbol{\xi}_2 \\ \vdots \\ \boldsymbol{\xi}_{n-m} \end{bmatrix} \in \mathbb{R}^{(n-m)\times n}$$

那么, $\boldsymbol{\xi\xi}^{\mathrm{T}}$ 是 $n-m$ 阶可逆矩阵, 且 $\boldsymbol{A\xi}^{\mathrm{T}} = \boldsymbol{0}$. 进一步, 考察如下线性方程组

$$\begin{bmatrix} \boldsymbol{\xi} \\ \boldsymbol{A} \end{bmatrix} \boldsymbol{x} = \begin{bmatrix} \boldsymbol{0} \\ \boldsymbol{b} \end{bmatrix} \tag{3.28}$$

其系数矩阵的行向量是线性无关的, 因而线性方程组有唯一解, 此解可取为非齐次线性方程组 $\boldsymbol{Ax} = \boldsymbol{b}$ 的一个特解 $\boldsymbol{x}_p$. 记 $\boldsymbol{y} = [y_1, y_2, \cdots, y_n]^{\mathrm{T}}$, 作线性变换

$$\boldsymbol{x} = \left[\boldsymbol{\xi}^{\mathrm{T}}, \boldsymbol{A}^{\mathrm{T}}\right]\boldsymbol{y}$$

利用 $\boldsymbol{A\xi}^{\mathrm{T}} = \boldsymbol{0}$, 上述线性方程组可化简为

$$\begin{bmatrix} \boldsymbol{\xi\xi}^{\mathrm{T}} & \boldsymbol{0} \\ \boldsymbol{0} & \boldsymbol{AA}^{\mathrm{T}} \end{bmatrix} \boldsymbol{y} = \begin{bmatrix} \boldsymbol{0} \\ \boldsymbol{b} \end{bmatrix}$$

因而

$$\boldsymbol{y}=\begin{bmatrix}(\boldsymbol{\xi}\boldsymbol{\xi}^{\mathrm{T}})^{-1} & \mathbf{0}\\ \mathbf{0} & (\boldsymbol{A}\boldsymbol{A}^{\mathrm{T}})^{-1}\end{bmatrix}\begin{bmatrix}\mathbf{0}\\ \boldsymbol{b}\end{bmatrix}=\begin{bmatrix}\mathbf{0}\\ (\boldsymbol{A}\boldsymbol{A}^{\mathrm{T}})^{-1}\boldsymbol{b}\end{bmatrix}$$

这样, 特解 $\boldsymbol{x}_p$ 又可表示为

$$\boldsymbol{x}_p=\begin{bmatrix}\boldsymbol{\xi}^{\mathrm{T}}, & \boldsymbol{A}^{\mathrm{T}}\end{bmatrix}\begin{bmatrix}\mathbf{0}\\ (\boldsymbol{A}\boldsymbol{A}^{\mathrm{T}})^{-1}\boldsymbol{b}\end{bmatrix}=\boldsymbol{A}^{\mathrm{T}}(\boldsymbol{A}\boldsymbol{A}^{\mathrm{T}})^{-1}\boldsymbol{b} \tag{3.29}$$

由于 $\boldsymbol{A}(\boldsymbol{x}-\boldsymbol{x}_p)=\mathbf{0}$, 因此, 可由 $\boldsymbol{x}-\boldsymbol{x}_p$ 得到 $\boldsymbol{Ax}=\mathbf{0}$ 的通解. 于是, $\boldsymbol{Ax}=\boldsymbol{b}$ 的通解可表示为

$$\boldsymbol{x}=\boldsymbol{A}^{\mathrm{T}}(\boldsymbol{A}\boldsymbol{A}^{\mathrm{T}})^{-1}\boldsymbol{b}+(\boldsymbol{E}-\boldsymbol{A}^{\mathrm{T}}(\boldsymbol{A}\boldsymbol{A}^{\mathrm{T}})^{-1}\boldsymbol{A})\boldsymbol{t}\quad(\boldsymbol{t}\in\mathbb{R}^n) \tag{3.30}$$

由于齐次线性方程组 $\boldsymbol{Ax}=\mathbf{0}$ 的解空间是 $n-m$ 维的, 所以齐次线性方程组的通解及非齐次线性方程组的通解还可进一步表示为仅含 $n-m$ 个独立参数的形式.

更一般地, 假设 $R(\boldsymbol{A})=R(\boldsymbol{A},\boldsymbol{b})=r<m$. 那么, 可通过行初等变换将增广矩阵化为

$$[\boldsymbol{A},\boldsymbol{b}]\sim\begin{bmatrix}\hat{\boldsymbol{A}} & \hat{\boldsymbol{b}}\\ \mathbf{0} & \mathbf{0}\end{bmatrix} \tag{3.31}$$

其中 $\hat{\boldsymbol{A}}\in\mathbb{R}^{r\times n}$, $\hat{\boldsymbol{b}}\in\mathbb{R}^r$, 且 $R(\hat{\boldsymbol{A}})=R(\hat{\boldsymbol{A}},\hat{\boldsymbol{b}})=r$. 这样, 线性方程组 $\boldsymbol{Ax}=\boldsymbol{b}$ 化为等价的线性方程组 $\hat{\boldsymbol{A}}\boldsymbol{x}=\hat{\boldsymbol{b}}$, 从而通解可表示为

$$\boldsymbol{x}=\hat{\boldsymbol{A}}^{\mathrm{T}}(\hat{\boldsymbol{A}}\hat{\boldsymbol{A}}^{\mathrm{T}})^{-1}\hat{\boldsymbol{b}}+(\boldsymbol{E}-\hat{\boldsymbol{A}}^{\mathrm{T}}(\hat{\boldsymbol{A}}\hat{\boldsymbol{A}}^{\mathrm{T}})^{-1}\hat{\boldsymbol{A}})\boldsymbol{t}\quad(\boldsymbol{t}\in\mathbb{R}^n) \tag{3.32}$$

有意思的是, 对 n 个 n 元线性方程构成的线性方程组 $\boldsymbol{Ax}=\boldsymbol{b}$, 如果 $R(\boldsymbol{A})=R(\boldsymbol{A},\boldsymbol{b})=n$, 那么 $\boldsymbol{A}$ 和 $\boldsymbol{A}^{\mathrm{T}}$ 都可逆, 此时, $\boldsymbol{\Lambda}=\boldsymbol{A}^{\mathrm{T}}(\boldsymbol{A}\boldsymbol{A}^{\mathrm{T}})^{-1}=\boldsymbol{A}^{-1}$, 且式 (3.5) 中的所有四个性质都满足. 因此, 公式 (3.27) 退化为线性方程组的唯一解 $\boldsymbol{x}=\boldsymbol{A}^{-1}\boldsymbol{b}$. 这表明, 满足式 (3.5) 中所有四个条件的矩阵是逆矩阵的一种推广, 是一种逆矩阵.

对给定的矩阵 $\boldsymbol{A}\in\mathbb{R}^{m\times n}$, 如果存在矩阵 $\boldsymbol{\Lambda}\in\mathbb{R}^{n\times m}$ 满足

$$\boldsymbol{A\Lambda A}=\boldsymbol{A},\quad \boldsymbol{\Lambda A\Lambda}=\boldsymbol{\Lambda},\quad (\boldsymbol{A\Lambda})^{\mathrm{T}}=\boldsymbol{A\Lambda},\quad (\boldsymbol{\Lambda A})^{\mathrm{T}}=\boldsymbol{\Lambda A} \tag{3.33}$$

则称 $\boldsymbol{\Lambda}$ 是矩阵 $\boldsymbol{A}$ 的 Penrose-Moore 广义逆矩阵, 或简称广义逆矩阵, 记为 $\boldsymbol{A}^{+}$.

广义逆矩阵一定是唯一的. 事实上, 如果有 $\boldsymbol{\Lambda}_1$, $\boldsymbol{\Lambda}_2$ 都满足上述四个条件, 那么

$$\begin{aligned}\boldsymbol{\Lambda}_1&=\boldsymbol{\Lambda}_1\boldsymbol{A}\boldsymbol{\Lambda}_1=\boldsymbol{\Lambda}_1\boldsymbol{A}\boldsymbol{\Lambda}_2\boldsymbol{A}\boldsymbol{\Lambda}_1=\boldsymbol{\Lambda}_1(\boldsymbol{A}\boldsymbol{\Lambda}_2)^{\mathrm{T}}\boldsymbol{A}\boldsymbol{\Lambda}_1\\&=\boldsymbol{\Lambda}_1\boldsymbol{\Lambda}_2^{\mathrm{T}}\boldsymbol{A}^{\mathrm{T}}(\boldsymbol{A}\boldsymbol{\Lambda}_1)^{\mathrm{T}}=\boldsymbol{\Lambda}_1\boldsymbol{\Lambda}_2^{\mathrm{T}}(\boldsymbol{A}\boldsymbol{\Lambda}_1\boldsymbol{A})^{\mathrm{T}}=\boldsymbol{\Lambda}_1\boldsymbol{\Lambda}_2^{\mathrm{T}}\boldsymbol{A}^{\mathrm{T}}\\&=\boldsymbol{\Lambda}_1(\boldsymbol{A}\boldsymbol{\Lambda}_2)^{\mathrm{T}}=\boldsymbol{\Lambda}_1\boldsymbol{A}\boldsymbol{\Lambda}_2=\boldsymbol{\Lambda}_1\boldsymbol{A}\boldsymbol{\Lambda}_2\boldsymbol{A}\boldsymbol{\Lambda}_2\\&=(\boldsymbol{\Lambda}_1\boldsymbol{A})^{\mathrm{T}}(\boldsymbol{\Lambda}_2\boldsymbol{A})^{\mathrm{T}}\boldsymbol{\Lambda}_2=(\boldsymbol{\Lambda}_2\boldsymbol{A}\boldsymbol{\Lambda}_1\boldsymbol{A})^{\mathrm{T}}\boldsymbol{\Lambda}_2=(\boldsymbol{\Lambda}_2\boldsymbol{A})^{\mathrm{T}}\boldsymbol{\Lambda}_2\\&=\boldsymbol{\Lambda}_2\boldsymbol{A}\boldsymbol{\Lambda}_2=\boldsymbol{\Lambda}_2\end{aligned}$$

或者由于 $\boldsymbol{A}=\boldsymbol{A}\boldsymbol{\Lambda}_i\boldsymbol{A}=(\boldsymbol{A}\boldsymbol{\Lambda}_i)^{\mathrm{T}}\boldsymbol{A}=\boldsymbol{\Lambda}_i^{\mathrm{T}}\boldsymbol{A}^{\mathrm{T}}\boldsymbol{A}\ (i=1,2)$, 故 $\left(\boldsymbol{\Lambda}_1^{\mathrm{T}}-\boldsymbol{\Lambda}_2^{\mathrm{T}}\right)\boldsymbol{A}^{\mathrm{T}}\boldsymbol{A}=0$. 两边右乘 $\boldsymbol{\Lambda}_1-\boldsymbol{\Lambda}_2$ 便得

$$(\boldsymbol{A}(\boldsymbol{\Lambda}_1-\boldsymbol{\Lambda}_2))^{\mathrm{T}}\boldsymbol{A}(\boldsymbol{\Lambda}_1-\boldsymbol{\Lambda}_2)=0$$

从而 $\boldsymbol{A}\boldsymbol{\Lambda}_1=\boldsymbol{A}\boldsymbol{\Lambda}_2$. 同理, 有 $\boldsymbol{\Lambda}_1\boldsymbol{A}=\boldsymbol{\Lambda}_2\boldsymbol{A}$. 因此,

$$\boldsymbol{\Lambda}_1=\boldsymbol{\Lambda}_1\boldsymbol{A}\boldsymbol{\Lambda}_1=\boldsymbol{\Lambda}_1\boldsymbol{A}\boldsymbol{\Lambda}_2=\boldsymbol{\Lambda}_2\boldsymbol{A}\boldsymbol{\Lambda}_2=\boldsymbol{\Lambda}_2$$

为了搞清楚广义逆矩阵的存在性, 首先考察一些简单情形. 在前面求通解表达式的过程中, 对系数矩阵 $\boldsymbol{A}\in\mathbb{R}^{m\times n}$, 当 $R(\boldsymbol{A})=m$(即矩阵 $\boldsymbol{A}$ 为行满秩, $\boldsymbol{A}$ 的行向量组是线性无关的) 时, 矩阵 $\boldsymbol{\Lambda}=\boldsymbol{A}^{\mathrm{T}}(\boldsymbol{A}\boldsymbol{A}^{\mathrm{T}})^{-1}$ 满足广义逆矩阵定义中的所有四个条件, 由唯一性, $\boldsymbol{\Lambda}$ 就是 $\boldsymbol{A}$ 的广义逆矩阵, 即

$$\boldsymbol{A}^{+}=\boldsymbol{A}^{\mathrm{T}}(\boldsymbol{A}\boldsymbol{A}^{\mathrm{T}})^{-1}$$

如果 $R(\boldsymbol{A})=n$(即矩阵 $\boldsymbol{A}$ 为列满秩, $\boldsymbol{A}$ 的列向量组是线性无关的), 那么 $\boldsymbol{A}^{\mathrm{T}}$ 是行满秩的, 且 $(\boldsymbol{A}^{\mathrm{T}})^{+}=\boldsymbol{A}(\boldsymbol{A}^{\mathrm{T}}\boldsymbol{A})^{-1}$. 因此有

$$\boldsymbol{A}^{+}=(\boldsymbol{A}^{\mathrm{T}}\boldsymbol{A})^{-1}\boldsymbol{A}^{\mathrm{T}}$$

这表明, 对行满秩和列满秩两种情形, 广义逆矩阵是存在的, 且可分别直接利用上述公式求得矩阵的广义逆矩阵.

对任意给定的矩阵, 其广义逆矩阵也必然存在. 事实上, 如 2.5 节所述, 对给定的矩阵 $\boldsymbol{A}\in\mathbb{R}^{m\times n}$, 假设其秩等于 r, 那么通过初等变换可将矩阵 $\boldsymbol{A}$ 化为最简标准形, 其左上角是一个 r 阶单位矩阵, 其余元素都为零, 即存在 m 阶可逆方阵 $\boldsymbol{P}$ 和 n 阶可逆方阵 $\boldsymbol{Q}$ 使得

$$\boldsymbol{P}\boldsymbol{A}\boldsymbol{Q}=\begin{bmatrix}\boldsymbol{E}_r & \boldsymbol{0}\\ \boldsymbol{0} & \boldsymbol{0}\end{bmatrix}$$

记上式右端矩阵为 $\boldsymbol{\Omega}$, 那么由广义逆矩阵的定义与唯一性可知

$$\boldsymbol{A}^{+}=\boldsymbol{Q}\boldsymbol{\Omega}^{\mathrm{T}}\boldsymbol{P}$$

所以任何矩阵的广义逆矩阵也是唯一存在的. 由 2.5 节可知, 上述矩阵 $\boldsymbol{P}$, $\boldsymbol{Q}$ 可通过初等变换求得, 因此, 从理论上来说, 广义逆矩阵 $\boldsymbol{A}^{+}$ 可通过初等变换求得.

另一方面, 记 $\boldsymbol{P}^{-1}$ 的前 r 列所构成的矩阵为 $\boldsymbol{B}\in\mathbb{R}^{m\times r}$, $\boldsymbol{Q}^{-1}$ 的前 r 行所构成的矩阵为 $\boldsymbol{C}\in\mathbb{R}^{r\times n}$, 那么, $R(\boldsymbol{B})=R(\boldsymbol{C})=r$, 即 $\boldsymbol{B}$, $\boldsymbol{C}$ 分别是列满秩矩阵和行满秩矩阵, 且 $\boldsymbol{A}$ 有满秩分解

$$\boldsymbol{A}=\boldsymbol{B}\boldsymbol{C}$$

直接验证: $\boldsymbol{C}^{\mathrm{T}}(\boldsymbol{C}\boldsymbol{C}^{\mathrm{T}})^{-1}(\boldsymbol{B}^{\mathrm{T}}\boldsymbol{B})^{-1}\boldsymbol{B}^{\mathrm{T}}$ 满足 $\boldsymbol{A}$ 的广义逆矩阵定义中的四个条件, 由唯一性得

$$\boldsymbol{A}^{+}=\boldsymbol{C}^{\mathrm{T}}(\boldsymbol{C}\boldsymbol{C}^{\mathrm{T}})^{-1}(\boldsymbol{B}^{\mathrm{T}}\boldsymbol{B})^{-1}\boldsymbol{B}^{\mathrm{T}}$$

注意到 $\boldsymbol{B}^{+}=(\boldsymbol{B}^{\mathrm{T}}\boldsymbol{B})^{-1}\boldsymbol{B}^{\mathrm{T}}$ 和 $\boldsymbol{C}^{+}=\boldsymbol{C}^{\mathrm{T}}(\boldsymbol{C}\boldsymbol{C}^{\mathrm{T}})^{-1}$, 因此, 对任何矩阵, 利用其满秩分解有

$$\boldsymbol{A}^{+}=\boldsymbol{C}^{+}\boldsymbol{B}^{+}=\boldsymbol{C}^{\mathrm{T}}(\boldsymbol{B}^{\mathrm{T}}\boldsymbol{A}\boldsymbol{C}^{\mathrm{T}})^{-1}\boldsymbol{B}^{\mathrm{T}}$$

这表明, 广义逆矩阵可有不同表达式, 但在数值上是唯一确定的.

下面是广义逆矩阵的一些性质和特例:

(1) $(\boldsymbol{A}^{+})^{+}=\boldsymbol{A}$.

(2) 对零矩阵 $\mathbf{0}\in\mathbb{R}^{m\times n}$, 其广义逆矩阵 $\mathbf{0}^{+}\in\mathbb{R}^{n\times m}$.

(3) $(\boldsymbol{A}^{+})^{\mathrm{T}}=(\boldsymbol{A}^{\mathrm{T}})^{+}$.

(4) 对任何矩阵 $\boldsymbol{A}$ 和实数 λ 有 $(\lambda\boldsymbol{A})^{+}=\lambda^{+}\boldsymbol{A}^{+}$, 其中

$$\lambda^{+}=\begin{cases}\dfrac{1}{\lambda}, & \lambda\neq 0\\ 0, & \lambda=0\end{cases}$$

(5) 设 $\boldsymbol{A}=\mathrm{diag}(\boldsymbol{A}_1, \boldsymbol{A}_2, \cdots, \boldsymbol{A}_n)$ 为块对角阵, 则

$$\boldsymbol{A}^{+}=\mathrm{diag}(\boldsymbol{A}_1^{+}, \boldsymbol{A}_2^{+}, \cdots, \boldsymbol{A}_n^{+})$$

(6) 如果 $\boldsymbol{Q}$ 是可逆方阵, 那么 $(\boldsymbol{Q}\boldsymbol{A})^{+}=\boldsymbol{A}^{+}\boldsymbol{Q}^{-1}$, $(\boldsymbol{A}\boldsymbol{Q})^{+}=\boldsymbol{Q}^{-1}\boldsymbol{A}^{+}$.

(7) $(\boldsymbol{A}\boldsymbol{A}^{+})^2=\boldsymbol{A}\boldsymbol{A}^{+}$, $(\boldsymbol{A}^{+}\boldsymbol{A})^2=\boldsymbol{A}^{+}\boldsymbol{A}$.

(8) $(\boldsymbol{E}-\boldsymbol{A}\boldsymbol{A}^{+})^2=\boldsymbol{E}-\boldsymbol{A}\boldsymbol{A}^{+}$, $(\boldsymbol{E}-\boldsymbol{A}^{+}\boldsymbol{A})^2=\boldsymbol{E}-\boldsymbol{A}^{+}\boldsymbol{A}$.

(9) 对非零行向量 $[a_1, a_2, \cdots, a_n]$ 和非零列向量 $[a_1, a_2, \cdots, a_n]^{\mathrm{T}}$ 有

$$[a_1, a_2, \cdots, a_n]^{+}=\frac{1}{a_1^2+a_2^2+\cdots+a_n^2}\begin{bmatrix}a_1\\ a_2\\ \vdots\\ a_n\end{bmatrix}$$

$$\begin{bmatrix}a_1\\ a_2\\ \vdots\\ a_n\end{bmatrix}^{+}=\frac{1}{a_1^2+a_2^2+\cdots+a_n^2}[a_1, a_2, \cdots, a_n]$$

(10) 对特殊的分块矩阵有

$$[\boldsymbol{A},\boldsymbol{0}]^+=\begin{bmatrix}\boldsymbol{A}^+\\\boldsymbol{0}^+\end{bmatrix},\quad \begin{bmatrix}\boldsymbol{A}\\\boldsymbol{0}\end{bmatrix}^+=[\boldsymbol{A}^+,\boldsymbol{0}^+]$$

这些公式可直接利用广义逆矩阵的定义和唯一性得到证明.

需要特别注意的是: 一般来说, $(\boldsymbol{BC})^+\neq\boldsymbol{C}^+\boldsymbol{B}^+$. 例如, 对矩阵 $\boldsymbol{A}=\begin{bmatrix}1&-1\\0&0\end{bmatrix}$, 广义逆矩阵是 $\boldsymbol{A}^+=\dfrac{1}{2}\begin{bmatrix}1&0\\-1&0\end{bmatrix}$. 由于 $\boldsymbol{A}^2=\boldsymbol{A}$, 所以 $(\boldsymbol{A}^2)^+=\boldsymbol{A}^+\neq(\boldsymbol{A}^+)^2$.

现在, 利用广义逆矩阵, 可以给出通解表达式 (3.32) 的一种更直接的表示. 事实上, 等式 (3.31) 的含义是, 存在 m 阶可逆矩阵 $\boldsymbol{M}$ 使得

$$\boldsymbol{M}[\boldsymbol{A},\boldsymbol{b}]=\begin{bmatrix}\hat{\boldsymbol{A}}&\hat{\boldsymbol{b}}\\\boldsymbol{0}&\boldsymbol{0}\end{bmatrix}$$

因而有

$$\boldsymbol{A}=\boldsymbol{M}^{-1}\begin{bmatrix}\hat{\boldsymbol{A}}\\\boldsymbol{0}\end{bmatrix},\quad \boldsymbol{b}=\boldsymbol{M}^{-1}\begin{bmatrix}\hat{\boldsymbol{b}}\\\boldsymbol{0}\end{bmatrix}$$

以及 $\boldsymbol{A}^+=\left[\hat{\boldsymbol{A}}^+,\boldsymbol{0}^+\right]\boldsymbol{M}$, 从而

$$\boldsymbol{A}^+\boldsymbol{b}=\left[\hat{\boldsymbol{A}}^+,\boldsymbol{0}^+\right]\boldsymbol{M}\boldsymbol{M}^{-1}\begin{bmatrix}\hat{\boldsymbol{b}}\\\boldsymbol{0}\end{bmatrix}=\hat{\boldsymbol{A}}^+\hat{\boldsymbol{b}},\quad \boldsymbol{A}^+\boldsymbol{A}=\hat{\boldsymbol{A}}^+\hat{\boldsymbol{A}} \tag{3.34}$$

因此, 对一般的线性方程组 $\boldsymbol{Ax}=\boldsymbol{b}$, $\boldsymbol{x}\in\mathbb{R}^n$, 其通解表达式 (3.32) 又可表示为

$$\boldsymbol{x}=\boldsymbol{A}^+\boldsymbol{b}+(\boldsymbol{E}-\boldsymbol{A}^+\boldsymbol{A})\boldsymbol{t}\quad(\boldsymbol{t}\in\mathbb{R}^n) \tag{3.35}$$

和前面多次出现的情况类似, 此通解可以表示为仅含 $n-R(\boldsymbol{A})$ 个独立参数的形式.

3.6　正交投影变换的表示

由公式 (3.35) 和前面的分析可知, $\boldsymbol{y}=(\boldsymbol{E}-\boldsymbol{A}^+\boldsymbol{A})\boldsymbol{t}$ 是 $\boldsymbol{x}$ 在由线性方程组 $\boldsymbol{Ay}=\boldsymbol{0}$ 的解按向量加法和数乘两种运算所构成的线性空间上的正交投影, 且正交投影向量 $\boldsymbol{y}$ 可用矩阵 $\boldsymbol{A}$ 及其广义逆矩阵 $\boldsymbol{A}^+$ 来表示. 正交投影变换在高维数据降维中有重要的作用[15].

为了更好地理解正交投影, 从不同角度对其进行分析. 首先, 如图 3.2 所示. 今有列向量 $\boldsymbol{x},\boldsymbol{\alpha}\in\mathbb{R}^n$, 求向量 $\boldsymbol{x}$ 在向量 $\boldsymbol{\alpha}$ 上的正交投影向量, 即确定 $\lambda\in\mathbb{R}$ 使得

$\lambda\boldsymbol{\alpha}$ 为 $\boldsymbol{x}$ 的正交投影, 也就是确定实数 λ 使得

$$\|\boldsymbol{x}-\lambda\boldsymbol{\alpha}\|_2^2=\min \tag{3.36}$$

这里, $\|\boldsymbol{x}\|_2$ 表示向量 $\boldsymbol{x}$ 的 2 范数. 由于

$$\|\boldsymbol{x}-\lambda\boldsymbol{\alpha}\|_2^2=(\boldsymbol{x}-\lambda\boldsymbol{\alpha})^{\mathrm{T}}(\boldsymbol{x}-\lambda\boldsymbol{\alpha})=\|\boldsymbol{x}\|_2^2-2\lambda\boldsymbol{x}^{\mathrm{T}}\boldsymbol{\alpha}+\lambda^2\|\boldsymbol{\alpha}\|_2^2$$

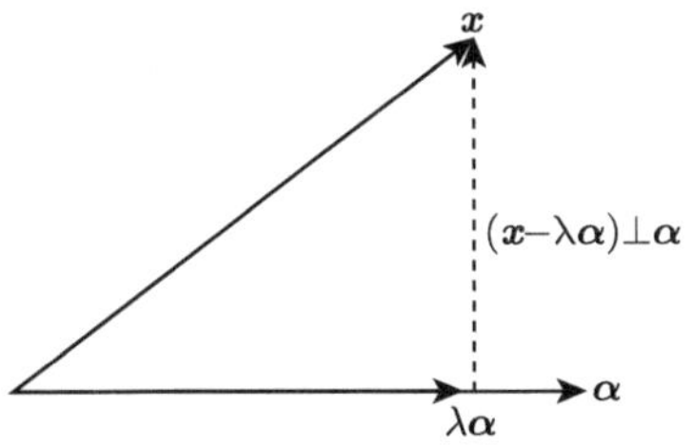

图 3.2 向量 $\boldsymbol{x}$ 在向量 $\boldsymbol{\alpha}$ 上的正交投影 $\lambda\boldsymbol{\alpha}$

所以 $\|\boldsymbol{x}-\lambda\boldsymbol{\alpha}\|_2^2$ 取最小值当且仅当它关于 λ 的导数等于零: $-2\boldsymbol{\alpha}^{\mathrm{T}}\boldsymbol{x}+2\lambda\|\boldsymbol{\alpha}\|_2^2=0$, 由此求得

$$\lambda=\frac{\boldsymbol{x}^{\mathrm{T}}\boldsymbol{\alpha}}{\|\boldsymbol{\alpha}\|_2^2}=\frac{\boldsymbol{\alpha}^{\mathrm{T}}\boldsymbol{x}}{\|\boldsymbol{\alpha}\|_2^2}=\frac{\boldsymbol{\alpha}^{\mathrm{T}}}{\|\boldsymbol{\alpha}\|_2^2}\boldsymbol{x}=\boldsymbol{\alpha}^{+}\boldsymbol{x}$$

此时有

$$\mathrm{Proj}_{\boldsymbol{\alpha}}\boldsymbol{x}=\frac{\boldsymbol{\alpha}^{\mathrm{T}}\boldsymbol{x}}{\|\boldsymbol{\alpha}\|_2^2}\boldsymbol{\alpha}=\boldsymbol{\alpha}\frac{\boldsymbol{\alpha}^{\mathrm{T}}}{\|\boldsymbol{\alpha}\|_2^2}\boldsymbol{x}=\boldsymbol{\alpha}\boldsymbol{\alpha}^{+}\boldsymbol{x} \tag{3.37}$$

其次, 考察正交投影变换

$$P:\ \mathbb{R}^3\to\mathbb{R}^3$$
$$\boldsymbol{x}=\begin{bmatrix}x_1\\x_2\\x_3\end{bmatrix}\mapsto\boldsymbol{y}=\begin{bmatrix}y_1\\y_2\\y_3\end{bmatrix}=\begin{bmatrix}x_1\\x_2\\0\end{bmatrix}$$

它将三维向量空间中的任意向量正交投影到二维坐标平面上. 三维空间和坐标平面都可以用一组基表示, 选取的基向量不同, 对应的投影变换的形式也不同. 仍然记 $\boldsymbol{e}_1$, $\boldsymbol{e}_2$, $\boldsymbol{e}_3$(列向量) 为 $\mathbb{R}^3$ 中的标准正交基, 那么

$$\boldsymbol{y}=x_1\boldsymbol{e}_1+x_2\boldsymbol{e}_2=[\boldsymbol{e}_1,\ \boldsymbol{e}_2]\begin{bmatrix}x_1\\x_2\end{bmatrix}=[\boldsymbol{e}_1,\ \boldsymbol{e}_2]\begin{bmatrix}\boldsymbol{e}_1^{\mathrm{T}}\\\boldsymbol{e}_2^{\mathrm{T}}\end{bmatrix}\begin{bmatrix}x_1\\x_2\\x_3\end{bmatrix}$$

当取 $\boldsymbol{e}_1, \boldsymbol{e}_2$ 为像空间的标准正交基时, 记矩阵 $\boldsymbol{A}=[\boldsymbol{e}_1, \boldsymbol{e}_2]$, 则正交投影变换 P 可表示为

$$\boldsymbol{y}=P\boldsymbol{x}=\boldsymbol{A}\boldsymbol{A}^{\mathrm{T}}\boldsymbol{x}$$

其中 $\boldsymbol{A}^{\mathrm{T}}\boldsymbol{x}$ 是 $\boldsymbol{y}$ 关于基 $\boldsymbol{e}_1, \boldsymbol{e}_2$ 表示下的坐标. 容易知道, 此时 $\boldsymbol{A}^{\mathrm{T}}=\boldsymbol{A}^{+}$, 故有

$$\boldsymbol{y}=P\boldsymbol{x}=\boldsymbol{A}\boldsymbol{A}^{+}\boldsymbol{x}$$

此变换的表达式与等式 (3.37) 在形式上完全一致.

其实, 对上述三维空间中的正交投影变换, 像空间的基还可以取为 $\boldsymbol{\alpha}_1=\boldsymbol{e}_1, \boldsymbol{\alpha}_2=\boldsymbol{e}_1+\boldsymbol{e}_2$, 并记 $\boldsymbol{C}=[\boldsymbol{\alpha}_1, \boldsymbol{\alpha}_2]$, 那么

$$\boldsymbol{C}=[\boldsymbol{e}_1, \boldsymbol{e}_2]\begin{bmatrix} 1 & 1 \\ 0 & 1 \end{bmatrix} \Leftrightarrow \boldsymbol{C}\begin{bmatrix} 1 & -1 \\ 0 & 1 \end{bmatrix}=[\boldsymbol{e}_1, \boldsymbol{e}_2]=\boldsymbol{A}$$

从而有

$$\begin{aligned} \boldsymbol{y} &= x_1\boldsymbol{e}_1+x_2\boldsymbol{e}_2=\boldsymbol{A}\boldsymbol{A}^{\mathrm{T}}\boldsymbol{x} \\ &= \boldsymbol{C}\begin{bmatrix} 1 & -1 \\ 0 & 1 \end{bmatrix}\begin{bmatrix} 1 & 0 \\ -1 & 1 \end{bmatrix}\boldsymbol{C}^{\mathrm{T}}\boldsymbol{x}=\boldsymbol{C}\begin{bmatrix} 2 & -1 \\ -1 & 1 \end{bmatrix}\boldsymbol{C}^{\mathrm{T}}\boldsymbol{x} \end{aligned}$$

直接验证有

$$\boldsymbol{C}\left(\begin{bmatrix} 2 & -1 \\ -1 & 1 \end{bmatrix}\boldsymbol{C}^{\mathrm{T}}\right)\boldsymbol{C}=\boldsymbol{C}$$

$$\left(\begin{bmatrix} 2 & -1 \\ -1 & 1 \end{bmatrix}\boldsymbol{C}^{\mathrm{T}}\right)\boldsymbol{C}\left(\begin{bmatrix} 2 & -1 \\ -1 & 1 \end{bmatrix}\boldsymbol{C}^{\mathrm{T}}\right)=\begin{bmatrix} 2 & -1 \\ -1 & 1 \end{bmatrix}\boldsymbol{C}^{\mathrm{T}}$$

以及

$$\left(\left(\begin{bmatrix} 2 & -1 \\ -1 & 1 \end{bmatrix}\boldsymbol{C}^{\mathrm{T}}\right)\boldsymbol{C}\right)^{\mathrm{T}}=\left(\begin{bmatrix} 2 & -1 \\ -1 & 1 \end{bmatrix}\boldsymbol{C}^{\mathrm{T}}\right)\boldsymbol{C}$$

$$\left(\boldsymbol{C}\left(\begin{bmatrix} 2 & -1 \\ -1 & 1 \end{bmatrix}\boldsymbol{C}^{\mathrm{T}}\right)\right)^{\mathrm{T}}=\boldsymbol{C}\left(\boldsymbol{C}\begin{bmatrix} 2 & -1 \\ -1 & 1 \end{bmatrix}\boldsymbol{C}^{\mathrm{T}}\right)$$

满足矩阵 $\boldsymbol{C}$ 的广义逆矩阵的四个条件. 这表明

$$\boldsymbol{C}^{+}=\begin{bmatrix} 2 & -1 \\ -1 & 1 \end{bmatrix}\boldsymbol{C}^{\mathrm{T}}$$

因此, 正交投影变换 P 可表示为

$$\boldsymbol{y}=P\boldsymbol{x}=\boldsymbol{C}\boldsymbol{C}^{+}\boldsymbol{x}$$

和前面出现的投影变换的表达式具有相同的形式. 由于 $(\boldsymbol{C}\boldsymbol{C}^+)^2 = (\boldsymbol{C}\boldsymbol{C}^+\boldsymbol{C})\boldsymbol{C}^+ = \boldsymbol{C}\boldsymbol{C}^+$, 所以, 正交投影变换 P 的特点是: 对任何 $\boldsymbol{x}$ 有

$$P^2\boldsymbol{x} = P\boldsymbol{x}$$

即 $P^2 = P$. 因此, 正交投影变换 (和对应的矩阵) 的特征值只可能是 0 或 1.

类似地, 如果取像空间的标准正交基为行向量形式时, 记基向量按行构成的矩阵为 $\boldsymbol{B}$, 则正交投影变换可表示为 $\boldsymbol{y} = P\boldsymbol{x} = \boldsymbol{x}\boldsymbol{B}^{\mathrm{T}}\boldsymbol{B}$. 由于 $\boldsymbol{B}^{\mathrm{T}} = \boldsymbol{B}^+$, 故有

$$\boldsymbol{y} = P\boldsymbol{x} = \boldsymbol{x}\boldsymbol{B}^+\boldsymbol{B}$$

其中 $\boldsymbol{x}\boldsymbol{B}^+$ 是向量 $\boldsymbol{x}$ 在行向量组线性表示下的坐标.

一般地, 设 $\mathcal{M}$ 是由 n 维列向量组 $\boldsymbol{\alpha}_1, \boldsymbol{\alpha}_2, \cdots, \boldsymbol{\alpha}_m$ 生成的线性子空间:

$$\begin{aligned}\mathcal{M} &= \operatorname{span}(\boldsymbol{\alpha}_1, \boldsymbol{\alpha}_2, \cdots, \boldsymbol{\alpha}_m)\\ &= \{\lambda_1\boldsymbol{\alpha}_1 + \lambda_2\boldsymbol{\alpha}_2 + \cdots + \lambda_m\boldsymbol{\alpha}_m : \lambda_1, \cdots, \lambda_m \in \mathbb{R}\}\end{aligned}$$

记 $\boldsymbol{A} = [\boldsymbol{\alpha}_1, \boldsymbol{\alpha}_2, \cdots, \boldsymbol{\alpha}_m] \in \mathbb{R}^{n\times m}$, 那么, 由归纳法可知, 正交投影变换

$$\begin{aligned}P_{\mathcal{M}}:\ & \mathbb{R}^n \to \mathcal{M}\\ & \boldsymbol{x} \mapsto \boldsymbol{y} = P_{\mathcal{M}}\boldsymbol{x}\end{aligned}$$

可表示为 (利用 5.1 节中的结论可对其严格证明)

$$\boldsymbol{y} = P_{\mathcal{M}}x = \boldsymbol{A}\boldsymbol{A}^+\boldsymbol{x}$$

满足正交投影变换的性质

$$P_{\mathcal{M}}^2 = P_{\mathcal{M}} \tag{3.38}$$

此时像空间又可表示为

$$\mathcal{M} = \{\boldsymbol{A}\boldsymbol{A}^+\boldsymbol{x}:\ \boldsymbol{x} \in \mathbb{R}^n\}$$

记 $I_{\mathcal{M}}$ 为定义在 $\mathcal{M}$ 上的单位变换, 且 $\mathcal{N} = \{(\boldsymbol{E} - \boldsymbol{A}\boldsymbol{A}^+)\boldsymbol{x} : \boldsymbol{x} \in \mathbb{R}^n\}$, 那么, $(I_{\mathcal{M}} - P_{\mathcal{M}})^2 = I_{\mathcal{M}} - 2P_{\mathcal{M}} + P_{\mathcal{M}}^2 = I_{\mathcal{M}} - P_{\mathcal{M}}$. 因而如下线性变换

$$\begin{aligned}P_{\mathcal{N}}:\ & \mathbb{R}^n \to \mathcal{N}\\ & \boldsymbol{x} \mapsto \boldsymbol{y} = P_{\mathcal{N}}\boldsymbol{x} = \left(\boldsymbol{E} - \boldsymbol{A}\boldsymbol{A}^+\right)\boldsymbol{x}\end{aligned}$$

也是正交投影变换, 满足 $P_{\mathcal{N}}^2 = P_{\mathcal{N}}$. 另外, 对任意 $\boldsymbol{x} \in \mathbb{R}^n$ 有

$$\boldsymbol{x} = \boldsymbol{A}\boldsymbol{A}^+\boldsymbol{x} + \left(\boldsymbol{E} - \boldsymbol{A}\boldsymbol{A}^+\right)\boldsymbol{x}$$

其中 $\boldsymbol{A}\boldsymbol{A}^{+}\boldsymbol{x}\in\mathcal{M}$, $\left(\boldsymbol{E}-\boldsymbol{A}\boldsymbol{A}^{+}\right)\boldsymbol{x}\in\mathcal{N}$. 这表明, $\mathbb{R}^{m\times n}$ 可分解为线性子空间 $\mathcal{M}$ 和 $\mathcal{N}$ 的和, 记为

$$\mathbb{R}^{n}=\mathcal{M}+\mathcal{N}$$

进一步, 对任何 $\boldsymbol{x}, \boldsymbol{y}\in\mathbb{R}^{n}$, 有

$$\begin{aligned}&\left(\boldsymbol{A}\boldsymbol{A}^{+}\boldsymbol{x}\right)^{\mathrm{T}}\left(\boldsymbol{E}-\boldsymbol{A}\boldsymbol{A}^{+}\right)\boldsymbol{y}\\=&\boldsymbol{x}^{\mathrm{T}}\left(\boldsymbol{A}\boldsymbol{A}^{+}\right)^{\mathrm{T}}\left(\boldsymbol{E}-\boldsymbol{A}\boldsymbol{A}^{+}\right)\boldsymbol{y}=\boldsymbol{x}^{\mathrm{T}}\left(\boldsymbol{A}\boldsymbol{A}^{+}\right)\left(\boldsymbol{E}-\boldsymbol{A}\boldsymbol{A}^{+}\right)\boldsymbol{y}\\=&\boldsymbol{x}^{\mathrm{T}}\left(\boldsymbol{A}\boldsymbol{A}^{+}-\left(\boldsymbol{A}\boldsymbol{A}^{+}\right)^{2}\right)\boldsymbol{y}=\mathbf{0}\end{aligned}$$

所以 $\mathcal{M}$ 和 $\mathcal{N}$ 相互正交的. 因此, 上述空间分解为正交分解

$$\mathbb{R}^{n}=\mathcal{M}\oplus\mathcal{N}$$

即任意向量 $\boldsymbol{x}$ 总可分解为两个相互正交的子空间中元素的和, 分解式是唯一的.

类似地, 当 $\boldsymbol{A}\in\mathbb{R}^{n\times m}$ 时, 对任意 $\boldsymbol{x}\in\mathbb{R}^{m}$ 有 $\boldsymbol{x}=\boldsymbol{A}^{+}\boldsymbol{A}\boldsymbol{x}+(\boldsymbol{E}-\boldsymbol{A}^{+}\boldsymbol{A})\boldsymbol{x}$. 注意到

$$\hat{\mathcal{M}}=\left\{\boldsymbol{A}^{+}\boldsymbol{A}\boldsymbol{x}:\ \boldsymbol{x}\in\mathbb{R}^{m}\right\},\quad \hat{\mathcal{N}}=\left\{(\boldsymbol{E}-\boldsymbol{A}^{+}\boldsymbol{A})\boldsymbol{x}:\ \boldsymbol{x}\in\mathbb{R}^{m}\right\}$$

关于向量的加法和数乘都是线性子空间, 所以 $\mathbb{R}^{m}=\hat{\mathcal{M}}+\hat{\mathcal{N}}$. 进一步, 对任何 $\boldsymbol{x}, \boldsymbol{y}\in\mathbb{R}^{m}$, 由于 $(\boldsymbol{A}^{+}\boldsymbol{A}\boldsymbol{x})^{\mathrm{T}}(\boldsymbol{E}-\boldsymbol{A}^{+}\boldsymbol{A})\boldsymbol{y}=0$, 所以 $\hat{\mathcal{M}}$ 和 $\hat{\mathcal{N}}$ 相互正交的. 这表明,

$$\mathbb{R}^{m}=\hat{\mathcal{M}}\oplus\hat{\mathcal{N}}$$

另外, 由 $\boldsymbol{y}=P_{\hat{\mathcal{M}}}\boldsymbol{x}=\boldsymbol{A}^{+}\boldsymbol{A}\boldsymbol{x}$ 和 $\boldsymbol{y}=P_{\hat{\mathcal{N}}}\boldsymbol{x}=(\boldsymbol{E}-\boldsymbol{A}^{+}\boldsymbol{A})\boldsymbol{x}$ 分别确定的由 $\boldsymbol{x}\in\mathbb{R}^{m}$ 映射到 $\boldsymbol{y}\in\hat{\mathcal{M}}$(或者 $\boldsymbol{y}\in\hat{\mathcal{N}}$) 的线性变换皆为正交投影变换.

第4章　矩阵分解

矩阵分解是线性代数或矩阵论中的一类重要问题, 其基本思路是: 针对不同问题的特点将矩阵分解为两个或多个矩阵的乘积, 使待求问题得到简化. 例如, 在求解线性方程组的唯一解时, 可利用初等变换将系数矩阵化为一个上三角矩阵, 等价的说法是将系数矩阵分解为一个下三角矩阵和一个上三角矩阵的乘积, 因而可将求解一个线性方程组的问题转化为求解两个形式更简单更容易求解的线性方程组. 本章仅介绍矩阵的极分解、QR 分解和奇异值分解 (SVD 分解). 其中矩阵极分解的探索过程体现形式类比在数学思维中的重要作用, 而 QR 分解和 SVD 分解在各类优化问题中具有重要应用.

4.1　极　分　解

我们知道, 任何一个非零复数 $z \in \mathbb{C}^1$ 都可以表示为

$$z = \rho\nu = \rho(\cos\theta + \mathrm{i}\ \sin\theta) = \rho\,\mathrm{e}^{\theta\mathrm{i}}$$

其中 $\rho = \sqrt{z\overline{z}} = \sqrt{\overline{z}z}$ 为复数 z 的极径 (模), θ 为复数 z 的辐角. 此表示除辐角相差 2π 的倍数外是唯一的. 这里, $\overline{z}$ 表示 z 的共轭复数. 下面尝试将这个结论一般化.

首先, 复向量是复数的推广. 对任何一个 n 维的非零复向量 $\boldsymbol{\alpha} \in \mathbb{C}^n$(表示为列向量的形式), 一方面, 它有如下表达式

$$\boldsymbol{\alpha} = \rho\boldsymbol{\beta}$$

其中 $\rho = \sqrt{\overline{\boldsymbol{\alpha}}^{\mathrm{T}}\boldsymbol{\alpha}} > 0$, $\overline{\boldsymbol{\beta}}^{\mathrm{T}}\boldsymbol{\beta} = 1$. 另一方面, $\boldsymbol{\alpha}\overline{\boldsymbol{\alpha}}^{\mathrm{T}} \in \mathbb{C}^{n\times n}$ 是一个秩为 1 的半正定矩阵, 其特征值为 ρ^2(单根) 和 $0(n-1$ 重根), 因此一定有 Hermite 正交矩阵 $\boldsymbol{Q} \in \mathbb{C}^{n\times n}$ 使得

$$\boldsymbol{\alpha}\overline{\boldsymbol{\alpha}}^{\mathrm{T}} = \overline{\boldsymbol{Q}}^{\mathrm{T}} \cdot \mathrm{diag}\left(\rho^2, 0, \cdots, 0\right) \cdot \boldsymbol{Q}$$

于是有

$$\rho^4 = \overline{\boldsymbol{\alpha}}^{\mathrm{T}}\left(\overline{\boldsymbol{Q}}^{\mathrm{T}} \cdot \mathrm{diag}(\rho^2, 0, \cdots, 0) \cdot \boldsymbol{Q}\right)\boldsymbol{\alpha}$$

记

$$\boldsymbol{u} = \left(\overline{\boldsymbol{Q}}^{\mathrm{T}} \cdot \mathrm{diag}(\rho^{-1}, 0, \cdots, 0) \cdot \boldsymbol{Q}\right)\boldsymbol{\alpha} \in \mathbb{C}^n$$

则

$$\overline{\boldsymbol{u}}^{\mathrm{T}}\boldsymbol{u}=\overline{\boldsymbol{\alpha}}^{\mathrm{T}}\overline{\boldsymbol{Q}}^{\mathrm{T}}\cdot\mathrm{diag}(\rho^{-2},\,0,\,\cdots,0)\cdot\boldsymbol{Q}\boldsymbol{\alpha}=1$$

取 $\boldsymbol{H}=\overline{\boldsymbol{Q}}^{\mathrm{T}}\cdot\mathrm{diag}(\rho,\,0,\,\cdots,0)\cdot\boldsymbol{Q}\in\mathbb{C}^{n\times n}$, 那么

$$\begin{aligned}\boldsymbol{H}\boldsymbol{u}&=\left(\overline{\boldsymbol{Q}}^{\mathrm{T}}\cdot\mathrm{diag}(1,\,0,\,\cdots,0)\cdot\boldsymbol{Q}\right)\boldsymbol{\alpha}\\&=\left(\frac{1}{\rho^2}\boldsymbol{\alpha}\overline{\boldsymbol{\alpha}}^{\mathrm{T}}\right)\boldsymbol{\alpha}=\left(\frac{1}{\rho^2}\boldsymbol{\alpha}\right)(\overline{\boldsymbol{\alpha}}^{\mathrm{T}}\boldsymbol{\alpha})=\boldsymbol{\alpha}\end{aligned}$$

这表明, 对非零复向量 $\boldsymbol{\alpha}\in\mathbb{C}^n$, 一定存在秩为 1 的半 Hermite 正定矩阵 $\boldsymbol{H}$ 和单位向量 $\boldsymbol{u}$ 使得

$$\boldsymbol{\alpha}=\boldsymbol{H}\boldsymbol{u}\tag{4.1}$$

进一步, 假设还有 $\boldsymbol{H}_1$ 满足 $\overline{\boldsymbol{H}}_1^{\mathrm{T}}=\boldsymbol{H}_1$ 且 $\boldsymbol{H}_1^2=\boldsymbol{H}^2=\boldsymbol{\alpha}\overline{\boldsymbol{\alpha}}^{\mathrm{T}}$. 由于 $\boldsymbol{H}_1^2=\boldsymbol{H}^2$, $\boldsymbol{H}_1$ 和 $\boldsymbol{H}$ 的特征值都是 ρ(单根) 和 $0(n-1$ 重), 故存在酉矩阵 $\boldsymbol{V}$, $\boldsymbol{V}_1$ 使得

$$\overline{\boldsymbol{V}}_1^{\mathrm{T}}\boldsymbol{H}_1\boldsymbol{V}_1=\overline{\boldsymbol{V}}^{\mathrm{T}}\boldsymbol{H}\boldsymbol{V}=\mathrm{diag}(\rho,\,0,\,\cdots,0)$$

于是, $\overline{\boldsymbol{V}}_1^{\mathrm{T}}\boldsymbol{H}_1^2\boldsymbol{V}_1=\overline{\boldsymbol{V}}^{\mathrm{T}}\boldsymbol{H}^2\boldsymbol{V}=\mathrm{diag}(\rho^2,\,0,\,\cdots,0)$, 进而可得

$$\overline{\boldsymbol{V}}_1^{\mathrm{T}}\boldsymbol{V}\mathrm{diag}(\rho^2,\,0,\,\cdots,0)=\mathrm{diag}(\rho^2,\,0,\,\cdots,0)\overline{\boldsymbol{V}}_1^{\mathrm{T}}\boldsymbol{V}$$

利用分块矩阵形式可直接证明 $\overline{\boldsymbol{V}}_1^{\mathrm{T}}\boldsymbol{V}$ 必是块对角阵: $\overline{\boldsymbol{V}}_1^{\mathrm{T}}\boldsymbol{V}=\mathrm{diag}(a,\,\boldsymbol{\Theta})$, 其中 $\boldsymbol{\Theta}$ 是 $n-1$ 阶矩阵. 这样

$$\overline{\boldsymbol{V}}_1^{\mathrm{T}}\boldsymbol{V}\mathrm{diag}(\rho,\,0,\,\cdots,0)=\mathrm{diag}(\rho,\,0,\,\cdots,0)\overline{\boldsymbol{V}}_1^{\mathrm{T}}\boldsymbol{V}$$

故 $\boldsymbol{H}=\boldsymbol{V}\mathrm{diag}(\rho,\,0,\,\cdots,0)\boldsymbol{V}^{\mathrm{T}}=\overline{\boldsymbol{V}}_1\mathrm{diag}(\rho,\,0,\,\cdots,0)\overline{\boldsymbol{V}}_1^{\mathrm{T}}=\boldsymbol{H}_1$.

将一般的复矩阵与复数及复向量作形式对比, 见表 4.1, 其中 $\boldsymbol{E}$ 表示单位矩阵. 这里, 满足条件 $\overline{\boldsymbol{U}}^{\mathrm{T}}\boldsymbol{U}=\boldsymbol{U}\overline{\boldsymbol{U}}^{\mathrm{T}}=\boldsymbol{E}$ 和 $\overline{\hat{\boldsymbol{U}}}^{\mathrm{T}}\hat{\boldsymbol{U}}=\boldsymbol{E}$ 的矩阵 $\boldsymbol{U}$ 和 $\hat{\boldsymbol{U}}$ 都称为酉矩阵. 由归纳法, 我们有充分理由相信, 如下的结论 (矩阵的极分解) 是成立的.

表 4.1　复数、复向量与复矩阵的类比

复数 z	$z=\rho\nu=\nu\rho$	$z\neq 0$	$\rho>0$	$\overline{\nu}^{\mathrm{T}}\nu=1$
复向量 $\boldsymbol{\alpha}$	$\boldsymbol{\alpha}=\boldsymbol{H}\boldsymbol{u}=\boldsymbol{\beta}\rho$	$\boldsymbol{\alpha}\neq\boldsymbol{0}$	$\boldsymbol{H}$ 半正定, $\rho>0$	$\overline{\boldsymbol{u}}^{\mathrm{T}}\boldsymbol{u}=1$, $\overline{\boldsymbol{\beta}}^{\mathrm{T}}\boldsymbol{\beta}=1$
复矩阵 $\boldsymbol{A}$	$\boldsymbol{A}=\boldsymbol{H}\boldsymbol{U}=\hat{\boldsymbol{U}}\hat{\boldsymbol{H}}$	$\boldsymbol{A}$ 满秩方阵	$\boldsymbol{H}$, $\hat{\boldsymbol{H}}$ 正定	$\overline{\boldsymbol{U}}^{\mathrm{T}}\boldsymbol{U}=\boldsymbol{E}$, $\overline{\hat{\boldsymbol{U}}}^{\mathrm{T}}\hat{\boldsymbol{U}}=\boldsymbol{E}$

复域上的任何矩阵 (满秩方阵)$\boldsymbol{A}$ 皆可分解为 $\boldsymbol{A}=\boldsymbol{H}\boldsymbol{U}$, 其中 $\boldsymbol{H}$ 是半正定 (正定)Hermite 矩阵, $\boldsymbol{U}$ 是酉矩阵. 同样地, 复域上的任何方阵 (满秩方阵)$\boldsymbol{A}$ 皆可分解为 $\boldsymbol{A}=\hat{\boldsymbol{U}}\hat{\boldsymbol{H}}$, 其中 $\hat{\boldsymbol{H}}$ 是半正定 (正定)Hermite 矩阵, $\hat{\boldsymbol{U}}$ 是酉矩阵.

利用类比法, 不仅可以猜出上述关于矩阵分解的结论, 也可以采用类似的思路和步骤去证明这个结论. 在复数与复向量这两种简单情形下, 关键步骤是由 $\rho^2 = \sqrt{z\overline{z}}$ 和 $\boldsymbol{H}^2 = \sqrt{\boldsymbol{\alpha}\overline{\boldsymbol{\alpha}}^{\mathrm{T}}}$ 找到正数 ρ 和半正定矩阵 $\boldsymbol{H}$, 因此对矩阵分解 $\boldsymbol{A} = \boldsymbol{HU}$ 来说, 其中的矩阵 $\boldsymbol{H}$ 应该满足矩阵方程

$$\boldsymbol{H}^2 = \boldsymbol{A}\overline{\boldsymbol{A}}^{\mathrm{T}}$$

为叙述简单起见, 这里假设 $\boldsymbol{A}$ 是满秩方阵, 因此 $\boldsymbol{A}\overline{\boldsymbol{A}}^{\mathrm{T}}$ 必然是正定 Hermite 矩阵. 因此, 必存在酉矩阵 $\boldsymbol{V}$ 使得

$$\boldsymbol{V}\boldsymbol{A}\overline{\boldsymbol{A}}^{\mathrm{T}}\boldsymbol{V}^{\mathrm{T}} = \mathrm{diag}(\lambda_1,\ \lambda_2,\ \cdots,\ \lambda_n)$$

其中 $\lambda_i > 0\ (i = 1,\ 2,\ \cdots,\ n)$. 进而取

$$\boldsymbol{H} = \boldsymbol{V}^{\mathrm{T}}\mathrm{diag}\left(\sqrt{\lambda_1},\ \sqrt{\lambda_2},\ \cdots,\ \sqrt{\lambda_n}\right)\boldsymbol{V}$$

这是一个正定 Hermite 矩阵, 且成立: $\boldsymbol{H}^2 = \boldsymbol{A}\overline{\boldsymbol{A}}^{\mathrm{T}}$. 有了矩阵 $\boldsymbol{H}$, 将矩阵 $\boldsymbol{U}$ 取为

$$\boldsymbol{U} = \boldsymbol{H}^{-1}\boldsymbol{A}$$

那么它必然是酉矩阵, 满足

$$\overline{\boldsymbol{U}}^{\mathrm{T}}\boldsymbol{U} = \overline{\boldsymbol{A}}^{\mathrm{T}}\boldsymbol{H}^{-1}\boldsymbol{H}^{-1}\boldsymbol{A} = \overline{\boldsymbol{A}}^{\mathrm{T}}(\boldsymbol{A}\overline{\boldsymbol{A}}^{\mathrm{T}})^{-1}\boldsymbol{A} = \overline{\boldsymbol{A}}^{\mathrm{T}}(\overline{\boldsymbol{A}}^{\mathrm{T}})^{-1}\boldsymbol{A}^{-1}\boldsymbol{A} = \boldsymbol{E}$$

并且有

$$\boldsymbol{A} = \boldsymbol{HU} \tag{4.2}$$

类似地, 可得到满秩矩阵的另一种极分解形式.

至于唯一性, 以满秩方阵 $\boldsymbol{A}$ 为例, 可以证明正定矩阵 $\boldsymbol{H}$ 是唯一的. 事实上, 假设另有正定 Hermite 矩阵 $\boldsymbol{H}_1$ 使得

$$\boldsymbol{H}_1^2 = \boldsymbol{H}^2 = \boldsymbol{A}\overline{\boldsymbol{A}}^{\mathrm{T}}$$

则 $\boldsymbol{H}_1$ 与 $\boldsymbol{H}$ 具有相同的特征值. 记其互不相同的特征值为 $\mu_1,\ \mu_2,\ \cdots,\ \mu_p$(由 $\boldsymbol{H}_1$, $\boldsymbol{H}_2$ 的正定性可知这些特征值皆大于零), 那么存在酉矩阵 $\boldsymbol{V}$, $\boldsymbol{V}_1$ 使得

$$\overline{\boldsymbol{V}}_1^{\mathrm{T}}\boldsymbol{H}_1\boldsymbol{V}_1 = \overline{\boldsymbol{V}}^{\mathrm{T}}\boldsymbol{H}\boldsymbol{V} = \mathrm{diag}\left(\mu_1\boldsymbol{E}^{(1)},\ \mu_2\boldsymbol{E}^{(2)},\ \cdots,\ \mu_p\boldsymbol{E}^{(p)}\right)$$

其中各 $\boldsymbol{E}^{(i)}$ 为对应的单位矩阵. 于是,

$$\overline{\boldsymbol{V}}_1^{\mathrm{T}}\boldsymbol{H}_1^2\boldsymbol{V}_1 = \overline{\boldsymbol{V}}^{\mathrm{T}}\boldsymbol{H}^2\boldsymbol{V} = \mathrm{diag}\left(\mu_1^2\boldsymbol{E}^{(1)}, \mu_2^2\boldsymbol{E}^{(2)}, \cdots, \mu_p^2\boldsymbol{E}^{(p)}\right)$$

进而

$$\overline{\boldsymbol{V}}_1^{\mathrm{T}}\boldsymbol{V}\mathrm{diag}\left(\mu_1^2\boldsymbol{E}^{(1)},\ \mu_2^2\boldsymbol{E}^{(2)},\cdots,\mu_p^2\boldsymbol{E}^{(p)}\right)=\mathrm{diag}\left(\mu_1^2\boldsymbol{E}^{(1)},\ \mu_2^2\boldsymbol{E}^{(2)},\cdots,\mu_p^2\boldsymbol{E}^{(p)}\right)\overline{\boldsymbol{V}}_1^{\mathrm{T}}\boldsymbol{V}$$

也就是说, 矩阵 $\overline{\boldsymbol{V}}_1^{\mathrm{T}}\boldsymbol{V}$ 和块对角阵 $\mathrm{diag}\left(\mu_1^2\boldsymbol{E}^{(1)},\ \mu_2^2\boldsymbol{E}^{(2)},\ \cdots,\ \mu_p^2\boldsymbol{E}^{(p)}\right)$ 可交换. 由于各 μ_i 是互不相同的正数, 所以按分块矩阵乘法规则可知 $\overline{\boldsymbol{V}}_1^{\mathrm{T}}\boldsymbol{V}$ 也只能是块对角阵, 即

$$\overline{\boldsymbol{V}}_1^{\mathrm{T}}\boldsymbol{V}=\mathrm{diag}(\boldsymbol{\Theta}_1,\ \boldsymbol{\Theta}_2,\ \cdots,\ \boldsymbol{\Theta}_p)$$

其中 $\boldsymbol{\Theta}_i$ 与 $\boldsymbol{E}^{(i)}$ 具有相同的阶数. 于是

$$\overline{\boldsymbol{V}}_1^{\mathrm{T}}\boldsymbol{V}\mathrm{diag}\left(\mu_1\boldsymbol{E}^{(1)},\ \mu_2\boldsymbol{E}^{(2)},\cdots,\mu_p\boldsymbol{E}^{(p)}\right)=\mathrm{diag}\left(\mu_1\boldsymbol{E}^{(1)},\mu_2\boldsymbol{E}^{(2)},\cdots,\mu_p\boldsymbol{E}^{(p)}\right)\overline{\boldsymbol{V}}_1^{\mathrm{T}}\boldsymbol{V}$$

在 $\boldsymbol{H},\boldsymbol{H}_1$ 为半正定时有且仅有一个 (不妨设 μ_p) 为零, 因而上式也成立. 由此可得

$$\boldsymbol{V}\mathrm{diag}\left(\mu_1\boldsymbol{E}^{(1)},\ \mu_2\boldsymbol{E}^{(2)},\cdots,\mu_p\boldsymbol{E}^{(p)}\right)\boldsymbol{V}^{\mathrm{T}}=\overline{\boldsymbol{V}}_1^{\mathrm{T}}\mathrm{diag}\left(\mu_1\boldsymbol{E}^{(1)},\mu_2\boldsymbol{E}^{(2)},\cdots,\mu_p\boldsymbol{E}^{(p)}\right)\overline{\boldsymbol{V}}_1^{\mathrm{T}}$$

此即 $\boldsymbol{H}_1=\boldsymbol{H}$. 矩阵 $\boldsymbol{A}$ 的极分解的唯一性得到证明.

在几何上, 复数 $\mathrm{e}^{\theta\mathrm{i}}$ 代表逆时针方向旋转角度 θ 的平面旋转变换, 因此可以想象酉矩阵也对应某种形式的旋转变换.

因此, 形式类比不仅帮助我们发现了矩阵极分解的结论, 也找到了其证明的思路和步骤, 是学习数学与研究数学过程中最富有成效的方法之一.

4.2 QR 分解

从 2.4 节基于正交化过程求解线性方程组的讨论中已经知道, 对线性无关的向量组 $\boldsymbol{\alpha}_1,\ \boldsymbol{\alpha}_2,\ \cdots,\ \boldsymbol{\alpha}_n\in\mathbb{R}^n$, 利用 Gram-Schmidt 正交化可得正交向量组 $\boldsymbol{\beta}_1,\ \boldsymbol{\beta}_2,\ \cdots,\ \boldsymbol{\beta}_n$ 使得

$$[\boldsymbol{\alpha}_1,\ \boldsymbol{\alpha}_2,\ \cdots,\ \boldsymbol{\alpha}_n]=[\boldsymbol{\beta}_1,\ \boldsymbol{\beta}_2,\ \cdots,\ \boldsymbol{\beta}_n]\begin{bmatrix}1 & \dfrac{\boldsymbol{\beta}_1^{\mathrm{T}}\boldsymbol{\alpha}_2}{\boldsymbol{\beta}_1^{\mathrm{T}}\boldsymbol{\beta}_1} & \dfrac{\boldsymbol{\beta}_1^{\mathrm{T}}\boldsymbol{\alpha}_3}{\boldsymbol{\beta}_1^{\mathrm{T}}\boldsymbol{\beta}_1} & \cdots & \dfrac{\boldsymbol{\beta}_1^{\mathrm{T}}\boldsymbol{\alpha}_n}{\boldsymbol{\beta}_1^{\mathrm{T}}\boldsymbol{\beta}_1}\\ 0 & 1 & \dfrac{\boldsymbol{\beta}_2^{\mathrm{T}}\boldsymbol{\alpha}_3}{\boldsymbol{\beta}_2^{\mathrm{T}}\boldsymbol{\beta}_2} & \cdots & \dfrac{\boldsymbol{\beta}_2^{\mathrm{T}}\boldsymbol{\alpha}_n}{\boldsymbol{\beta}_2^{\mathrm{T}}\boldsymbol{\beta}_2}\\ 0 & 0 & 1 & \cdots & \dfrac{\boldsymbol{\beta}_3^{\mathrm{T}}\boldsymbol{\alpha}_n}{\boldsymbol{\beta}_3^{\mathrm{T}}\boldsymbol{\beta}_3}\\ \vdots & \vdots & \vdots & & \vdots\\ 0 & 0 & 0 & \cdots & 1\end{bmatrix}\tag{4.3}$$

对向量组单位化: 令

$$\boldsymbol{q}_i=\frac{\boldsymbol{\beta}_i}{\sqrt{\boldsymbol{\beta}_i^{\mathrm{T}}\boldsymbol{\beta}_i}}=\frac{\boldsymbol{\beta}_i}{\|\boldsymbol{\beta}_i\|_2}\quad(i=1,\,2,\,\cdots,\,n)$$

则矩阵 $\boldsymbol{Q}=[\boldsymbol{q}_1,\,\boldsymbol{q}_2,\,\cdots,\,\boldsymbol{q}_n]\in\mathbb{R}^{n\times n}$ 是正交矩阵, 满足 $\boldsymbol{Q}^{\mathrm{T}}\boldsymbol{Q}=\boldsymbol{Q}\boldsymbol{Q}^{\mathrm{T}}=\boldsymbol{E}$, 并且有

$$[\boldsymbol{\beta}_1,\,\boldsymbol{\beta}_2,\,\cdots,\,\boldsymbol{\beta}_n]=\boldsymbol{Q}\,\mathrm{diag}(\|\boldsymbol{\beta}_1\|_2,\,\|\boldsymbol{\beta}_2\|_2,\,\cdots,\,\|\boldsymbol{\beta}_n\|_2)$$

其中 $\mathrm{diag}(\|\boldsymbol{\beta}_1\|_2,\,\|\boldsymbol{\beta}_2\|_2,\,\cdots,\,\|\boldsymbol{\beta}_n\|_2)$ 表示以 $\|\boldsymbol{\beta}_1\|_2,\,\|\boldsymbol{\beta}_2\|_2,\,\cdots,\,\|\boldsymbol{\beta}_n\|_2$ 为对角线位置元素的对角阵. 因此, 对矩阵 $\boldsymbol{A}=[\boldsymbol{\alpha}_1,\,\boldsymbol{\alpha}_2,\,\cdots,\,\boldsymbol{\alpha}_n]\in\mathbb{R}^{n\times n}$, 存在正交矩阵 $\boldsymbol{Q}$ 和上三角矩阵

$$\boldsymbol{R}=\begin{bmatrix}\|\boldsymbol{\beta}_1\|_2 & \boldsymbol{\beta}_1^{\mathrm{T}}\boldsymbol{\alpha}_2 & \boldsymbol{\beta}_1^{\mathrm{T}}\boldsymbol{\alpha}_3 & \cdots & \boldsymbol{\beta}_1^{\mathrm{T}}\boldsymbol{\alpha}_n\\ 0 & \|\boldsymbol{\beta}_2\|_2 & \boldsymbol{\beta}_2^{\mathrm{T}}\boldsymbol{\alpha}_3 & \cdots & \boldsymbol{\beta}_2^{\mathrm{T}}\boldsymbol{\alpha}_n\\ 0 & 0 & \|\boldsymbol{\beta}_3\|_2 & \cdots & \boldsymbol{\beta}_3^{\mathrm{T}}\boldsymbol{\alpha}_n\\ \vdots & \vdots & \vdots & & \vdots\\ 0 & 0 & 0 & \cdots & \|\boldsymbol{\beta}_n\|_2\end{bmatrix}$$

使得

$$\boldsymbol{A}=\boldsymbol{Q}\boldsymbol{R}\tag{4.4}$$

这就是矩阵 $\boldsymbol{A}$ 的 QR 分解. 矩阵的 QR 分解是目前计算矩阵特征值等许多矩阵数值计算问题中最有效的方法——QR 算法的基础, 也是各类优化问题中不可缺少的工具. 由于数值计算过程中存在不可避免的舍入误差, 在高维向量组情形下, Gram-Schmidt 正交化过程所得的向量之间的正交性可能不能得到保证且数值稳定性不好. 因此, 在实际应用中, 特别是对大规模矩阵, 通常不采用正交化过程来得到矩阵的 QR 分解, 而寻找其他思路求解.

实际上, 从上述过程可获得更多启发. 对矩阵 $\boldsymbol{A}\in\mathbb{R}^{n\times n}$, 等式 $\boldsymbol{A}=\boldsymbol{Q}\boldsymbol{R}$ 成立的等价形式是 $\boldsymbol{Q}^{\mathrm{T}}\boldsymbol{A}=\boldsymbol{R}$. 按列向量分块可得

$$\boldsymbol{Q}^{\mathrm{T}}\boldsymbol{A}=\left[\boldsymbol{Q}^{\mathrm{T}}\boldsymbol{\alpha}_1,\,\boldsymbol{Q}^{\mathrm{T}}\boldsymbol{\alpha}_2,\,\cdots,\,\boldsymbol{Q}^{\mathrm{T}}\boldsymbol{\alpha}_n\right]$$

因此, QR 分解的关键是: 对任何非零向量 $\boldsymbol{\alpha}\in\mathbb{R}^n$, 且对任何实数 μ 使得 $\boldsymbol{\alpha}\neq\mu\boldsymbol{e}_1$, 其中 $\boldsymbol{e}_1$ 是第一个分量为 1 而其余分量为 0 的标准单位向量, 要确定是否存在正交矩阵 $\boldsymbol{H}$ 使得

$$\boldsymbol{H}\boldsymbol{\alpha}=\mu\boldsymbol{e}_1\tag{4.5}$$

其中 μ 为待求实数. 如果存在, 那么一定可将矩阵 $\boldsymbol{A}$ 分解为 QR 的形式.

事实上, $n=1$ 时可认为此结论是当然成立的. 假设对任何 $n=k$ 阶矩阵 $\boldsymbol{A}_k$ 皆有 QR 分解: $\boldsymbol{A}_k=\boldsymbol{Q}_k\boldsymbol{R}_k$. 那么, $n=k+1$ 时, 记矩阵为 $\boldsymbol{A}_{k+1}=[\boldsymbol{\alpha}_1,\ \boldsymbol{\alpha}_2,\ \cdots,\ \boldsymbol{\alpha}_{k+1}]$, 如果存在正交矩阵 $\boldsymbol{H}$ 使得 $\boldsymbol{H}\boldsymbol{\alpha}_1=\mu\boldsymbol{e}_1$, 则

$$\begin{aligned}\boldsymbol{H}\boldsymbol{A}_{k+1}&=\boldsymbol{H}[\boldsymbol{\alpha}_1,\ \boldsymbol{\alpha}_2,\ \cdots,\ \boldsymbol{\alpha}_{k+1}]\\&=[\boldsymbol{H}\boldsymbol{\alpha}_1,\ \boldsymbol{H}\boldsymbol{\alpha}_2,\ \cdots,\ \boldsymbol{H}\boldsymbol{\alpha}_{k+1}]\\&=\begin{bmatrix}\mu & * & \cdots & *\\ 0 & & & \\ \vdots & & \tilde{\boldsymbol{A}}_k & \\ 0 & & & \end{bmatrix}\end{aligned}$$

其中 $\tilde{\boldsymbol{A}}_k\in\mathbb{R}^{k\times k}$. 利用 $\tilde{\boldsymbol{A}}_k$ 的 QR 分解 $\tilde{\boldsymbol{A}}_k=\boldsymbol{Q}_k\boldsymbol{R}_k$, 作矩阵

$$\tilde{\boldsymbol{Q}}_{k+1}=\begin{bmatrix}1 & 0 & \cdots & 0\\ 0 & & & \\ \vdots & & \boldsymbol{Q}_k^{\mathrm{T}} & \\ 0 & & & \end{bmatrix}$$

它是正交矩阵, 且

$$\begin{aligned}\tilde{\boldsymbol{Q}}_{k+1}\boldsymbol{H}\boldsymbol{A}_{k+1}=\tilde{\boldsymbol{Q}}_{k+1}\begin{bmatrix}\mu & * & \cdots & *\\ 0 & & & \\ \vdots & & \tilde{\boldsymbol{A}}_k & \\ 0 & & & \end{bmatrix}&=\begin{bmatrix}\mu & * & \cdots & *\\ 0 & & & \\ \vdots & & \boldsymbol{Q}_k^{\mathrm{T}}\tilde{\boldsymbol{A}}_k & \\ 0 & & & \end{bmatrix}\\&=\begin{bmatrix}\mu & * & \cdots & *\\ 0 & & & \\ \vdots & & \boldsymbol{R}_k & \\ 0 & & & \end{bmatrix}\end{aligned}$$

最后结果为一个上三角矩阵, 记为 $\boldsymbol{R}_{k+1}$. 记 $\tilde{\boldsymbol{Q}}_{k+1}\boldsymbol{H}=\boldsymbol{Q}_{k+1}^{\mathrm{T}}$, 则 $\boldsymbol{Q}_{k+1}$ 为正交矩阵, 且 $\boldsymbol{A}_{k+1}=\boldsymbol{Q}_{k+1}\boldsymbol{R}_{k+1}$. 由数学归纳法可知, 对任何矩阵 $\boldsymbol{A}\in\mathbb{R}^{n\times n}$, 一定存在正交矩阵 $\boldsymbol{Q}$ 和上三角矩阵 $\boldsymbol{R}$ 使得 $\boldsymbol{A}=\boldsymbol{Q}\boldsymbol{R}$.

下面来探索公式 (4.5) 中正交矩阵 $\boldsymbol{H}$ 的存在性及其构造.

从简单的做起. 首先考察二维向量 $\boldsymbol{\alpha}=[x_1,\ x_2]^{\mathrm{T}}$, 可视其为起点在坐标原点、终点在点 $(x_1,\ x_2)$ 的向量, 几何上, 存在一个旋转变换, 将 $\boldsymbol{\alpha}$ 变换为向量 $[\pm\mu,\ 0]^{\mathrm{T}}$, 其中 $\mu=\sqrt{x_1^2+x_2^2}$. 为方便起见, 变换后的向量取为 $[\mu,\ 0]^{\mathrm{T}}$. 假设旋转的角度 (按

逆时针方向) 为 θ, 则旋转变换对应的矩阵 $\boldsymbol{H}$ 是

$$\boldsymbol{H}=\begin{bmatrix}\cos\theta & -\sin\theta\\ \sin\theta & \cos\theta\end{bmatrix}$$

对这个变换所对应的矩阵的由来, 可利用 $(\cos\theta+\mathrm{i}\sin\theta)(x_1+\mathrm{i}x_2)=(x_1\cos\theta-x_2\sin\theta)+(x_1\sin\theta+x_2\cos\theta)\mathrm{i}$ 来理解. 由

$$\begin{bmatrix}\cos\theta & -\sin\theta\\ \sin\theta & \cos\theta\end{bmatrix}\begin{bmatrix}x_1\\ x_2\end{bmatrix}=\begin{bmatrix}\sqrt{x_1^2+x_2^2}\\ 0\end{bmatrix}$$

可知, 旋转角 θ 应满足

$$\begin{cases}x_1\cos\theta-x_2\sin\theta=\sqrt{x_1^2+x_2^2}\\ x_1\sin\theta+x_2\cos\theta=0\end{cases}$$

求解这个关于 $\cos\theta$ 和 $\sin\theta$ 的线性方程组得

$$\begin{cases}\cos\theta=\dfrac{x_1}{\sqrt{x_1^2+x_2^2}}\\ \sin\theta=\dfrac{-x_2}{\sqrt{x_1^2+x_2^2}}\end{cases}\tag{4.6}$$

如果限定 $0\leqslant\theta<2\pi$, 那么, 满足上述两个条件的 θ 是唯一存在的. 所以, 对二维向量来说, 满足条件 (4.5) 的正交矩阵 $\boldsymbol{H}$ 一定存在, 可用一种非常简单的方式确定 $\boldsymbol{H}$ 的具体形式.

下面考察三维向量 $\boldsymbol{\alpha}=[x_1,\ x_2,\ x_3]^{\mathrm{T}}$. 两次利用二维情形的旋转变换即可将 $\boldsymbol{\alpha}$ 化为 $\mu\boldsymbol{e}_1$ 的形式. 事实上, 设 $\theta_1\in[0,\ 2\pi)$ 满足

$$\begin{cases}\cos\theta_1=\dfrac{x_2}{\sqrt{x_2^2+x_3^2}}\\ \sin\theta_1=\dfrac{-x_3}{\sqrt{x_2^2+x_3^2}}\end{cases}$$

定义矩阵

$$\boldsymbol{H}_1=\begin{bmatrix}1 & 0 & 0\\ 0 & \cos\theta_1 & -\sin\theta_1\\ 0 & \sin\theta_1 & \cos\theta_1\end{bmatrix}$$

则

$$\boldsymbol{H}_1\boldsymbol{\alpha}=\begin{bmatrix}x_1\\ \sqrt{x_2^2+x_3^2}\\ 0\end{bmatrix}$$

进一步, 又设 $\theta_2 \in [0, 2\pi)$ 满足

$$\begin{cases} \cos\theta_2 = \dfrac{x_1}{\sqrt{x_1^2+x_2^2+x_3^2}} \\ \sin\theta_2 = \dfrac{-\sqrt{x_2^2+x_3^2}}{\sqrt{x_1^2+x_2^2+x_3^2}} \end{cases}$$

定义矩阵

$$\boldsymbol{H}_2 = \begin{bmatrix} \cos\theta_2 & -\sin\theta_2 & 0 \\ \sin\theta_2 & \cos\theta_2 & 0 \\ 0 & 0 & 1 \end{bmatrix}$$

则

$$\boldsymbol{H}_2\boldsymbol{H}_1\boldsymbol{\alpha} = \begin{bmatrix} \sqrt{x_1^2+x_2^2+x_3^2} \\ 0 \\ 0 \end{bmatrix}$$

因此, 存在正交矩阵 $\boldsymbol{H} = \boldsymbol{H}_2\boldsymbol{H}_1$ 使得公式 (4.5) 成立, 其中 $\mu = \sqrt{x_1^2+x_2^2+x_3^2}$.

由此立刻知道, 经过最多 $n-1$ 次这样的简单正交变换可把任意非零向量 $\boldsymbol{\alpha} \in \mathbb{R}^n$(且 $\boldsymbol{\alpha} \neq \mu\boldsymbol{e}_1$) 化为 $\sqrt{x_1^2+x_2^2+\cdots+x_n^2}\,\boldsymbol{e}_1$, 即公式 (4.5) 所要求的形式. 上述过程中用到的矩阵 $\boldsymbol{H}_1, \boldsymbol{H}_2, \cdots$ 称为 Givens 矩阵.

下面换个角度来思考 $\boldsymbol{H}$ 的存在性和构造方法. 首先, 如果有 $\boldsymbol{H}$ 使得 $\boldsymbol{H}\boldsymbol{\alpha} = \mu\boldsymbol{e}_1$, 且 $\mu > 0$, 那么利用 $\boldsymbol{H}$ 的正交性可得

$$\mu = \sqrt{(\boldsymbol{H}\boldsymbol{\alpha})^{\mathrm{T}}(\boldsymbol{H}\boldsymbol{\alpha})} = \sqrt{\boldsymbol{\alpha}^{\mathrm{T}}(\boldsymbol{H}^{\mathrm{T}}\boldsymbol{H})\boldsymbol{\alpha}} = \sqrt{\boldsymbol{\alpha}^{\mathrm{T}}\boldsymbol{\alpha}} = \|\boldsymbol{\alpha}\|_2$$

由假设 $\boldsymbol{\alpha} - \mu\boldsymbol{e}_1 \neq \boldsymbol{0}$, 因此可取与 $\boldsymbol{\alpha} - \mu\boldsymbol{e}_1$ 同方向的单位向量, 记为 $\boldsymbol{w}$, 即

$$\boldsymbol{w} = \frac{1}{\|\boldsymbol{\alpha} - \mu\boldsymbol{e}_1\|_2}(\boldsymbol{\alpha} - \mu\boldsymbol{e}_1)$$

满足 $\boldsymbol{w}^{\mathrm{T}}\boldsymbol{w} = 1$. 由于

$$\boldsymbol{w}^{\mathrm{T}}\boldsymbol{\alpha} = \frac{1}{\|\boldsymbol{\alpha} - \mu\boldsymbol{e}_1\|_2}\left(\boldsymbol{\alpha}^{\mathrm{T}}\boldsymbol{\alpha} - \mu\boldsymbol{e}_1^{\mathrm{T}}\boldsymbol{\alpha}\right) = \frac{1}{\|\boldsymbol{\alpha} - \mu\boldsymbol{e}_1\|_2}\left(\mu^2 - \mu\boldsymbol{e}_1^{\mathrm{T}}\boldsymbol{\alpha}\right)$$

所以有

$$\begin{aligned} \boldsymbol{w}\boldsymbol{w}^{\mathrm{T}}\boldsymbol{\alpha} &= \frac{1}{\|\boldsymbol{\alpha} - \mu\boldsymbol{e}_1\|_2^2}(\boldsymbol{\alpha} - \mu\boldsymbol{e}_1)\left(\mu^2 - \mu\boldsymbol{e}_1^{\mathrm{T}}\boldsymbol{\alpha}\right) \\ &= \frac{1}{2\mu^2 - 2\mu\,\boldsymbol{e}_1^{\mathrm{T}}\boldsymbol{\alpha}}(\boldsymbol{\alpha} - \mu\boldsymbol{e}_1)\left(\mu^2 - \mu\,\boldsymbol{e}_1^{\mathrm{T}}\boldsymbol{\alpha}\right) \\ &= \frac{1}{2}(\boldsymbol{\alpha} - \mu\boldsymbol{e}_1) \end{aligned}$$

这表明

$$\left(\boldsymbol{E}-2\boldsymbol{w}\boldsymbol{w}^{\mathrm{T}}\right)\boldsymbol{\alpha}=\mu\,\boldsymbol{e}_1 \tag{4.7}$$

令 $\boldsymbol{H}=\boldsymbol{E}-2\boldsymbol{w}\boldsymbol{w}^{\mathrm{T}}$, 那么

$$\boldsymbol{H}\boldsymbol{\alpha}=\mu\,\boldsymbol{e}_1$$

这就是公式 (4.5). 由于 $\boldsymbol{H}^{\mathrm{T}}=\boldsymbol{H}$, 且

$$\boldsymbol{H}^{\mathrm{T}}\boldsymbol{H}=\left(\boldsymbol{E}-2\boldsymbol{w}\boldsymbol{w}^{\mathrm{T}}\right)^2=\boldsymbol{E}$$

所以, $\boldsymbol{H}=\boldsymbol{E}-2\boldsymbol{w}\boldsymbol{w}^{\mathrm{T}}$ 的确是正交矩阵. 公式 (4.5) 称为对向量 $\boldsymbol{\alpha}$ 作 Householder 变换. 至此, 任意实方阵的 QR 分解的存在性已得到确认, 其中的分析过程也是构造性的, 给出了 QR 分解的两种易于理解且不难实现的基本方法.

上述思路和结论可以推广到一般的矩阵. 设矩阵 $\boldsymbol{A}\in\mathbb{R}^{m\times n}$ 的秩等于 r, 那么存在正交矩阵 $\boldsymbol{Q}\in\mathbb{R}^{m\times m}$ 和阶梯上三角矩阵 $\boldsymbol{R}\in\mathbb{R}^{m\times n}$, 使得 $\boldsymbol{A}=\boldsymbol{Q}\boldsymbol{R}$. 这里

$$\boldsymbol{R}=\begin{bmatrix}\hat{\boldsymbol{R}}\\ \boldsymbol{0}_{(m-r)\times n}\end{bmatrix}$$

其中 $\hat{\boldsymbol{R}}\in\mathbb{R}^{r\times n}$ 为行满秩的上三角矩阵. 如果记 $\boldsymbol{Q}$ 的前 r 列所构成的矩阵为 $\hat{\boldsymbol{Q}}\in\mathbb{R}^{m\times r}$, 则 $\hat{\boldsymbol{Q}}$ 还是列满秩的正交矩阵, 且有矩阵 $\boldsymbol{A}$ 的满秩 QR 分解 $\boldsymbol{A}=\hat{\boldsymbol{Q}}\hat{\boldsymbol{R}}$.

在涉及广义逆矩阵计算的相关问题中, 这种满秩分解可以发挥作用. 此时

$$\boldsymbol{A}^{+}=\hat{\boldsymbol{R}}^{+}\hat{\boldsymbol{Q}}^{+}=\hat{\boldsymbol{R}}^{+}\hat{\boldsymbol{Q}}^{\mathrm{T}}$$

更重要的是, 这种满秩分解的形式可以帮助我们从几何上更好地理解 QR 分解的本质. 记正交矩阵 $\hat{\boldsymbol{Q}}$ 的各列向量分别为 $\boldsymbol{q}_1, \boldsymbol{q}_2, \cdots, \boldsymbol{q}_r$, 它们是相互正交的, 生成一个 r 维的线性子空间, 记其为

$$\mathcal{M}=\operatorname{span}(\boldsymbol{q}_1, \boldsymbol{q}_2, \cdots, \boldsymbol{q}_r)$$

而 $\boldsymbol{q}_1, \boldsymbol{q}_2, \cdots, \boldsymbol{q}_r$ 可视为 $\mathcal{M}$ 的一个标准正交基. 矩阵 $\boldsymbol{A}$ 的满秩 QR 分解 $\boldsymbol{A}=\hat{\boldsymbol{Q}}\hat{\boldsymbol{R}}$ 表示 $\boldsymbol{A}$ 的各个列向量都可以由这组标准正交基线性表示, 其坐标向量为 $\boldsymbol{R}$ 与 $\boldsymbol{A}$ 相对应的列向量.

4.3 奇异值分解 (SVD)

工程应用中的许多问题需要求解如下条件极值: 设 $\boldsymbol{A}\in\mathbb{R}^{m\times n}$, $\boldsymbol{x}\in\mathbb{R}^{n}$, 求 $\boldsymbol{x}$ 满足条件

$$\|\boldsymbol{A}\boldsymbol{x}\|_2=\min,\quad \text{s.t.}\ \|\boldsymbol{x}\|_2=1$$

这里 $\|\boldsymbol{Ax}\|_2^2=(\boldsymbol{Ax})^{\mathrm{T}}(\boldsymbol{Ax})=\boldsymbol{x}^{\mathrm{T}}(\boldsymbol{A}^{\mathrm{T}}\boldsymbol{A})\boldsymbol{x}$ 是一个二次型. 这个最小值问题可以利用 Lagrange 乘数法求解. 但采用矩阵理论将使求解过程更加简洁清晰, 且有更好的数值稳定性. 事实上, 为了简化这个二次型, 可以作正交变换

$$\boldsymbol{x}=\boldsymbol{V}\boldsymbol{y}$$

其中 $\boldsymbol{V}$ 是一个正交矩阵, 则 $\|\boldsymbol{x}\|_2=\|\boldsymbol{y}\|_2=1$, 且

$$\|\boldsymbol{Ax}\|_2^2=(\boldsymbol{AVy})^{\mathrm{T}}(\boldsymbol{AVy})=\boldsymbol{y}^{\mathrm{T}}(\boldsymbol{V}^{\mathrm{T}}\boldsymbol{A}^{\mathrm{T}}\boldsymbol{AV})\boldsymbol{y}$$

如果有正数 $\sigma_1\geqslant\sigma_2\geqslant\cdots\geqslant\sigma_r>0$ 使得

$$\boldsymbol{V}^{\mathrm{T}}\boldsymbol{A}^{\mathrm{T}}\boldsymbol{AV}=\mathrm{diag}\left(\sigma_1^2,\,\sigma_2^2,\,\cdots,\,\sigma_r^2,\,0,\,\cdots,\,0\right) \tag{4.8}$$

那么二次型得到简化

$$\|\boldsymbol{Ax}\|_2^2=\sum_{i=1}^{r}\sigma_i^2\boldsymbol{y}_i^2$$

由此容易求得二次型的最小值. 如果 $r<n$, 则二次型 $\|\boldsymbol{Ax}\|_2^2$ 的最小值是 0, 而当 $r=n$ 时, 二次型在 $\boldsymbol{y}=[0,\,\cdots,\,0,\,1]^{\mathrm{T}}\in\mathbb{R}^n$ 处取得最小值 σ_n^2. 对应地取最小值的向量 $\boldsymbol{x}$ 为

$$\boldsymbol{x}=\boldsymbol{V}\begin{bmatrix}0\\ \vdots\\ 0\\ 1\end{bmatrix}$$

正好是矩阵 $\boldsymbol{V}$ 的最后一列.

对正交矩阵 $\boldsymbol{V}$, 由 $\boldsymbol{V}^{\mathrm{T}}\boldsymbol{V}=\boldsymbol{V}\boldsymbol{V}^{\mathrm{T}}=\boldsymbol{E}$ 可知 $\boldsymbol{V}^{\mathrm{T}}=\boldsymbol{V}^{-1}$, 所以, 由公式 (4.8) 可知矩阵 $\boldsymbol{A}^{\mathrm{T}}\boldsymbol{A}$ 和对角阵 $\mathrm{diag}\left(\sigma_1^2,\,\sigma_2^2,\,\cdots,\,\sigma_r^2,\,0,\,\cdots,\,0\right)$ 相似, 必有相同的特征值, 所以对角阵的对角线上的元素是非负矩阵 $\boldsymbol{A}^{\mathrm{T}}\boldsymbol{A}$ 的所有特征值, 而 $\boldsymbol{V}$ 的各列是对应的特征向量.

矩阵 $\boldsymbol{A}\in\mathbb{R}^{m\times n}$ 的奇异值 (singular value) 定义为矩阵 $\boldsymbol{A}^{\mathrm{T}}\boldsymbol{A}$ 的非常特征值的算术平方根 $\sigma_1,\sigma_2,\cdots,\sigma_r$, 通常按从大到小进行排序:

$$\sigma_1\geqslant\sigma\geqslant\cdots\geqslant\sigma_r>0$$

以这些奇异值为对角线上元素的矩阵记为 $\boldsymbol{\Sigma}$:

$$\boldsymbol{\Sigma}=\mathrm{diag}(\sigma_1,\,\sigma_2,\,\cdots,\,\sigma_r)$$

矩阵 $\boldsymbol{A}$ 的奇异值分解 (singular value decomposition, SVD)(或者, SVD 分解) 是指: 存在正交矩阵 $\boldsymbol{U}, \boldsymbol{V}$ 使得

$$\boldsymbol{A}=\boldsymbol{U}\begin{bmatrix}\boldsymbol{\Sigma} & \mathbf{0}_{r\times(n-r)}\\ \mathbf{0}_{(m-r)\times r} & \mathbf{0}_{(m-r)\times(n-r)}\end{bmatrix}\boldsymbol{V}^{\mathrm{T}} \tag{4.9}$$

事实上, 对式 (4.8) 中出现的正交矩阵 $\boldsymbol{V}$, 记其前 r 列为 $\boldsymbol{V}_1=[\boldsymbol{v}_1, \boldsymbol{v}_2, \cdots, \boldsymbol{v}_r]\in\mathbb{R}^{n\times r}$, 后 $n-r$ 列所作成的矩阵为 $\boldsymbol{V}_2$, 那么, 由式 (4.8) 可得 $\boldsymbol{V}_1^{\mathrm{T}}\boldsymbol{A}^{\mathrm{T}}\boldsymbol{A}\boldsymbol{V}_2=\mathbf{0}_{(n-r)\times(n-r)}$, 以及

$$\boldsymbol{V}_1^{\mathrm{T}}\boldsymbol{A}^{\mathrm{T}}\boldsymbol{A}\boldsymbol{V}_1=\boldsymbol{\Sigma}^2 \tag{4.10}$$

$$\boldsymbol{V}_2^{\mathrm{T}}\boldsymbol{A}^{\mathrm{T}}\boldsymbol{A}\boldsymbol{V}_2=\mathbf{0}_{(n-r)\times(n-r)} \tag{4.11}$$

条件 (4.11) 表明 $\boldsymbol{A}\boldsymbol{V}_2=\mathbf{0}$, 而条件 (4.10) 表明 $\boldsymbol{U}_1=\boldsymbol{A}\boldsymbol{V}_1\boldsymbol{\Sigma}^{-1}\in\mathbb{R}^{m\times r}$ 满足 $\boldsymbol{U}_1^{\mathrm{T}}\boldsymbol{U}_1=\boldsymbol{E}_r$, 即 $\boldsymbol{U}_1$ 由单位正交向量组 $\boldsymbol{u}_1, \boldsymbol{u}_2, \cdots, \boldsymbol{u}_r$ 所构成, 这个向量组可扩充为 $\mathbb{R}^m$ 的一组标准正交基. 记由扩充所得的基向量 $\boldsymbol{u}_{r+1}, \cdots, \boldsymbol{u}_m$ 所构成的矩阵为 $\boldsymbol{U}_2$, 那么 $\boldsymbol{U}=[\boldsymbol{U}_1, \boldsymbol{U}_2]\in\mathbb{R}^{m\times m}$ 是一个正交矩阵. 直接计算有 $\boldsymbol{U}_1^{\mathrm{T}}\boldsymbol{A}\boldsymbol{V}_1=\boldsymbol{\Sigma}$, 且 $\boldsymbol{U}_2^{\mathrm{T}}\boldsymbol{A}\boldsymbol{V}_1=\boldsymbol{U}_2^{\mathrm{T}}(\boldsymbol{A}\boldsymbol{V}_1\boldsymbol{\Sigma}^{-1})\boldsymbol{\Sigma}=(\boldsymbol{U}_2^{\mathrm{T}}\boldsymbol{U}_1)\boldsymbol{\Sigma}=\mathbf{0}$. 所以

$$\begin{aligned}\boldsymbol{U}^{\mathrm{T}}\boldsymbol{A}\boldsymbol{V}&=\begin{bmatrix}\boldsymbol{U}_1^{\mathrm{T}}\\ \boldsymbol{U}_2^{\mathrm{T}}\end{bmatrix}\boldsymbol{A}[\boldsymbol{V}_1, \boldsymbol{V}_2]=\begin{bmatrix}\boldsymbol{U}_1^{\mathrm{T}}\boldsymbol{A}\boldsymbol{V}_1 & \boldsymbol{U}_1^{\mathrm{T}}\boldsymbol{A}\boldsymbol{V}_2\\ \boldsymbol{U}_2^{\mathrm{T}}\boldsymbol{A}\boldsymbol{V}_1 & \boldsymbol{U}_2^{\mathrm{T}}\boldsymbol{A}\boldsymbol{V}_2\end{bmatrix}\\ &=\begin{bmatrix}\boldsymbol{\Sigma} & \mathbf{0}_{r\times(n-r)}\\ \mathbf{0}_{(m-r)\times r} & \mathbf{0}_{(m-r)\times(n-r)}\end{bmatrix}\end{aligned}$$

其等价形式就是要证明的公式 (4.9).

特别地, 对非零二阶矩阵, 它对应于一个平面线性变换. 利用 SVD 分解可知, 任何一个平面线性变换可以分解为一个旋转变换 (对应于 $\boldsymbol{V}^{\mathrm{T}}$)、一个伸缩变换 (对应于中间的对角阵) 和一个旋转变换 (对应于 $\boldsymbol{U}$).

上述导出矩阵奇异值分解的过程用到求矩阵 $\boldsymbol{A}^{\mathrm{T}}\boldsymbol{A}$ 的特征值, 具有计算量大、存储空间大和数值稳定性差等方面的缺点, 因而在实际应用中不是有效的算法. 求奇异值分解的数值算法的理论基础是 QR 算法[2].

另外, 利用奇异值分解公式, 可以得到广义逆矩阵的另一个计算公式. 设矩阵 $\boldsymbol{A}\in\mathbb{R}^{m\times n}$, 其 SVD 分解由公式 (4.9) 给出, 则容易证明矩阵

$$\boldsymbol{V}\begin{bmatrix}\boldsymbol{\Sigma}^{-1} & \mathbf{0}_{r\times(m-r)}\\ \mathbf{0}_{(n-r)\times r} & \mathbf{0}_{(n-r)\times(m-r)}\end{bmatrix}\boldsymbol{U}^{\mathrm{T}}$$

满足广义逆矩阵定义中的四个条件, 由唯一性可知

$$\boldsymbol{A}^{+}=\boldsymbol{V}\begin{bmatrix}\boldsymbol{\Sigma}^{-1} & \mathbf{0}_{r\times(m-r)}\\ \mathbf{0}_{(n-r)\times r} & \mathbf{0}_{(n-r)\times(m-r)}\end{bmatrix}\boldsymbol{U}^{\mathrm{T}}$$

公式 (4.9) 还可以表示为不同的等价形式: 例如,

$$\boldsymbol{A}=\boldsymbol{U}_1\boldsymbol{\Sigma}\boldsymbol{V}_1^{\mathrm{T}} \tag{4.12}$$

以及

$$\boldsymbol{A}=\sum_{i=1}^{r}\sigma_i\boldsymbol{u}_i\boldsymbol{v}_i^{\mathrm{T}}=\sum_{i=1}^{r}\boldsymbol{u}_i\left(\sigma_i\boldsymbol{v}_i^{\mathrm{T}}\right) \tag{4.13}$$

它们都可以理解为将 $\boldsymbol{A}$ 的列向量表示为单位正交向量组 $\boldsymbol{u}_1, \boldsymbol{u}_2, \cdots, \boldsymbol{u}_r$ 的线性组合, 其系数向量就是矩阵 $\boldsymbol{\Sigma}\boldsymbol{V}_1^{\mathrm{T}}$ 和 $\boldsymbol{A}$ 对应的列. 对于具体的实际问题, SVD 分解中的三个矩阵 $\boldsymbol{U}_1$, $\boldsymbol{\Sigma}_1$ 和 $\boldsymbol{V}_1$ 都有清晰的物理意义[17].

奇异值分解公式中已对奇异值的大小进行排序, 当将 $\boldsymbol{A}$ 的列向量表示为向量组 $\boldsymbol{u}_1, \boldsymbol{u}_2, \cdots, \boldsymbol{u}_r$ 的线性组合时, $\boldsymbol{u}_1$ 的贡献最大, $\boldsymbol{u}_2$ 次之, $\cdots$, $\boldsymbol{u}_r$ 的贡献最小. 如果忽略贡献小的基向量, 保留贡献大的基向量, 就会产生误差, 其误差可用矩阵 Frobenius 范数来刻画. 对 $1\leqslant d<r$, 取

$$\boldsymbol{A}_d=\sum_{i=1}^{d}\sigma_i\boldsymbol{u}_i\boldsymbol{v}_i^{\mathrm{T}}$$

并且记 $\boldsymbol{U}_d=[\boldsymbol{u}_1, \boldsymbol{u}_2, \cdots, \boldsymbol{u}_d]$, $\boldsymbol{U}_c=[\boldsymbol{u}_{d+1}, \cdots, \boldsymbol{u}_r]$, $\boldsymbol{V}_d=[\boldsymbol{v}_1, \boldsymbol{v}_2, \cdots, \boldsymbol{v}_d]$, $\boldsymbol{V}_c=[\boldsymbol{v}_{d+1}, \cdots, \boldsymbol{v}_r]$, $\boldsymbol{\Sigma}_d=\operatorname{diag}(\sigma_1, \sigma_2, \cdots, \sigma_d)$, $\boldsymbol{\Sigma}_c=\operatorname{diag}(\sigma_{d+1}, \cdots, \sigma_r)$, 则

$$\|\boldsymbol{A}-\boldsymbol{A}_d\|_F^2=\left\|\sum_{i=d+1}^{r}\sigma_i\boldsymbol{u}_i\boldsymbol{v}_i^{\mathrm{T}}\right\|_F^2=\left\|\boldsymbol{U}_c\boldsymbol{\Sigma}_c\boldsymbol{V}_c^{\mathrm{T}}\right\|_F^2=\|\boldsymbol{\Sigma}_c\|_F^2=\sum_{i=r+1}^{d}\sigma_i^2 \tag{4.14}$$

现在考虑线性空间

$$\mathcal{M}=\{k_1\boldsymbol{u}_1+k_2\boldsymbol{u}_2+\cdots+k_d\boldsymbol{u}_d: k_1, k_2, \cdots, k_d\in\mathbb{R}\}=\operatorname{span}(\boldsymbol{u}_1, \boldsymbol{u}_2, \cdots, \boldsymbol{u}_d)$$

将矩阵 $\boldsymbol{A}$ 中每一列都用 $\mathcal{M}$ 中的向量来替换得到一矩阵, 可表示为 $\boldsymbol{U}_d X$, 其中 $\boldsymbol{U}_d=[\boldsymbol{u}_1, \boldsymbol{u}_2, \cdots, \boldsymbol{u}_d]\in\mathbb{R}^{m\times d}$, $\boldsymbol{X}\in\mathbb{R}^{d\times n}$. 可以证明: 如下最小值问题

$$\|\boldsymbol{A}-\boldsymbol{A}_d\|_F=\min_{\boldsymbol{X}\in\mathbb{R}^{d\times n}}\|\boldsymbol{A}-\boldsymbol{U}_d\boldsymbol{X}\|_F \tag{4.15}$$

的解是 $\boldsymbol{X}=\boldsymbol{\Sigma}_d\boldsymbol{V}_d^{\mathrm{T}}$.

事实上, 由后面出现的公式 (5.29) 可知, 这个最优化问题的法方程为

$$\boldsymbol{U}_d^{\mathrm{T}}\boldsymbol{U}_d\boldsymbol{X}=\boldsymbol{U}_d^{\mathrm{T}}\boldsymbol{A}$$

其唯一解是

$$\boldsymbol{X}=\boldsymbol{U}_d^{\mathrm{T}}\boldsymbol{A}=\boldsymbol{\Sigma}_d\boldsymbol{V}_d^{\mathrm{T}}$$

对应地, $\boldsymbol{U}_d\boldsymbol{X}=\boldsymbol{A}_d$, 这就是矩阵 $\boldsymbol{A}$ 的最优逼近矩阵.

矩阵逼近公式 (4.15) 和矩阵 SVD 分解三个不同形式的公式是高维数据降维的数学理论基础[15]. 如果采用逆矩阵的记号, 上述法方程的解为 $\boldsymbol{X}=\boldsymbol{U}_d^+\boldsymbol{A}$, 而 $\boldsymbol{U}_d\boldsymbol{U}_d^+\boldsymbol{A}$ 表示正交投影, 所以, 奇异值分解的重要应用之一是将高维数据正交投影到低维线性子空间中去.

图像压缩与降噪等问题是 SVD 分解的一个简单应用. 图像的表示、存储和运算是计算机图形学的重要组成部分. 一幅图像既可以表示为一个矩阵, 按矩形网格从连续图像中提出二维灰度阵列, 也可以将矩阵逐行 (列) 首尾相连拼成一个向量. 在处理单幅图像情形时, 通常采用矩阵表示比较好, 如果要同时处理多幅图像, 则每幅图像用一个向量表示, 多幅图像作为一个整体而用一个矩阵表示.

今有图像灰度矩阵 $\boldsymbol{A}\in\mathbb{R}^{m\times n}$, 其 SVD 分解如公式 (4.12) 或 (4.13) 所示, 其中的奇异值是

$$\sigma_1\geqslant\sigma_2\geqslant\cdots\geqslant\sigma_r>0$$

如果图像占据很大的存储空间, 在传输过程中就需要对其进行压缩. 如果只需要保留不低于 90% 的原图像信息, 则可由

$$\frac{\sigma_1+\sigma_2+\cdots+\sigma_k}{\sigma_1+\sigma_2+\cdots+\sigma_r}\geqslant 90\%\quad(k<r)$$

确定最小的整数 k. 由

$$\tilde{\boldsymbol{A}}=\sum_{i=1}^{k}\sigma_i\boldsymbol{u}_i\boldsymbol{v}_i^{\mathrm{T}}$$

所表示的图像就是所要求的压缩图像.

如果灰度矩阵 $\boldsymbol{A}$ 的奇异值中有一些和零很接近的数, 则可认为对应的奇异值本来是零, 由于噪声的影响使其成为非零数, 此时, 可将这些奇异值替换为零, 这样就降低了噪声对图像质量的影响. 经过这个过程就对图像进行了降噪处理.

第 5 章　矛盾线性方程组的最小二乘解

对由实际问题提出来的线性方程组, 由于数据测量误差等原因可能使本来有解的线性方程组变为无解, 或者待求的量本来就无法满足一个线性方程组. 这时可用最小二乘法求一个近似解. 本章将讨论矛盾线性方程组最小二乘解的通解公式、数值求解方法与进一步的拓展.

5.1　矛盾线性方程组的解

一个线性方程组称为矛盾线性方程组, 如果该线性方程组

$$\boldsymbol{A}\boldsymbol{x} = \boldsymbol{b} \quad (\boldsymbol{A} \in \mathbb{R}^{m\times n},\ \boldsymbol{x} \in \mathbb{R}^n,\ \boldsymbol{b} \in \mathbb{R}^m) \tag{5.1}$$

无解, 即对任何 $\boldsymbol{x} \in \mathbb{R}^n$, $\boldsymbol{r} = \boldsymbol{b} - \boldsymbol{A}\boldsymbol{x} \neq \boldsymbol{0}$. 此线性方程组的最小二乘解 $\boldsymbol{x}_*$ 是如下极值问题

$$\|\boldsymbol{b} - \boldsymbol{A}\boldsymbol{x}_*\|_2^2 = \min_{\boldsymbol{x}\in\mathbb{R}^n} \|\boldsymbol{b} - \boldsymbol{A}\boldsymbol{x}\|_2^2 \tag{5.2}$$

的解. 其中 $\|\boldsymbol{x}\|_2$ 为向量 $\boldsymbol{x}$ 的 2-范数. 定义多元函数

$$\varphi(\boldsymbol{x}) = \|\boldsymbol{b} - \boldsymbol{A}\boldsymbol{x}\|_2^2 = (\boldsymbol{b} - \boldsymbol{A}\boldsymbol{x})^{\mathrm{T}}(\boldsymbol{b} - \boldsymbol{A}\boldsymbol{x}) = \boldsymbol{b}^{\mathrm{T}}\boldsymbol{b} - 2\boldsymbol{b}^{\mathrm{T}}\boldsymbol{A}\boldsymbol{x} + \boldsymbol{x}^{\mathrm{T}}(\boldsymbol{A}^{\mathrm{T}}\boldsymbol{A})\boldsymbol{x}$$

注意到对任何多元线性函数 $h(\boldsymbol{x}) = \boldsymbol{c}^{\mathrm{T}}\boldsymbol{x} = \boldsymbol{x}^{\mathrm{T}}\boldsymbol{c}$, 容易证明, $h(\boldsymbol{x})$ 关于向量 $\boldsymbol{x}$ 的梯度向量 $\nabla h(\boldsymbol{x}) = \boldsymbol{c}$. 从而函数 $\varphi(\boldsymbol{x})$ 关于向量 $\boldsymbol{x}$ 的梯度向量为

$$\nabla\varphi(\boldsymbol{x}) = -2\boldsymbol{A}^{\mathrm{T}}\boldsymbol{b} + 2(\boldsymbol{A}^{\mathrm{T}}\boldsymbol{A})\boldsymbol{x}$$

因此, $\varphi(\boldsymbol{x})$ 取最小值仅当 $\nabla\varphi(\boldsymbol{x}) = \boldsymbol{0}$, 即

$$(\boldsymbol{A}^{\mathrm{T}}\boldsymbol{A})\boldsymbol{x} = \boldsymbol{A}^{\mathrm{T}}\boldsymbol{b} \tag{5.3}$$

此线性方程组通常称为原线性方程组 $\boldsymbol{A}\boldsymbol{x} = \boldsymbol{b}$ 的法方程. 此时, 因为

$$R(\boldsymbol{A}) = R(\boldsymbol{A}^{\mathrm{T}}\boldsymbol{A}) \leqslant R\left([\boldsymbol{A}^{\mathrm{T}}\boldsymbol{A}, \boldsymbol{A}^{\mathrm{T}}\boldsymbol{b}]\right) \leqslant R(\boldsymbol{A}^{\mathrm{T}}) = R(\boldsymbol{A})$$

即系数矩阵 $\boldsymbol{A}^{\mathrm{T}}\boldsymbol{A}$ 的秩等于增广矩阵 $[\boldsymbol{A}^{\mathrm{T}}\boldsymbol{A}, \boldsymbol{A}^{\mathrm{T}}\boldsymbol{b}]$ 的秩, 所以法方程 (5.3) 在理论上总是可解的.

当矩阵 $\boldsymbol{A}$ 为列满秩时, 矩阵 $\boldsymbol{A}^{\mathrm{T}}\boldsymbol{A}$ 是可逆的, 线性方程组 (5.3) 的唯一解为

$$\boldsymbol{x}=(\boldsymbol{A}^{\mathrm{T}}\boldsymbol{A})^{-1}\boldsymbol{A}^{\mathrm{T}}\boldsymbol{b}=\boldsymbol{A}^{+}\boldsymbol{b}$$

在一般情况下, 法方程 (5.3) 的所有解可表示为

$$\boldsymbol{x}=\boldsymbol{A}^{+}\boldsymbol{b}+(\boldsymbol{E}-\boldsymbol{A}^{+}\boldsymbol{A})\boldsymbol{t}\quad(\boldsymbol{t}\in\mathbb{R}^{n})\tag{5.4}$$

由于向量 $\boldsymbol{A}^{+}\boldsymbol{b}$ 和 $(\boldsymbol{E}-\boldsymbol{A}^{+}\boldsymbol{A})\boldsymbol{t}$ 正交, 由勾股定理得

$$\|\boldsymbol{x}\|_2^2=\|\boldsymbol{A}^{+}\boldsymbol{b}\|_2^2+\|(\boldsymbol{E}-\boldsymbol{A}^{+}\boldsymbol{A})\boldsymbol{t}\|_2^2\geqslant\|\boldsymbol{A}^{+}\boldsymbol{b}\|_2^2$$

即对任何 $\boldsymbol{t}\in\mathbb{R}^n$ 有 $\|\boldsymbol{A}^{+}\boldsymbol{b}+(\boldsymbol{E}-\boldsymbol{A}^{+}\boldsymbol{A})\boldsymbol{t}\|_2\geqslant\|\boldsymbol{A}^{+}\boldsymbol{b}\|_2$. 这表明, 在所有这些解当中, $\boldsymbol{A}^{+}\boldsymbol{b}$ 是具有最小长度的最小二乘解, 且 $\|\boldsymbol{A}^{+}\boldsymbol{b}\|_2$ 是原点到 $\boldsymbol{A}\boldsymbol{x}=\boldsymbol{b}$ 的垂直距离.

从几何上来说, 求解最小二乘问题 (5.2) 其实就是求向量 $\boldsymbol{b}$ 在线性子空间 $\mathcal{M}=\{\boldsymbol{x}:\ \boldsymbol{A}\boldsymbol{x}\}$ 上的正交投影向量 $\boldsymbol{A}\boldsymbol{x}(=\boldsymbol{A}\boldsymbol{A}^{+}\boldsymbol{b})$ 的坐标向量 $\boldsymbol{x}(=\boldsymbol{A}^{+}\boldsymbol{b})$, 如图 5.1 所示.

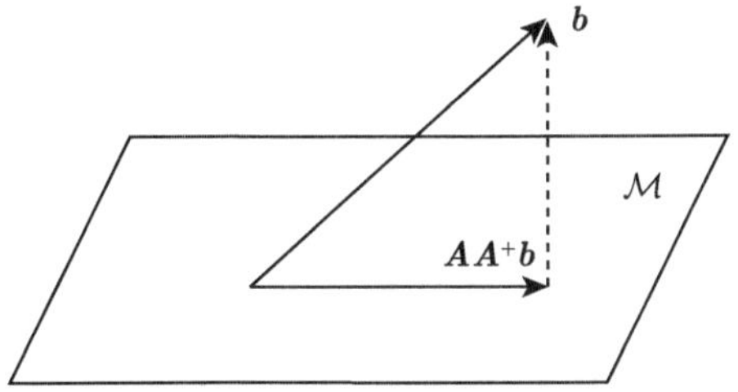

图 5.1 最小二乘问题的几何解释

如果矩阵 $\boldsymbol{A}\in\mathbb{R}^{m\times n}$ 的秩为 r, 则由 QR 分解, 存在列满秩正交矩阵 $\boldsymbol{Q}\in\mathbb{R}^{m\times r}$ 和行满秩上三角阶梯阵 $\boldsymbol{R}\in\mathbb{R}^{r\times n}$, 使得 $\boldsymbol{A}=\boldsymbol{Q}R$. 那么

$$\|\boldsymbol{b}-\boldsymbol{A}\boldsymbol{x}\|_2^2=\|\boldsymbol{b}-\boldsymbol{Q}\boldsymbol{R}\boldsymbol{x}\|_2^2=\|\boldsymbol{Q}^{\mathrm{T}}\boldsymbol{b}-\boldsymbol{R}\boldsymbol{x}\|_2^2=\|\tilde{\boldsymbol{b}}-\boldsymbol{R}\boldsymbol{x}\|_2^2$$

其中 $\tilde{\boldsymbol{b}}=\boldsymbol{Q}^{\mathrm{T}}\boldsymbol{b}\in\mathbb{R}^r$. 此时, 最小化问题的解可表示为

$$\boldsymbol{x}=\boldsymbol{R}^{+}\tilde{\boldsymbol{b}}+(\boldsymbol{E}-\boldsymbol{R}^{+}\boldsymbol{R})\boldsymbol{t}\quad(\boldsymbol{t}\in\mathbb{R}^{r})\tag{5.5}$$

这里, 由于 $\boldsymbol{R}$ 是行满秩矩阵, 所以 $\boldsymbol{R}^{+}=\boldsymbol{R}^{\mathrm{T}}(\boldsymbol{R}\boldsymbol{R}^{\mathrm{T}})^{-1}$.

对矛盾线性方程组 $\boldsymbol{A}\boldsymbol{x}=\boldsymbol{b}$, 一旦求得 $\boldsymbol{x}=\boldsymbol{A}^{+}\boldsymbol{b}$, 那么可计算出 $\boldsymbol{r}=\boldsymbol{b}-\boldsymbol{A}\boldsymbol{x}$. 将求得的 $\boldsymbol{x}$ 和 $\boldsymbol{r}$ 作为一个整体考虑, 那么这个优化问题又可转化为: $\boldsymbol{x}$ 是法方程 (5.3) 的解当且仅当存在 $\boldsymbol{r}$ 使得 [7]

$$\begin{bmatrix}-\boldsymbol{E} & \boldsymbol{A}\\ \boldsymbol{A}^{\mathrm{T}} & \boldsymbol{0}\end{bmatrix}\begin{bmatrix}\boldsymbol{r}\\ \boldsymbol{x}\end{bmatrix}=\begin{bmatrix}\boldsymbol{b}\\ \boldsymbol{0}\end{bmatrix}\tag{5.6}$$

在一些实际应用问题里, 可能需要对数据库增加新的栏目, 导致样本数据改变, 即在矩阵 $\boldsymbol{A}$ 和向量 $\boldsymbol{b}$ 的基础上会增加新的数据. 例如

$$\begin{bmatrix} \boldsymbol{A} & \boldsymbol{b} \\ \boldsymbol{a}^{\mathrm{T}} & \boldsymbol{\beta} \end{bmatrix} \tag{5.7}$$

相当于增加了一个约束条件 (线性方程)$\boldsymbol{a}^{\mathrm{T}}\boldsymbol{x} = \boldsymbol{\beta}$. 而

$$\begin{bmatrix} \boldsymbol{A} & \boldsymbol{b} \\ \hat{\boldsymbol{A}} & \hat{\boldsymbol{b}} \end{bmatrix}$$

相当于增加了一组约束条件 (线性方程组)$\hat{\boldsymbol{A}}\boldsymbol{x} = \hat{\boldsymbol{b}}$. 由此启发, 考察更一般的优化问题: 设有 $\boldsymbol{A}_i \in \mathbb{R}^{m_i \times n}$, $\boldsymbol{b}_i \in \mathbb{R}^{m_i}$, 求 $\boldsymbol{x} \in \mathbb{R}^n$ 使得

$$\boldsymbol{A}_i\boldsymbol{x} = \boldsymbol{b}_i \quad (i = 1, 2, \cdots, l)$$

进一步, 记

$$\boldsymbol{A} = \begin{bmatrix} \boldsymbol{A}_1 \\ \boldsymbol{A}_2 \\ \vdots \\ \boldsymbol{A}_l \end{bmatrix}, \quad \boldsymbol{b} = \begin{bmatrix} \boldsymbol{b}_1 \\ \boldsymbol{b}_2 \\ \vdots \\ \boldsymbol{b}_l \end{bmatrix}$$

那么, $\boldsymbol{x}$ 所满足的等价线性方程组是 $\boldsymbol{A}\boldsymbol{x} = \boldsymbol{b}$. 在方程组为矛盾方程组情形下, 最小二乘解是如下最小化问题

$$\|\boldsymbol{b} - \boldsymbol{A}\boldsymbol{x}\|_2^2 = \min$$

的解. 因而, 所求最小二乘解 $\boldsymbol{x}$ 可表示为

$$\boldsymbol{x} = \boldsymbol{A}^{+}\boldsymbol{b} + (\boldsymbol{E} - \boldsymbol{A}^{+}\boldsymbol{A})\boldsymbol{t}$$

5.2 迭 代 法

利用广义逆矩阵, 线性方程组的解或者其最小二乘解都可以用一种非常简洁的形式来表示. 而计算广义逆矩阵, 既可以利用满秩分解, 也可以利用 QR 分解, 还可以利用 SVD 分解, 借助一些成熟的计算机软件, 其计算已相当方便有效. 从这个角度来说, 线性方程组的求解问题已经解决. 但实际应用中提出来的线性方程组的规模都很大, 对这样的线性方程组求解, 直接采用矩阵分解比较困难, 它要占用很多的内存空间和计算机时间, 需要针对问题的具体特点选择恰当的方法. 迭代法是常常采用的有效方法.

首先, 考察线性方程组 $\boldsymbol{Ax}=\boldsymbol{b}$, 其中 $\boldsymbol{A}\in\mathbb{R}^{m\times n}$, $\boldsymbol{b}\in\mathbb{R}^m$, $\boldsymbol{x}\in\mathbb{R}^n$. 记 $\varphi(\boldsymbol{x})=\|\boldsymbol{b}-\boldsymbol{Ax}\|_2^2$, 那么此方程组的最小二乘法的解 $\boldsymbol{x}^*$ 等价于最小化问题

$$\|\boldsymbol{b}-\boldsymbol{Ax}^*\|_2^2=\min_{\boldsymbol{x}\in\mathbb{R}^n}\varphi(\boldsymbol{x}) \tag{5.8}$$

的解. 迭代法的中心思想是: 如果已经求得 $\boldsymbol{x}^*$ 的一个估计值 $\boldsymbol{x}_k$, 对其进行修正得 $\boldsymbol{x}_{k+1}=\boldsymbol{x}_k+\boldsymbol{h}$, 使 $\boldsymbol{x}_{k+1}$ 成为一个更好的估计值. 这里的修正量 $\boldsymbol{h}$ 是一个向量, 具有方向, 可取为 $\varphi(\boldsymbol{x})$ 在点 $\boldsymbol{x}_k$ 处的梯度向量, 使得 $\varphi(\boldsymbol{x})$ 的值下降得最快. 由于梯度向量为

$$\nabla\varphi(\boldsymbol{x})=-2\boldsymbol{A}^{\mathrm{T}}\boldsymbol{b}+2(\boldsymbol{A}^{\mathrm{T}}\boldsymbol{A})\boldsymbol{x}=-\boldsymbol{A}^{\mathrm{T}}(\boldsymbol{b}-\boldsymbol{Ax})$$

因此, 迭代格式可取为

$$\boldsymbol{x}_{k+1}=\boldsymbol{x}_k-\mu\boldsymbol{A}^{\mathrm{T}}(\boldsymbol{b}-\boldsymbol{Ax}_k) \tag{5.9}$$

其中 μ 是一个待定参数, 它保证 $\varphi(\boldsymbol{x}_{k+1})$ 取最小值. 为方便计, 令

$$\boldsymbol{r}_k=\boldsymbol{A}^{\mathrm{T}}(\boldsymbol{b}-\boldsymbol{Ax}_k)$$

那么, $\boldsymbol{x}_{k+1}=\boldsymbol{x}_k-\mu\boldsymbol{r}_k$, 且 $\varphi(\boldsymbol{x}_{k+1})=\|(\boldsymbol{b}-\boldsymbol{Ax}_k)+\mu\boldsymbol{Ar}_k\|_2^2$ 可简化为

$$\begin{aligned}\varphi(\boldsymbol{x}_{k+1})&=((\boldsymbol{b}-\boldsymbol{Ax}_k)+\mu\boldsymbol{Ar}_k)^{\mathrm{T}}((\boldsymbol{b}-\boldsymbol{Ax}_k)+\mu\boldsymbol{Ar}_k)\\&=\|\boldsymbol{b}-\boldsymbol{Ar}_k\|_2^2+2\mu\boldsymbol{r}_k^{\mathrm{T}}\boldsymbol{A}^{\mathrm{T}}(\boldsymbol{b}-\boldsymbol{Ax}_k)+\mu^2\|\boldsymbol{Ar}_k\|_2^2\\&=\|\boldsymbol{b}-\boldsymbol{Ar}_k\|_2^2+2\mu\boldsymbol{r}_k^{\mathrm{T}}\boldsymbol{r}_k+\mu^2\|\boldsymbol{Ar}_k\|_2^2\\&=\|\boldsymbol{b}-\boldsymbol{Ar}_k\|_2^2+2\mu\|\boldsymbol{r}_k\|_2^2+\mu^2\|\boldsymbol{Ar}_k\|_2^2\end{aligned}$$

令 $\varphi(\boldsymbol{x}_{k+1})$ 关于参数 μ 的导数等于零, 得

$$\mu=-\frac{\|\boldsymbol{r}_k\|_2^2}{\|\boldsymbol{Ar}_k\|_2^2}$$

从而, 对给定的初始迭代值 $\boldsymbol{x}_0$, 可通过迭代格式

$$\boldsymbol{x}_{k+1}=\boldsymbol{x}_k+\frac{\|\boldsymbol{r}_k\|_2^2}{\|\boldsymbol{Ar}_k\|_2^2}\boldsymbol{r}_k\quad(k=0,1,2,\cdots) \tag{5.10}$$

来求线性方程组 $\boldsymbol{Ax}=\boldsymbol{b}$ 的最小二乘解 $\boldsymbol{x}^*$. 由于

$$\begin{aligned}\boldsymbol{r}_{k+1}&=\boldsymbol{A}^{\mathrm{T}}(\boldsymbol{b}-\boldsymbol{Ax}_{k+1})=\boldsymbol{A}^{\mathrm{T}}((\boldsymbol{b}-\boldsymbol{Ax}_k)+\mu\boldsymbol{Ar}_k)\\&=\boldsymbol{A}^{\mathrm{T}}(\boldsymbol{b}-\boldsymbol{Ax}_k)+\mu\boldsymbol{A}^{\mathrm{T}}\boldsymbol{Ar}_k=\boldsymbol{r}_k+\mu\boldsymbol{A}^{\mathrm{T}}\boldsymbol{Ar}_k\end{aligned}$$

所以有

$$\boldsymbol{r}_{k+1}^{\mathrm{T}}\boldsymbol{r}_k=\boldsymbol{r}_k^{\mathrm{T}}\boldsymbol{r}_k+\mu\boldsymbol{r}_k^{\mathrm{T}}\boldsymbol{A}^{\mathrm{T}}\boldsymbol{Ar}_k=\|\boldsymbol{r}_k\|_2^2-\frac{\|\boldsymbol{r}_k\|_2^2}{\|\boldsymbol{Ar}_k\|_2^2}\|\boldsymbol{Ar}_k\|_2^2=0$$

即 $\boldsymbol{r}_k \perp \boldsymbol{r}_{k+1}$. 这表明, 在迭代过程中, 前后两次修正的方向 $\boldsymbol{r}_k$ 和 $\boldsymbol{r}_{k+1}$ 是相互正交的. 而对 $\boldsymbol{r}_{k+2}$ 和 $\boldsymbol{r}_k$, 它们是不必正交的, 这是因为

$$\boldsymbol{r}_{k+2}^{\mathrm{T}}\boldsymbol{r}_k = \boldsymbol{r}_{k+1}^{\mathrm{T}}\boldsymbol{r}_k + \mu\boldsymbol{r}_{k+1}^{\mathrm{T}}\boldsymbol{A}^{\mathrm{T}}\boldsymbol{A}\boldsymbol{r}_k = \mu\,(\boldsymbol{A}\boldsymbol{r}_{k+1})^{\mathrm{T}}(\boldsymbol{A}\boldsymbol{r}_k)$$

其值未必等于零.

其次, 当系数矩阵 $\boldsymbol{A} \in \mathbb{R}^{n\times n}$ 为正定矩阵时, 线性方程组 $\boldsymbol{A}\boldsymbol{x} = \boldsymbol{b}$ 有唯一解 $\boldsymbol{x} = \boldsymbol{A}^{-1}\boldsymbol{b}$. 当矩阵 $\boldsymbol{A}$ 的规模很大时, 直接求其逆矩阵并不是一件很简单的事情, 因而此公式不适合于求大规模的线性方程组. 此时, 方程组的解可通过迭代法求得. 为此, 不同于前面的二次型 $\varphi(\boldsymbol{x}) = \|\boldsymbol{b} - \boldsymbol{A}\boldsymbol{x}\|_2^2$, 这里考虑如下系数的二次型 $\varphi(\boldsymbol{x})$:

$$\varphi(\boldsymbol{x}) = \frac{1}{2}\boldsymbol{x}^{\mathrm{T}}\boldsymbol{A}\boldsymbol{x} - \boldsymbol{x}^{\mathrm{T}}\boldsymbol{b}$$

如果 $\boldsymbol{x} = \boldsymbol{x}^*$ 是 $\boldsymbol{A}\boldsymbol{x} = \boldsymbol{b}$ 的解: $\boldsymbol{A}\boldsymbol{x}^* = \boldsymbol{b}$, 那么, 对任何 $\boldsymbol{x} \in \mathbb{R}^n$, 利用矩阵 $\boldsymbol{A}$ 的正定性, 有 $(\boldsymbol{x} - \boldsymbol{x}^*)^{\mathrm{T}}\boldsymbol{A}(\boldsymbol{x} - \boldsymbol{x}^*) \geqslant 0$, 因而

$$\begin{aligned}
\varphi(\boldsymbol{x}) &= \varphi((\boldsymbol{x} - \boldsymbol{x}^*) + \boldsymbol{x}^*) \\
&= \varphi(\boldsymbol{x} - \boldsymbol{x}^*) + (\boldsymbol{x} - \boldsymbol{x}^*)^{\mathrm{T}}\boldsymbol{A}\boldsymbol{x}^* + \varphi(\boldsymbol{x}^*) \\
&= \frac{1}{2}(\boldsymbol{x} - \boldsymbol{x}^*)^{\mathrm{T}}\boldsymbol{A}(\boldsymbol{x} - \boldsymbol{x}^*) - (\boldsymbol{x} - \boldsymbol{x}^*)^{\mathrm{T}}\boldsymbol{b} + (\boldsymbol{x} - \boldsymbol{x}^*)^{\mathrm{T}}\boldsymbol{A}\boldsymbol{x}^* + \varphi(\boldsymbol{x}^*) \\
&= \frac{1}{2}(\boldsymbol{x} - \boldsymbol{x}^*)^{\mathrm{T}}\boldsymbol{A}(\boldsymbol{x} - \boldsymbol{x}^*) + \varphi(\boldsymbol{x}^*) \\
&\geqslant \varphi(\boldsymbol{x}^*)
\end{aligned}$$

这表明, $\varphi(\boldsymbol{x}^*)$ 是 $\varphi(\boldsymbol{x})$ 的最小值. 反之, 如果 $\varphi(\boldsymbol{x}^*)$ 是 $\varphi(\boldsymbol{x})$ 的最小值, 那么, 对任何向量 $\boldsymbol{y} \in \mathbb{R}^n$ 和任何实数 μ 有

$$\varphi(\boldsymbol{x}^* + \mu\boldsymbol{y}) \geqslant \varphi(\boldsymbol{x}^*)$$

从而

$$\left.\frac{\mathrm{d}}{\mathrm{d}\mu}\varphi(\boldsymbol{x}^* + \mu\boldsymbol{y})\right|_{\mu=0} = 0$$

由于

$$\varphi(\boldsymbol{x}^* + \mu\boldsymbol{y}) = \frac{\mu^2}{2}\boldsymbol{y}^{\mathrm{T}}\boldsymbol{A}\boldsymbol{y} - \mu\,\boldsymbol{y}^{\mathrm{T}}\boldsymbol{b} + \mu\,\boldsymbol{y}^{\mathrm{T}}\boldsymbol{A}\boldsymbol{x}^* + \varphi(\boldsymbol{x}^*)$$

所以

$$\left.\frac{\mathrm{d}}{\mathrm{d}\mu}\varphi(\boldsymbol{x}^* + \mu\boldsymbol{y})\right|_{\mu=0} = -\boldsymbol{y}^{\mathrm{T}}\boldsymbol{b} + \boldsymbol{y}^{\mathrm{T}}\boldsymbol{A}\boldsymbol{x}^* = 0$$

即 $\boldsymbol{y}^{\mathrm{T}}(\boldsymbol{b} - \boldsymbol{A}\boldsymbol{x}^*) = 0$ 对任何 $\boldsymbol{y}$ 都成立. 故必有: $\boldsymbol{A}\boldsymbol{x}^* = \boldsymbol{b}$. 因此, 线性方程组 $\boldsymbol{A}\boldsymbol{x} = \boldsymbol{b}$ 的解就是如下优化问题

$$\varphi(\boldsymbol{x}^*) = \min_{\boldsymbol{x}\in\mathbb{R}^n}\varphi(\boldsymbol{x}) \tag{5.11}$$

的解. 由此可利用 $\varphi(\boldsymbol{x})$ 的梯度向量建立类似的迭代求解公式.

对上述二次函数 $\varphi(\boldsymbol{x})$, 梯度向量为 $\nabla\varphi(\boldsymbol{x}) = \boldsymbol{A}\boldsymbol{x} - \boldsymbol{b}$, 因此, 迭代格式可取为

$$\boldsymbol{x}_{k+1} = \boldsymbol{x}_k - \mu(\boldsymbol{b} - \boldsymbol{A}\boldsymbol{x}_k) \tag{5.12}$$

其中 μ 是一个待定参数, 它保证 $\varphi(\boldsymbol{x}_{k+1})$ 取最小值. 和前一情况类似, 记

$$\boldsymbol{r}_k = \boldsymbol{b} - \boldsymbol{A}\boldsymbol{x}_k$$

那么, $\boldsymbol{x}_{k+1} = \boldsymbol{x}_k - \mu\boldsymbol{r}_k$, 且 $\varphi(\boldsymbol{x}_{k+1})$ 可简化为

$$\varphi(\boldsymbol{x}_{k+1}) = \varphi(\boldsymbol{x}_k) + \frac{\mu^2}{2}\boldsymbol{r}_k^{\mathrm{T}}\boldsymbol{A}\boldsymbol{r}_k + \mu\boldsymbol{r}_k^{\mathrm{T}}\boldsymbol{r}_k$$

令 $\varphi(\boldsymbol{x}_{k+1})$ 关于参数 μ 的导数等于零, 得

$$\mu = -\frac{\|\boldsymbol{r}_k\|_2^2}{\boldsymbol{r}_k^{\mathrm{T}}\boldsymbol{A}\boldsymbol{r}_k}$$

从而, 对给定的初始迭代值 $\boldsymbol{x}_0$, 可通过迭代格式

$$\boldsymbol{x}_{k+1} = \boldsymbol{x}_k + \frac{\|\boldsymbol{r}_k\|_2^2}{\boldsymbol{r}_k^{\mathrm{T}}\boldsymbol{A}\boldsymbol{r}_k}\boldsymbol{r}_k \quad (k = 0, 1, 2, \cdots) \tag{5.13}$$

来求线性方程组 $\boldsymbol{A}\boldsymbol{x} = \boldsymbol{b}$ 的唯一解 $\boldsymbol{x}^* = \boldsymbol{A}^{-1}\boldsymbol{b}$.

进一步, 由于 $\boldsymbol{r}_{k+1} = \boldsymbol{b} - \boldsymbol{A}\boldsymbol{x}_{k+1} = \boldsymbol{b} - \boldsymbol{A}\boldsymbol{x}_k + \mu\boldsymbol{A}\boldsymbol{r}_k = \boldsymbol{r}_k + \mu\boldsymbol{A}\boldsymbol{r}_k$, 所以有

$$\boldsymbol{r}_{k+1}^{\mathrm{T}}\boldsymbol{r}_k = \boldsymbol{r}_k^{\mathrm{T}}\boldsymbol{r}_k + \mu\boldsymbol{r}_k^{\mathrm{T}}\boldsymbol{A}\boldsymbol{r}_k = \|\boldsymbol{r}_k\|_2^2 - \frac{\|\boldsymbol{r}_k\|_2^2}{\boldsymbol{r}_k^{\mathrm{T}}\boldsymbol{A}\boldsymbol{r}_k}\boldsymbol{r}_k^{\mathrm{T}}\boldsymbol{A}\boldsymbol{r}_k = 0$$

即 $\boldsymbol{r}_k \perp \boldsymbol{r}_{k+1}$. 这表明, 在迭代过程中, 前后两次修正的方向 $\boldsymbol{r}_k$ 和 $\boldsymbol{r}_{k+1}$ 也是相互正交的. 由于

$$\boldsymbol{r}_{k+2}^{\mathrm{T}}\boldsymbol{r}_k = \boldsymbol{r}_{k+1}^{\mathrm{T}}\boldsymbol{r}_k + \mu\boldsymbol{r}_{k+1}^{\mathrm{T}}\boldsymbol{A}\boldsymbol{r}_k = \mu\boldsymbol{r}_{k+1}^{\mathrm{T}}\boldsymbol{A}\boldsymbol{r}_k$$

所以, $\boldsymbol{r}_{k+2}$ 和 $\boldsymbol{r}_k$ 也不必是正交的.

5.3 共轭梯度法

5.2 节在求解 $\boldsymbol{A}\boldsymbol{x} = \boldsymbol{b}$ 的解时, 利用最小化函数 $\varphi(\boldsymbol{x})$ 的梯度向量来构造迭代公式, 在由 $\boldsymbol{x}_k$ 经迭代求 $\boldsymbol{x}_{k+1}$ 的过程中, 仅用到函数 $\varphi(\boldsymbol{x})$ 在 $\boldsymbol{x}_k$ 处下降速度最快的梯度向量, 与之前各步求得的梯度向量没有直接关系. 这种方法称为最速下降法. 下面介绍共轭梯度法. 对线性方程组 $\boldsymbol{A}\boldsymbol{x} = \boldsymbol{b}$, 其中 $\boldsymbol{A} \in \mathbb{R}^{n\times n}$ 为正定矩阵, 令

$$\varphi(\boldsymbol{x}) = \frac{1}{2}\boldsymbol{x}^{\mathrm{T}}\boldsymbol{A}\boldsymbol{x} - \boldsymbol{x}^{\mathrm{T}}\boldsymbol{b}$$

其中 $\boldsymbol{A}$ 是正定矩阵. 取初始迭代 $\boldsymbol{x}_0=\boldsymbol{0}$, 从 $\boldsymbol{p}_0=\boldsymbol{r}_0=\boldsymbol{b}-\boldsymbol{A}\boldsymbol{x}_0$ 开始, 由

$$\boldsymbol{x}_{k+1}=\boldsymbol{x}_k+\mu_k\boldsymbol{p}_k=\sum_{i=0}^{k}\mu_i\boldsymbol{p}_i$$

来计算 $\boldsymbol{x}_{k+1}$, 其中实数 μ_k 和向量 $\boldsymbol{p}_k$ 都是待定的, 由最小化条件

$$\varphi(\boldsymbol{x}_{k+1})=\min_{\boldsymbol{x}\in\operatorname{span}(\boldsymbol{p}_0,\boldsymbol{p}_1,\cdots,\boldsymbol{p}_k)}\varphi(\boldsymbol{x})\quad(k=0,\,1,2,\,\cdots)$$

依次来确定. 记 $\boldsymbol{r}_k=\boldsymbol{b}-\boldsymbol{A}\boldsymbol{x}_k=\boldsymbol{b}-\sum\limits_{i=0}^{k-1}\mu_i\boldsymbol{A}\boldsymbol{p}_i$, 那么

$$\begin{aligned}\varphi(\boldsymbol{x}_{k+1})&=\frac{1}{2}(\boldsymbol{x}_k+\mu_k\boldsymbol{p}_k)^{\mathrm{T}}\boldsymbol{A}(\boldsymbol{x}_k+\mu_k\boldsymbol{p}_k)-(\boldsymbol{x}_k+\mu_k\boldsymbol{p}_k)^{\mathrm{T}}\boldsymbol{b}\\&=\varphi(\boldsymbol{x}_k)-\mu_k\,\boldsymbol{p}_k^{\mathrm{T}}\boldsymbol{r}_k+\frac{\mu_k^2}{2}\,\boldsymbol{p}_k^{\mathrm{T}}\boldsymbol{A}\boldsymbol{p}_k\\&=\varphi(\boldsymbol{x}_k)-\mu_k\,\boldsymbol{p}_k^{\mathrm{T}}\left(\boldsymbol{b}-\sum_{i=0}^{k-1}\mu_i\boldsymbol{A}\boldsymbol{p}_i\right)+\frac{\mu_k^2}{2}\,\boldsymbol{p}_k^{\mathrm{T}}\boldsymbol{A}\boldsymbol{p}_k\end{aligned}$$

如果取非零向量 $\boldsymbol{p}_k$ 使其满足条件

$$\boldsymbol{p}_k^{\mathrm{T}}\boldsymbol{A}\boldsymbol{p}_i=0\quad(i=0,\,1,\,\cdots,\,k-1)\tag{5.14}$$

那么, 函数 $\varphi(\boldsymbol{x}_{k+1})$ 可化简为

$$\varphi(\boldsymbol{x}_{k+1})=\varphi(\boldsymbol{x}_k)-\mu_k\,\boldsymbol{p}_k^{\mathrm{T}}\boldsymbol{b}+\frac{\mu_k^2}{2}\,\boldsymbol{p}_k^{\mathrm{T}}\boldsymbol{A}\boldsymbol{p}_k\tag{5.15}$$

上式右边第 2 项和第 3 项与 $\boldsymbol{p}_1,\boldsymbol{p}_2,\cdots,\boldsymbol{p}_{k-1}$ 和 $\mu_1,\mu_2,\cdots,\mu_{k-1}$ 无关, 而仅与 $\boldsymbol{p}_k$ 和 μ_k 有关, 因此, 要使 $\varphi(\boldsymbol{x}_{k+1})$ 取最小值, 只需要 $\varphi(\boldsymbol{x}_k)$ 取最小值 (在此算法中, 这一条件自然满足) 且

$$\frac{\partial\varphi(\boldsymbol{x}_{k+1})}{\partial\mu_k}=0$$

由此可确定

$$\mu_k=\frac{\boldsymbol{p}_k^{\mathrm{T}}\boldsymbol{b}}{\boldsymbol{p}_k^{\mathrm{T}}\boldsymbol{A}\boldsymbol{p}_k}\tag{5.16}$$

进一步, 由于

$$\boldsymbol{b}=\boldsymbol{r}_k-\boldsymbol{A}\boldsymbol{x}_k=\boldsymbol{r}_k-\sum_{i=0}^{k-1}\mu_i\boldsymbol{A}\boldsymbol{p}_i$$

利用条件 (5.14) 可得

$$\mu_k=\frac{\boldsymbol{p}_k^{\mathrm{T}}\boldsymbol{r}_k}{\boldsymbol{p}_k^{\mathrm{T}}\boldsymbol{A}\boldsymbol{p}_k}\tag{5.17}$$

这样, 如果有某 k 使得 $\boldsymbol{r}_k=\mathbf{0}$, 那么 $\mu_k=0$, 迭代停止, $\boldsymbol{x}_{k+1}=\boldsymbol{x}_k$ 就是要求的解.

问题是: 在确定了使 $\varphi(\boldsymbol{x}_k)$ 最小化的非零向量 $\boldsymbol{p}_0,\boldsymbol{p}_1,\cdots,\boldsymbol{p}_{k-1}$ 后, 满足条件 (5.14) 的非零向量 $\boldsymbol{p}_k$ 的确存在吗?

从简单的做起. 当 $\boldsymbol{p}_0\neq\mathbf{0}$ 时, 由于 $\boldsymbol{A}$ 是正定矩阵, 必有 $\boldsymbol{A}\boldsymbol{p}_0\neq\mathbf{0}$, 当然存在 $\boldsymbol{p}_1$ 满足条件 (5.14), 即 $\boldsymbol{p}_1^{\mathrm{T}}\boldsymbol{A}\boldsymbol{p}_0=0$. 此时 $\boldsymbol{p}_0,\boldsymbol{p}_1$ 必是线性无关的. 若不然, 存在实数 $\lambda\neq0$ 使得 $\boldsymbol{p}_1=\lambda\boldsymbol{p}_0$, 那么 $\boldsymbol{p}_1^{\mathrm{T}}\boldsymbol{A}\boldsymbol{p}_0=0$ 化为 $\lambda\boldsymbol{p}_0^{\mathrm{T}}\boldsymbol{A}\boldsymbol{p}_0=0$, 由 $\boldsymbol{A}$ 的正定性可得 $\boldsymbol{p}_0=\mathbf{0}$, 这与 $\boldsymbol{p}_0\neq\mathbf{0}$ 矛盾. 这表明, $\boldsymbol{p}_0,\boldsymbol{p}_1$ 必是线性无关的.

如果 $\boldsymbol{p}_2^{\mathrm{T}}\boldsymbol{A}\boldsymbol{p}_0=0$ 和 $\boldsymbol{p}_2^{\mathrm{T}}\boldsymbol{A}\boldsymbol{p}_1=0$ 同时成立, 那么 $\boldsymbol{p}_2^{\mathrm{T}}\boldsymbol{A}[\boldsymbol{p}_0,\boldsymbol{p}_1]=\mathbf{0}$, 或等价地有

$$\left(\boldsymbol{A}[\boldsymbol{p}_0,\boldsymbol{p}_1]\right)^{\mathrm{T}}\boldsymbol{p}_2=\mathbf{0}$$

当向量维数 n 大于 2 时, 由于矩阵 $(\boldsymbol{A}[\boldsymbol{p}_0,\boldsymbol{p}_1])^{\mathrm{T}}$ 的秩等于 2, 所以上述以 $\boldsymbol{p}_2$ 为待求向量的线性方程组必有非零解. 由于 $\boldsymbol{p}_0,\boldsymbol{p}_1$ 线性无关, 如果存在实数 λ_0,λ_1 使得

$$\boldsymbol{p}_2=\lambda_0\boldsymbol{p}_0+\lambda_1\boldsymbol{p}_1$$

那么由条件 $\boldsymbol{p}_2^{\mathrm{T}}\boldsymbol{A}\boldsymbol{p}_0=0$ 和 $\boldsymbol{p}_2^{\mathrm{T}}\boldsymbol{A}\boldsymbol{p}_1=0$ 可知 $\lambda_0=\lambda_1=0$, 这样 $\boldsymbol{p}_2=\mathbf{0}$, 这与 $\boldsymbol{p}_2\neq\mathbf{0}$ 矛盾. 因此, $\boldsymbol{p}_0,\boldsymbol{p}_1,\boldsymbol{p}_2$ 线性无关.

假设已经求得线性无关的向量 $\boldsymbol{p}_0,\boldsymbol{p}_1,\cdots,\boldsymbol{p}_{k-1}$, 如果记

$$\boldsymbol{P}_k=[\boldsymbol{p}_0,\boldsymbol{p}_1,\cdots,\boldsymbol{p}_{k-1}]\in\mathbb{R}^{n\times k}$$

那么, 条件 (5.14) 等价于 $\boldsymbol{p}_k^{\mathrm{T}}\boldsymbol{A}\boldsymbol{P}_k=\mathbf{0}$, 即 $\boldsymbol{p}_k$ 为下述线性方程组

$$(\boldsymbol{A}\boldsymbol{P}_k)^{\mathrm{T}}\boldsymbol{p}_k=\mathbf{0} \tag{5.18}$$

的非零解. 由于系数矩阵的秩等于 k, 线性方程组解空间的维数等于 $n-k$. 因此, 只要 $k<n$, 则必有非零向量 $\boldsymbol{p}_k$ 满足该线性方程组, 并且 $\boldsymbol{p}_0,\boldsymbol{p}_1,\cdots,\boldsymbol{p}_{k-1},\boldsymbol{p}_k$ 是线性无关的. 但是 $\boldsymbol{p}_n=\mathbf{0}$, 迭代停止. 称这些线性无关的向量为共轭梯度方向. 从理论上讲, 共轭梯度法求得的是线性方程组的精确解.

和最速下降法中第 k 步修正方向为 $\boldsymbol{r}_k$ 不同, 共轭梯度法第 k 步修正方向为 $\boldsymbol{p}_k$. 各 $\boldsymbol{p}_k$ 的存在性在前面已得到确认, 现在来看看如何确定这些向量, 并探讨它们和 $\boldsymbol{r}_k$ 之间的关系. 仍然从简单的做起. 在最简单的情形有 $\boldsymbol{p}_0=\boldsymbol{r}_0$. 而 $\boldsymbol{p}_1$ 是线性方程组 $(\boldsymbol{A}\boldsymbol{p}_0)^{\mathrm{T}}\boldsymbol{p}_1=0$ 的非零解, 当向量维数 n 大于 1 时, 这样的非零解有无穷多个. 为了充分利用 $\boldsymbol{r}_0(=\boldsymbol{p}_0)$ 和 $\boldsymbol{r}_1$ 的信息并便于计算, 一种选择是取

$$\boldsymbol{p}_1=\boldsymbol{r}_1+\eta_0\boldsymbol{p}_0$$

其中常数 η_0 待定. 利用条件 $(\boldsymbol{A}\boldsymbol{p}_0)^{\mathrm{T}}\boldsymbol{p}_1=0$ 可求得 η_0 的唯一值

$$\eta_0=-\frac{\boldsymbol{p}_0^{\mathrm{T}}\boldsymbol{A}\boldsymbol{r}_1}{\boldsymbol{p}_0^{\mathrm{T}}\boldsymbol{A}\boldsymbol{p}_0}=-\frac{\boldsymbol{r}_1^{\mathrm{T}}\boldsymbol{A}\boldsymbol{p}_0}{\boldsymbol{p}_0^{\mathrm{T}}\boldsymbol{A}\boldsymbol{p}_0}$$

同样地, $\boldsymbol{p}_2$ 是线性方程组 $(\boldsymbol{A}\boldsymbol{p}_0)^{\mathrm{T}}\boldsymbol{p}_2=0$ 和 $(\boldsymbol{A}\boldsymbol{p}_1)^{\mathrm{T}}\boldsymbol{p}_2=0$ 的公共非零解, 当向量维数 n 大于 2 时, 这样的非零解也有无穷多个. 为便于计算, 此时可取

$$\boldsymbol{p}_2=\boldsymbol{r}_2+\eta_1\boldsymbol{p}_1$$

其中常数 η_1 待定. 利用条件 $(\boldsymbol{A}\boldsymbol{p}_1)^{\mathrm{T}}\boldsymbol{p}_2=0$ 可求得 η_1 的唯一值

$$\eta_1=-\frac{\boldsymbol{p}_1^{\mathrm{T}}\boldsymbol{A}\boldsymbol{r}_2}{\boldsymbol{p}_1^{\mathrm{T}}\boldsymbol{A}\boldsymbol{p}_1}=-\frac{\boldsymbol{r}_2^{\mathrm{T}}\boldsymbol{A}\boldsymbol{p}_1}{\boldsymbol{p}_1^{\mathrm{T}}\boldsymbol{A}\boldsymbol{p}_1}$$

而条件 $(\boldsymbol{A}\boldsymbol{p}_0)^{\mathrm{T}}\boldsymbol{p}_2=0$ 意味着 $(\boldsymbol{A}\boldsymbol{p}_0)^{\mathrm{T}}\boldsymbol{r}_2=(\boldsymbol{A}\boldsymbol{p}_0)^{\mathrm{T}}(\boldsymbol{r}_2+\eta_1\boldsymbol{p}_1)=0$.

由此启发我们, 在一般情形下, 可取

$$\boldsymbol{p}_{k+1}=\boldsymbol{r}_{k+1}+\eta_k\boldsymbol{p}_k$$

那么利用条件 $(\boldsymbol{A}\boldsymbol{p}_k)^{\mathrm{T}}\boldsymbol{p}_{k+1}=0$ 可求得 η_k 的唯一值

$$\eta_k=-\frac{\boldsymbol{p}_k^{\mathrm{T}}\boldsymbol{A}\boldsymbol{r}_{k+1}}{\boldsymbol{p}_k^{\mathrm{T}}\boldsymbol{A}\boldsymbol{p}_k}=-\frac{\boldsymbol{r}_{k+1}^{\mathrm{T}}\boldsymbol{A}\boldsymbol{p}_k}{\boldsymbol{p}_k^{\mathrm{T}}\boldsymbol{A}\boldsymbol{p}_k}$$

而条件 $(\boldsymbol{A}\boldsymbol{p}_i)^{\mathrm{T}}\boldsymbol{p}_{k+1}=0$ 意味着

$$(\boldsymbol{A}\boldsymbol{p}_i)^{\mathrm{T}}\boldsymbol{r}_{k+1}=(\boldsymbol{A}\boldsymbol{p}_i)^{\mathrm{T}}(\boldsymbol{r}_{k+1}+\eta_k\boldsymbol{p}_k)=0\quad(i=0,1,\cdots,k-1)$$

进一步, 由于 $\boldsymbol{r}_k=\boldsymbol{b}-\sum\limits_{i=0}^{k-1}\mu_i\boldsymbol{A}\boldsymbol{p}_i$, 故有

$$\boldsymbol{r}_{k+1}=\boldsymbol{r}_k-\mu_k\boldsymbol{A}\boldsymbol{p}_k\Leftrightarrow\boldsymbol{A}\boldsymbol{p}_k=-\frac{\boldsymbol{r}_{k+1}-\boldsymbol{r}_k}{\mu_k}$$

因此

$$\eta_k=-\frac{\boldsymbol{r}_{k+1}^{\mathrm{T}}(\boldsymbol{r}_{k+1}-\boldsymbol{r}_k)}{\boldsymbol{p}_k^{\mathrm{T}}(\boldsymbol{r}_{k+1}-\boldsymbol{r}_k)}\tag{5.19}$$

由于 $\varphi(\boldsymbol{x}_{k+1})$ 是最小化函数 $\varphi(\boldsymbol{x})$ 在线性空间 $\mathrm{span}(\boldsymbol{p}_0,\boldsymbol{p}_1,\cdots,\boldsymbol{p}_k)$ 中取得的最小值, 所以对任意 $\boldsymbol{y}\in\mathrm{span}(\boldsymbol{p}_0,\boldsymbol{p}_1,\cdots,\boldsymbol{p}_k)$

$$\left.\frac{\mathrm{d}}{\mathrm{d}\mu}\varphi(\boldsymbol{x}_{k+1}+\mu\boldsymbol{y})\right|_{\mu=0}=-\boldsymbol{y}^{\mathrm{T}}\boldsymbol{b}+\boldsymbol{y}^{\mathrm{T}}\boldsymbol{A}\boldsymbol{x}_{k+1}=-\boldsymbol{y}^{\mathrm{T}}\boldsymbol{r}_{k+1}=0$$

特别地, 对所有 $\boldsymbol{y}=\boldsymbol{p}_0,\boldsymbol{p}_1,\cdots,\boldsymbol{p}_k$ 上式都成立, 即

$$\boldsymbol{p}_i^{\mathrm{T}}\boldsymbol{r}_{k+1}=0\quad(i=0,1,\cdots,k)\tag{5.20}$$

利用条件 (5.14) 可知, 对 $i=0, 1, \cdots, k$, 有 $\boldsymbol{p}_i^{\mathrm{T}}\boldsymbol{r}_{k+1}=\boldsymbol{p}_i^{\mathrm{T}}\boldsymbol{r}_k-\mu_k\boldsymbol{p}_i^{\mathrm{T}}\boldsymbol{A}\boldsymbol{p}_k$. 基于这个事实, 上述关于正交的结论还可由数学归纳法得证. 于是, 利用

$$\boldsymbol{p}_k=\boldsymbol{r}_k+\eta_{k-1}\boldsymbol{p}_{k-1}$$

可将公式 (5.19) 的分母简化为 $\boldsymbol{p}_k^{\mathrm{T}}(\boldsymbol{r}_{k+1}-\boldsymbol{r}_k)=-\boldsymbol{p}_k^{\mathrm{T}}\boldsymbol{r}_k=-\boldsymbol{r}_k^{\mathrm{T}}\boldsymbol{r}_k$, 且还可以将公式 (5.17) 中的系数 μ_k 表示为

$$\mu_k=\frac{\boldsymbol{r}_k^{\mathrm{T}}\boldsymbol{r}_k}{\boldsymbol{p}_k^{\mathrm{T}}\boldsymbol{A}\boldsymbol{p}_k}$$

于是

$$\boldsymbol{r}_{k+1}^{\mathrm{T}}\boldsymbol{r}_k=\boldsymbol{r}_k^{\mathrm{T}}\boldsymbol{r}_k+\mu\boldsymbol{r}_k^{\mathrm{T}}\boldsymbol{A}\boldsymbol{r}_k=\|\boldsymbol{r}_k\|_2^2-\frac{\|\boldsymbol{r}_k\|_2^2}{\boldsymbol{r}_k^{\mathrm{T}}\boldsymbol{A}\boldsymbol{r}_k}\boldsymbol{r}_k^{\mathrm{T}}\boldsymbol{A}\boldsymbol{r}_k=0$$

因此, 公式 (5.19) 中的系数 η_k 可简化为

$$\eta_k=\frac{\boldsymbol{r}_{k+1}^{\mathrm{T}}\boldsymbol{r}_{k+1}}{\boldsymbol{r}_k^{\mathrm{T}}\boldsymbol{r}_k}=\frac{\|\boldsymbol{r}_{k+1}\|_2^2}{\|\boldsymbol{r}_k\|_2^2} \tag{5.21}$$

经过这些复杂的转化, 共轭梯度法可表示为如下更加方便实用的形式: 对正定矩阵 $\boldsymbol{A}$, 令

$$\boldsymbol{x}_0=\boldsymbol{0}, \quad \boldsymbol{r}_0=\boldsymbol{b}-\boldsymbol{A}\boldsymbol{x}_0, \quad \boldsymbol{p}_0=\boldsymbol{r}_0$$

对 $k=0, 1, 2, \cdots$, 反复计算

$$\begin{aligned}
\mu_k&=\frac{\boldsymbol{r}_k^{\mathrm{T}}\boldsymbol{r}_k}{\boldsymbol{p}_k^{\mathrm{T}}\boldsymbol{A}\boldsymbol{p}_k}\\
\boldsymbol{x}_{k+1}&=\boldsymbol{x}_k+\mu_k\boldsymbol{p}_k\\
\boldsymbol{r}_{k+1}&=\boldsymbol{r}_k-\mu_k\boldsymbol{A}\boldsymbol{p}_k\\
\eta_k&=\frac{\boldsymbol{r}_{k+1}^{\mathrm{T}}\boldsymbol{r}_{k+1}}{\boldsymbol{r}_k^{\mathrm{T}}\boldsymbol{r}_k}\\
\boldsymbol{p}_{k+1}&=\boldsymbol{r}_{k+1}+\eta_k\boldsymbol{p}_k
\end{aligned}$$

对给定的 $\varepsilon>0$, 如果 $\|\boldsymbol{r}_{k+1}\|_2<\varepsilon$, 则迭代停止, 取 $\boldsymbol{x}=\boldsymbol{x}_{k+1}$ 为 $\boldsymbol{A}\boldsymbol{x}=\boldsymbol{b}$ 的近似解.

共轭梯度法中每一次迭代, 只需作一次矩阵与向量的乘法, 这部分的计算量 (乘法次数) 是 n^2, 而其余的计算量是 n 的线性函数. 因此, 每次迭代的计算量是 $O(n^2)$.

由于 $\boldsymbol{r}_n=\boldsymbol{b}-\boldsymbol{A}\boldsymbol{x}_n=\boldsymbol{0}$, 即在理论上共轭梯度法求得的是 $\boldsymbol{A}\boldsymbol{x}=\boldsymbol{b}$ 的精确解. 但是, 由于计算过程中不可避免的舍入误差, 可能造成 $\boldsymbol{p}_0, \boldsymbol{p}_1, \cdots, \boldsymbol{p}_{k-1}$ 的线性无关性随着迭代次数的增加而变得越来越差, 甚至几乎线性相关. 因此, 在实际计算中, 共轭梯度法不能保证第 n 次迭代给出精确解. 通常把共轭梯度法当成一种迭代法来使用. 可以证明, 共轭梯度法的迭代收敛性和最速下降法的迭代收敛性都和

系数矩阵的最大特征值与最小特征值有关, 共轭梯度法的收敛性比最速下降法的收敛性要好得多. 但是, 当最大特征值和最小特征值相差很大时, 共轭梯度法的收敛性仍然很慢, 数值稳定性不好. 为了提高其收敛性和改善数值稳定性, 在求解方程组之前需要对原方程组作适当的处理, 这些方法统称为预处理技术, 这里不作讨论, 有兴趣的读者可参考文献 [2].

需要特别强调的是: 在利用计算机求线性方程组的数值解时, 必须考虑浮点数产生的误差. 例如, 方程组

$$\begin{cases} 0.00001x_1 + 2x_2 = 1 \\ 2x_1 + 3x_2 = 2 \end{cases}$$

的解是 $x_1 = 0.250001875$, $x_2 = 0.499998749$. 但如果采用浮点数, 则方程组可表示为

$$\begin{cases} 10^{-4} \times 0.1000x_1 + 10^1 \times 0.2000x_2 = 10^1 \times 0.1000 \\ 10^1 \times 0.2000x_1 + 10^1 \times 0.3000x_2 = 10^1 \times 0.2000 \end{cases}$$

将第一个方程两边同乘以 $10^5 \times 2$, 并和第二个方程两边分别相减得到

$$\left(10^6 \times 0.4000 - 10^1 \times 0.3000\right) x_2 = 10^6 \times 0.2000 - 10^1 \times 0.2000$$

由于 $10^1 \times 0.3000 \approx 10^6 \times 0.0000$, 及 $10^1 \times 0.2000 \approx 10^6 \times 0.0000$, 所以原方程组的解由

$$\begin{cases} 10^{-4} \times 0.1000x_1 + 10^1 \times 0.2000x_2 = 10^1 \times 0.1000 \\ 10^6 \times 0.4000x_2 = 10^6 \times 0.2000 \end{cases}$$

确定. 这样, 原线性方程组的数值解是 $\tilde{x}_2 = 0.5000$, 从而 $\tilde{x}_1 = 0.0000$. 这与线性方程组的真实解相差很大, 这个数值解没有任何价值.

为什么会产生这么大的误差呢? 可对上述过程作一简单误差分析. 记 $\delta_1 = |x_1 - \tilde{x}_1|$, $\delta_2 = |x_2 - \tilde{x}_2|$, 那么

$$\delta_1 = 2 \times 10^5 \delta_2$$

这表明, x_2 的微小误差会导致 x_1 的巨大误差. 这种巨大误差产生的原因是在消元过程中选了 "小主元"0.00001.

另一方面, 原线性方程组也可以写成如下形式 (交换方程的顺序)

$$\begin{cases} 10^1 \times 0.2000x_1 + 10^1 \times 0.3000x_2 = 10^1 \times 0.2000 \\ 10^{-4} \times 0.1000x_1 + 10^1 \times 0.2000x_2 = 10^1 \times 0.1000 \end{cases}$$

将第二个方程两边同乘以 $10^5 \times 2$, 并和第二个方程两边分别相减得到

$$\begin{cases} 10^1 \times 0.2000x_1 + 10^1 \times 0.3000x_2 = 10^1 \times 0.2000 \\ 10^6 \times 0.4000x_2 = 10^6 \times 0.2000 \end{cases}$$

由此求得: $x_2 = 0.5000$, $x_1 = 0.2500$, 与线性方程组的真实解相差很小. 恰当地选取主元是消元法应用中需要考虑的重要因素.

5.4 数据中心化

在许多数据处理问题中, 需要对数据进行中心化: 将它们平移到原点附近. 从简单的做起, 考察两个平面向量 $\boldsymbol{x}_1, \boldsymbol{x}_2 \in \mathbb{R}^2$, 向量 $\boldsymbol{x}_1 + \boldsymbol{x}_2$, $\boldsymbol{x}_1 - \overline{\boldsymbol{x}}$ 和 $\boldsymbol{x}_2 - \overline{\boldsymbol{x}}$ 可依照平行四边形法则在图 5.2 中表示, 其中 $\overline{\boldsymbol{x}} = \dfrac{\boldsymbol{x}_1 + \boldsymbol{x}_2}{2}$. 直接计算可知

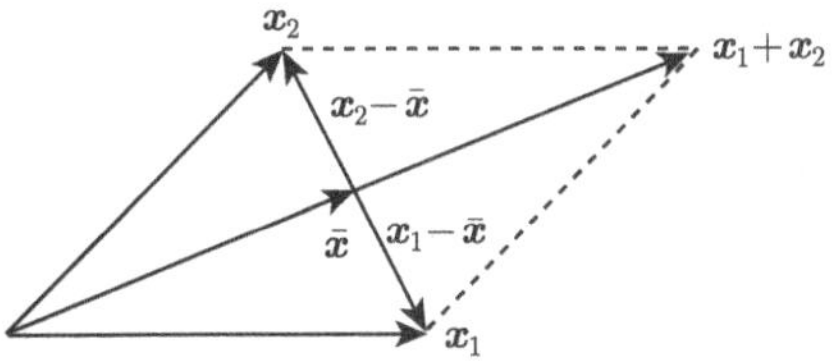

图 5.2 二维数据向量的几何表示

$$
\begin{aligned}
\|\boldsymbol{x}_1 - \overline{\boldsymbol{x}}\|_2^2 + \|\boldsymbol{x}_2 - \overline{\boldsymbol{x}}\|_2^2 &= (\boldsymbol{x}_1 - \overline{\boldsymbol{x}})^{\mathrm{T}} (\boldsymbol{x}_1 - \overline{\boldsymbol{x}}) + (\boldsymbol{x}_2 - \overline{\boldsymbol{x}})^{\mathrm{T}} (\boldsymbol{x}_2 - \overline{\boldsymbol{x}}) \\
&= \|\boldsymbol{x}_1\|_2^2 + \|\boldsymbol{x}_2\|_2^2 - 2\boldsymbol{x}_1^{\mathrm{T}}\overline{\boldsymbol{x}} - 2\boldsymbol{x}_2^{\mathrm{T}}\overline{\boldsymbol{x}} + 2\|\overline{\boldsymbol{x}}\|_2^2 \\
&= \|\boldsymbol{x}_1\|_2^2 + \|\boldsymbol{x}_2\|_2^2 - 2\|\overline{\boldsymbol{x}}\|_2^2 \leqslant \|\boldsymbol{x}_1\|_2^2 + \|\boldsymbol{x}_2\|_2^2
\end{aligned}
$$

进一步, 对任何 $\boldsymbol{x} \in \mathbb{R}^2$ 有

$$
\begin{aligned}
\|\boldsymbol{x}_1 - \boldsymbol{x}\|_2^2 + \|\boldsymbol{x}_2 - \boldsymbol{x}\|_2^2 &= \|(\boldsymbol{x}_1 - \overline{\boldsymbol{x}}) + (\overline{\boldsymbol{x}} - \boldsymbol{x})\|_2^2 + \|(\boldsymbol{x}_2 - \overline{\boldsymbol{x}}) + (\overline{\boldsymbol{x}} - \boldsymbol{x})\|_2^2 \\
&= \|\boldsymbol{x}_1 - \overline{\boldsymbol{x}}\|_2^2 + \|\boldsymbol{x}_2 - \overline{\boldsymbol{x}}\|_2^2 + 2\|\overline{\boldsymbol{x}} - \boldsymbol{x}\|_2^2 + (\overline{\boldsymbol{x}} - \boldsymbol{x})^{\mathrm{T}} (\boldsymbol{x}_1 - \overline{\boldsymbol{x}}) \\
&\quad + (\boldsymbol{x}_1 - \overline{\boldsymbol{x}})(\overline{\boldsymbol{x}} - \boldsymbol{x}) + (\overline{\boldsymbol{x}} - \boldsymbol{x})^{\mathrm{T}} (\boldsymbol{x}_2 - \overline{\boldsymbol{x}}) + (\boldsymbol{x}_2 - \overline{\boldsymbol{x}})(\overline{\boldsymbol{x}} - \boldsymbol{x}) \\
&= \|\boldsymbol{x}_1 - \overline{\boldsymbol{x}}\|_2^2 + \|\boldsymbol{x}_2 - \overline{\boldsymbol{x}}\|_2^2 + 2\|\overline{\boldsymbol{x}} - \boldsymbol{x}\|_2^2 \\
&\geqslant \|\boldsymbol{x}_1 - \overline{\boldsymbol{x}}\|_2^2 + \|\boldsymbol{x}_2 - \overline{\boldsymbol{x}}\|_2^2
\end{aligned}
$$

这表明, 向量平均 $\overline{\boldsymbol{x}}$ 是优化问题

$$
\|\boldsymbol{x}_1 - \boldsymbol{x}\|_2^2 + \|\boldsymbol{x}_2 - \boldsymbol{x}\|_2^2 = \min
$$

的解. 这个结论具有普遍性.

事实上, 设有数据向量 $\boldsymbol{x}_1, \boldsymbol{x}_2, \cdots, \boldsymbol{x}_n \in \mathbb{R}^m$, 考察

$$
\|\boldsymbol{x}_1 - \boldsymbol{x}\|_2^2 + \|\boldsymbol{x}_2 - \boldsymbol{x}\|_2^2 + \cdots + \|\boldsymbol{x}_n - \boldsymbol{x}\|^2 = \min
$$

由于 $\|\boldsymbol{x}_i-\boldsymbol{x}\|_2^2$ 的梯度向量是 $2(\boldsymbol{x}_i-\boldsymbol{x})(-1)$, 所以优化问题有解当且仅当

$$\sum_{i=1}^{n} 2(\boldsymbol{x}_i-\boldsymbol{x})(-1)=\mathbf{0}$$

由此可得最小化问题的解是

$$\boldsymbol{x}=\overline{\boldsymbol{x}}=\frac{1}{n}\sum_{i=1}^{n}\boldsymbol{x}_i$$

此即各数据向量的平均. 记

$$\hat{\boldsymbol{x}}_i=\boldsymbol{x}_i-\overline{\boldsymbol{x}}\quad(i=1,\,2,\,\cdots,\,n)$$

这表示对数据进行平移. 很明显, 经过平移后的数据向量的平均等于零, 这表示将原来的数据向量的坐标原点平移到数据中心点 $\overline{\boldsymbol{x}}$ 附近. 称这一过程为数据中心化.

按概率论与数理统计的观点, 如果经过中心化的数据向量 $\boldsymbol{x}_1,\,\boldsymbol{x}_2,\,\cdots,\,\boldsymbol{x}_n\in\mathbb{R}^m$ 是随机向量 $\boldsymbol{x}$ 的一组样本值, 那么, $\overline{\boldsymbol{x}}=\mathbf{0}$, 且 $\boldsymbol{x}$ 的方差就是

$$\begin{aligned}\operatorname{var}(\boldsymbol{x})&=\frac{1}{n}\left(\|\boldsymbol{x}_1-\overline{\boldsymbol{x}}\|_2^2+\|\boldsymbol{x}_2-\overline{\boldsymbol{x}}\|_2^2+\cdots+\|\boldsymbol{x}_n-\overline{\boldsymbol{x}}\|_2^2\right)\\&=\frac{1}{n}\left(\|\boldsymbol{x}_1\|_2^2+\|\boldsymbol{x}_2\|_2^2+\cdots+\|\boldsymbol{x}_n\|_2^2\right)\end{aligned}$$

这表明, 经过中心化的数据向量具有最小方差, 在数据处理时, 常常可先对数据进行中心化以减小数据方差.

利用中心化数据进行拟合时可使数学处理更加简单. 事实上, 设有一组多维数据

$$(\boldsymbol{x}_i,\,\boldsymbol{y}_i)\quad(i=1,\,2,\,\cdots,\,n)$$

其中 $\boldsymbol{x}_1,\,\boldsymbol{y}_1,\,\boldsymbol{x}_2,\,\boldsymbol{y}_2,\,\cdots,\,\boldsymbol{x}_n,\,\boldsymbol{y}_n\in\mathbb{R}^m$. 假设用这些数据向量去拟合关系式

$$\boldsymbol{y}=\boldsymbol{A}\boldsymbol{x}+\boldsymbol{b}$$

使得

$$\sum_{i=1}^{n}\|\boldsymbol{y}_i-\boldsymbol{A}\boldsymbol{x}_i-\boldsymbol{b}\|_2^2=\min$$

这里矩阵 $\boldsymbol{A}$ 和向量 $\boldsymbol{b}$ 都是待求的量. 由取极值的必要条件有

$$\sum_{i=1}^{n}2(\boldsymbol{y}_i-\boldsymbol{A}\boldsymbol{x}_i-\boldsymbol{b})(-1)=\mathbf{0}$$

由此可得

$$\boldsymbol{b}=\frac{1}{n}\sum_{i=1}^{n}\boldsymbol{y}_i-\boldsymbol{A}\frac{1}{n}\sum_{i=1}^{n}\boldsymbol{x}_i$$

对数据进行中心化, 记

$$\hat{\boldsymbol{y}}_i=\boldsymbol{y}_i-\bar{\boldsymbol{y}}=\boldsymbol{y}_i-\frac{1}{n}\sum_{i=1}^{n}\boldsymbol{y}_i,\quad \hat{\boldsymbol{x}}_i=\boldsymbol{x}_i-\bar{\boldsymbol{x}}=\boldsymbol{x}_i-\frac{1}{n}\sum_{i=1}^{n}\boldsymbol{x}_i\quad (i=1,2,\cdots,n)$$

则拟合问题转化为: 求矩阵 $\boldsymbol{A}$ 使得

$$\sum_{i=1}^{n}\left\|\boldsymbol{y}_i-\boldsymbol{A}\boldsymbol{x}_i-\boldsymbol{b}\right\|_2^2=\sum_{i=1}^{n}\left\|\tilde{\boldsymbol{y}}_i-\boldsymbol{A}\hat{\boldsymbol{x}}_i\right\|_2^2=\min$$

此时, 只有矩阵 $\boldsymbol{A}$ 是待求的. 因此, 在数据拟合问题中, 将数据中心化 (平移到原点附近) 后可使线性拟合问题中待求参数数量减少.

在对数据进行中心化时, 我们用到的是算术平均值, 原因是数据偏差是线性关系, 易于作数学处理. 其实, 各种不同的平均值都可以按类似的方式来理解.

以一维数据为例, 对任何实数 $x_1, x_2, \cdots, x_n$ 和非负实数 $\mu_1, \mu_2, \cdots, \mu_n$, 定义加权形式的 "误差函数" 为

$$f(x)=\sum_{i=1}^{n}\mu_i(x-x_i)^2 \tag{5.22}$$

它必有最小值. 很明显, $f'(x)=\sum\limits_{i=1}^{n}2\mu_i(x-x_i)$. 由 $f'(x)=0$ 可知使 "误差函数" 取最小值的唯一实数即为加权算术平均值

$$x=\frac{\mu_1x_1+\mu_2x_2+\cdots+\mu_nx_n}{\mu_1+\mu_2+\cdots+\mu_n}$$

它是算术平均值简单而直接的推广.

类似地, 对正数 $x_1, x_2, \cdots, x_n$, 如果取 $f(x)$ 为 "误差函数"

$$f(x)=\sum_{i=1}^{n}\mu_i(\ln x-\ln x_i)^2 \tag{5.23}$$

则当且仅当

$$x=\left(\prod_{i=1}^{n}x_i^{\mu_i}\right)^{\frac{1}{\sum_{i=1}^{n}\mu_i}}$$

时, $f(x)$ 取最小值. 同样地, 对非零实数 $x_1, x_2, \cdots, x_n$, 由加权 "误差函数"

$$f(x)=\sum_{i=1}^{n}\mu_i\left(\frac{1}{x}-\frac{1}{x_i}\right)^2 \tag{5.24}$$

求其最小值的点即得加权调和平均值

$$x=\frac{\mu_1+\mu_2+\cdots+\mu_n}{\dfrac{\mu_1}{x_1}+\dfrac{\mu_2}{x_2}+\cdots+\dfrac{\mu_n}{x_n}}$$

因此, 几种典型的平均值都是对应 "误差函数" 的最小值点.

另外, 对正数 $x_1, x_2, \cdots, x_n$ 和非负实数 $\mu_1, \mu_2, \cdots, \mu_n$ 及实数 $p\neq 0$, 取

$$f(x)=\sum_{i=1}^{n}\mu_i\left(x^p-x_i^p\right)^2 \tag{5.25}$$

作为 "误差函数", 则当且仅当

$$x=\left(\frac{\mu_1x_1^p+\mu_2x_2^p+\cdots+\mu_nx_n^p}{\mu_1+\mu_2+\cdots+\mu_n}\right)^{\frac{1}{p}} \tag{5.26}$$

"误差函数" $f(x)$ 取最小值. 此平均值是我们熟知的各种平均值的推广. 所有不同形式的平均值都是使对应 "误差函数" 取最小值的自变量取值. 进一步, 对给定的正数 $x_1, x_2, \cdots, x_n$ 和非负数 $\mu_1, \mu_2, \cdots, \mu_n$, 将由式 (5.26) 定义的平均值视为 p 的函数, 则可以证明, 该加权平均数关于 p 是单调递增的 [14]. 特别地, 当 $p=1$ 时, 上述平均值为加权算术平均值, 而当 $p=-1$ 时, 上述平均值为加权调和平均值. 当 $p\to 0$ 时, 由 L'Hospital 法则求得加权几何平均值

$$\lim_{p\to 0}\left(\frac{\mu_1x_1^p+\mu_2x_2^p+\cdots+\mu_nx_n^p}{\mu_1+\mu_2+\cdots+\mu_n}\right)^{\frac{1}{p}}=\left(\prod_{i=1}^{n}x_i^{\mu_i}\right)^{\frac{1}{\sum_{i=1}^{n}\mu_i}}$$

加权平均数关于 p 的单调递增性表明, 成立具有加权的算术-几何-调和平均值不等式

$$\frac{\mu_1x_1+\mu_2x_2+\cdots+\mu_nx_n}{\mu_1+\mu_2+\cdots+\mu_n}\geqslant\left(\prod_{i=1}^{n}x_i^{\mu_i}\right)^{\frac{1}{\sum_{i=1}^{n}\mu_i}}\geqslant\frac{\mu_1+\mu_2+\cdots+\mu_n}{\dfrac{\mu_1}{x_1}+\dfrac{\mu_2}{x_2}+\cdots+\dfrac{\mu_n}{x_n}}$$

5.5 矩阵的最小二乘逼近

前几节已经对矛盾线性方程组的最小二乘解

$$\left\|\boldsymbol{b}-\boldsymbol{A}\boldsymbol{x}^*\right\|_2=\min_{\boldsymbol{x}\in\mathbb{R}^n}\left\|\boldsymbol{b}-\boldsymbol{A}\boldsymbol{x}\right\|_2$$

的存在性、通解公式及迭代求解格式等进行了深入的讨论, 使这个优化问题得到了比较完整的解决. 特别地, 这个最小二乘问题可解的条件是梯度等于零, 而由梯度

等于零得到的法方程总是可解的, 利用法方程的解即可得到最小二乘问题的所有解. 求解最小二乘问题的本质是寻求一个向量 $\boldsymbol{b}$ 在由矩阵 $\boldsymbol{A}$ 的列向量所生成的线性空间

$$\{\boldsymbol{Ax}:\ \boldsymbol{x}\in\mathbb{R}^n\}$$

上的正交投影. 从形式上看, 很容易想到将这个最小二乘问题一般化. 如果要求一组向量 $\boldsymbol{b}_1, \boldsymbol{b}_2, \cdots, \boldsymbol{b}_n$ 在该线性空间的正交投影, 那么问题转化为: 求向量 $\boldsymbol{x}_1, \boldsymbol{x}_2, \cdots, \boldsymbol{x}_n$ 使得

$$\sum_{i=1}^{n}\left\|\boldsymbol{b}_i-\boldsymbol{Ax}_i\right\|_2^2=\min \tag{5.27}$$

5.1 节后半段中的一般化优化问题也是这种形式.

上述向量优化问题还可转化为矩阵形式的最小二乘问题求解. 事实上, 对上述最小二乘问题, 引入矩阵

$$\boldsymbol{B}=[\boldsymbol{b}_1, \boldsymbol{b}_2, \cdots, \boldsymbol{b}_n]\in\mathbb{R}^{m\times n},\quad \boldsymbol{X}=[\boldsymbol{x}_1, \boldsymbol{x}_2, \cdots, \boldsymbol{x}_n]\in\mathbb{R}^{k\times n}$$

则矩阵 $\boldsymbol{A}\in\mathbb{R}^{m\times k}$ 必须是 $m\times k$ 矩阵. 此时, $\boldsymbol{b}_i-\boldsymbol{Ax}_i$ 为矩阵 $\boldsymbol{B}-\boldsymbol{AX}$ 的第 i 列, 所以 $\sum\limits_{i=1}^{n}\left\|\boldsymbol{b}_i-\boldsymbol{Ax}_i\right\|_2^2$ 表示矩阵 $\boldsymbol{B}-\boldsymbol{AX}$ 各元素的平方之和. 这种平方和出现在 2.5 节已定义的矩阵 Frobenius 范数. 这里, 对矩阵 $\boldsymbol{Y}=[y_{ij}]_{m\times n}\in\mathbb{R}^{m\times n}$, 其 Frobenius 范数 $\left\|\boldsymbol{Y}\right\|_F$ 为

$$\left\|\boldsymbol{Y}\right\|_F=\sqrt{\sum_{i=1}^{m}\sum_{j=1}^{n}y_{ij}^2}$$

直接计算可知, Frobenius 范数具有如下性质

$$\left\|\boldsymbol{Y}\right\|_F^2=\sum_{i=1}^{n}\left\|\boldsymbol{y}_i\right\|_2^2=\operatorname{tr}(\boldsymbol{Y}^{\mathrm{T}}\boldsymbol{Y})$$

其中 $\boldsymbol{y}_i$ 为矩阵 $\boldsymbol{Y}$ 的列向量. 这表明, $\left\|\boldsymbol{A}\right\|_F^2$ 为对称矩阵 $\boldsymbol{A}^{\mathrm{T}}\boldsymbol{A}$ 对角线上元素之和. 这样, 最小二乘问题 (5.27) 转化为: 对给定矩阵 $\boldsymbol{B}=[\boldsymbol{b}_1, \boldsymbol{b}_2, \cdots, \boldsymbol{b}_n]\in\mathbb{R}^{m\times n}$ 和 $\boldsymbol{A}\in\mathbb{R}^{m\times k}$, 求矩阵 $\boldsymbol{X}^*\in\mathbb{R}^{k\times n}$ 使得

$$\left\|\boldsymbol{B}-\boldsymbol{AX}^*\right\|_F=\min_{\boldsymbol{X}\in\mathbb{R}^{k\times n}}\left\|\boldsymbol{B}-\boldsymbol{AX}\right\|_F \tag{5.28}$$

由于最小化问题 (5.28) 和前面多次讨论过的更简单的最小化问题 $\left\|\boldsymbol{b}-\boldsymbol{Ax}\right\|_2=\min$ 在形式上完全一致, 所以解决简单优化问题的有关思路和方法都可以移植到这

个广义问题的分析与求解中. 类似地, 可定义多元函数

$$\varphi(\boldsymbol{X})=\left\|\boldsymbol{B}-\boldsymbol{A}\boldsymbol{X}\right\|_F^2=\sum_{j=1}^{n}(\boldsymbol{b}_j-\boldsymbol{A}\boldsymbol{x}_j)^{\mathrm{T}}(\boldsymbol{b}_j-\boldsymbol{A}\boldsymbol{x}_j)$$

及其 "梯度矩阵"

$$\nabla_{\boldsymbol{X}}\varphi(\boldsymbol{X})=[\nabla_{\boldsymbol{x}_1}\varphi(\boldsymbol{X}),\nabla_{\boldsymbol{x}_2}\varphi(\boldsymbol{X}),\cdots,\nabla_{\boldsymbol{x}_n}\varphi(\boldsymbol{X})]\in\mathbb{R}^{m\times n}$$

由前面的计算结果可知, 对 $j=1,2,\cdots,n$ 有 $\nabla_{\boldsymbol{x}_j}\varphi(\boldsymbol{X})=-2\boldsymbol{A}^{\mathrm{T}}\boldsymbol{b}_j+2(\boldsymbol{A}^{\mathrm{T}}\boldsymbol{A})\boldsymbol{x}_j$, 从而有

$$\begin{aligned}&\nabla_{\boldsymbol{X}}\varphi(\boldsymbol{X})\\&=\left[-2\boldsymbol{A}^{\mathrm{T}}\boldsymbol{b}_1+2(\boldsymbol{A}^{\mathrm{T}}\boldsymbol{A})\boldsymbol{x}_1,-2\boldsymbol{A}^{\mathrm{T}}\boldsymbol{b}_2+2(\boldsymbol{A}^{\mathrm{T}}\boldsymbol{A})\boldsymbol{x}_2,\cdots,-2\boldsymbol{A}^{\mathrm{T}}\boldsymbol{b}_n+2(\boldsymbol{A}^{\mathrm{T}}\boldsymbol{A})\boldsymbol{x}_n\right]\\&=-2\boldsymbol{A}^{\mathrm{T}}[\boldsymbol{b}_1,\boldsymbol{b}_2,\cdots,\boldsymbol{b}_n]+2(\boldsymbol{A}^{\mathrm{T}}\boldsymbol{A})[\boldsymbol{x}_1,\boldsymbol{x}_2,\cdots,\boldsymbol{x}_n]\\&=-2\boldsymbol{A}^{\mathrm{T}}\boldsymbol{B}+2(\boldsymbol{A}^{\mathrm{T}}\boldsymbol{A})\boldsymbol{X}\end{aligned}$$

因此, $\varphi(\boldsymbol{X})$ 取最小值当且仅当 $\nabla_{\boldsymbol{X}}\varphi(\boldsymbol{X})=\boldsymbol{0}$, 即

$$(\boldsymbol{A}^{\mathrm{T}}\boldsymbol{A})\boldsymbol{X}=\boldsymbol{A}^{\mathrm{T}}\boldsymbol{B}\tag{5.29}$$

此线性方程组通常称为线性矩阵方程 $\boldsymbol{A}\boldsymbol{X}=\boldsymbol{B}$ 的法方程.

当 $\boldsymbol{A}$ 列满秩时, $\boldsymbol{A}^{\mathrm{T}}\boldsymbol{A}$ 可逆, 因而法方程的唯一解 (也就是最小二乘问题的唯一解) 为

$$\boldsymbol{X}=(\boldsymbol{A}^{\mathrm{T}}\boldsymbol{A})^{-1}\boldsymbol{A}^{\mathrm{T}}\boldsymbol{B}=\boldsymbol{A}^{+}\boldsymbol{B}$$

一般地, 最小二乘解的通解为

$$\boldsymbol{X}=\boldsymbol{A}^{+}\boldsymbol{B}+\left(\boldsymbol{E}-\boldsymbol{A}^{+}\boldsymbol{A}\right)\boldsymbol{T}\quad\left(\boldsymbol{T}\in\mathbb{R}^{k\times n}\right)\tag{5.30}$$

其中参数矩阵 $\boldsymbol{T}$ 中真正独立的参数个数等于 n 减去法方程中独立方程的个数.

将前述最小化问题更加一般化. 设 $\boldsymbol{A}\in\mathbb{R}^{m\times n}$, $\boldsymbol{B}\in\mathbb{R}^{m\times k}$, $\boldsymbol{C}\in\mathbb{R}^{l\times n}$, 求 $\boldsymbol{X}^*\in\mathbb{R}^{k\times l}$ 使得

$$\left\|\boldsymbol{A}-\boldsymbol{B}\boldsymbol{X}^*\boldsymbol{C}\right\|_F=\min_{\boldsymbol{X}\in\mathbb{R}^{k\times l}}\left\|\boldsymbol{A}-\boldsymbol{B}\boldsymbol{X}\boldsymbol{C}\right\|_F\tag{5.31}$$

这个问题可以转化为矛盾线性方程组的最小二乘解问题.

事实上, 线性矩阵方程

$$\boldsymbol{B}\boldsymbol{X}\boldsymbol{C}=\boldsymbol{A}\tag{5.32}$$

是一个关于未知矩阵 $\boldsymbol{X}$ 的线性方程组. 最直接的想法是将线性矩阵方程两边的矩阵按列向量拉直成一个维数很高的向量. 为此, 对矩阵 $\boldsymbol{A}=[\boldsymbol{\alpha}_1,\cdots,\boldsymbol{\alpha}_n]\in\mathbb{R}^{m\times n}$, 定义其拉直向量

$$\mathrm{vec}\,(\boldsymbol{A})=\begin{bmatrix}\boldsymbol{\alpha}_1\\ \boldsymbol{\alpha}_2\\ \vdots\\ \boldsymbol{\alpha}_n\end{bmatrix}\in\mathbb{R}^{m\times n}$$

同样地, 对矩阵 $\boldsymbol{BXC}$ 按矩阵列分块, 记

$$\boldsymbol{B}=[\boldsymbol{\beta}_1,\cdots,\boldsymbol{\beta}_k],\quad \boldsymbol{C}=[\gamma_{ij}]_{l\times n}=[\boldsymbol{\gamma}_1,\cdots,\boldsymbol{\gamma}_n],\quad \boldsymbol{X}=[\boldsymbol{x}_1,\cdots,\boldsymbol{x}_k]$$

则对应的拉直向量为

$$\mathrm{vec}\,(\boldsymbol{BXC})=\begin{bmatrix}\boldsymbol{BX\gamma}_1\\ \boldsymbol{BX\gamma}_2\\ \vdots\\ \boldsymbol{BX\gamma}_n\end{bmatrix}\in\mathbb{R}^{m\times n}$$

注意到

$$\begin{aligned}\boldsymbol{BX\gamma}_j&=\gamma_{1j}\boldsymbol{Bx}_1+\gamma_{2j}\boldsymbol{Bx}_2+\cdots+\gamma_{lj}\boldsymbol{Bx}_l\\&=[\gamma_{1j}\boldsymbol{B},\ \gamma_{2j}\boldsymbol{B},\ \cdots,\ \gamma_{lj}\boldsymbol{B}]\mathrm{vec}\,(\boldsymbol{X})\end{aligned}$$

那么有

$$\mathrm{vec}\,(\boldsymbol{BXC})=\begin{bmatrix}\gamma_{11}\boldsymbol{B}&\gamma_{21}\boldsymbol{B}&\cdots&\gamma_{l1}\boldsymbol{B}\\ \gamma_{12}\boldsymbol{B}&\gamma_{22}\boldsymbol{B}&\cdots&\gamma_{l2}\boldsymbol{B}\\ \vdots&\vdots&&\vdots\\ \gamma_{1n}\boldsymbol{B}&\gamma_{2n}\boldsymbol{B}&\cdots&\gamma_{ln}\boldsymbol{B}\end{bmatrix}\mathrm{vec}\,(\boldsymbol{X})=\left(\boldsymbol{C}^{\mathrm{T}}\otimes\boldsymbol{B}\right)\mathrm{vec}\,(\boldsymbol{X})$$

其中矩阵 $\boldsymbol{C}^{\mathrm{T}}\otimes\boldsymbol{B}$ 为 $\boldsymbol{C}^{\mathrm{T}}$ 和 $\boldsymbol{B}$ 的 Kronecker 积. 这样, 可将线性矩阵方程 $\boldsymbol{BXC}=\boldsymbol{A}$ 转化为等价的线性方程组

$$\left(\boldsymbol{C}^{\mathrm{T}}\otimes\boldsymbol{B}\right)\mathrm{vec}\,(\boldsymbol{X})=\mathrm{vec}\,(\boldsymbol{A})\tag{5.33}$$

当 $\boldsymbol{BXC}=\boldsymbol{A}$ 为矛盾方程组时, 线性方程组 (5.33) 也是矛盾方程组. 因此, 最小化问题 (5.31) 等价于: 存在 $\boldsymbol{X}^*\in\mathbb{R}^{k\times l}$ 使得

$$\left\|\mathrm{vec}(\boldsymbol{A})-(\boldsymbol{C}^{\mathrm{T}}\otimes\boldsymbol{B})\mathrm{vec}\,(\boldsymbol{X}^*)\right\|_2=\min_{\boldsymbol{X}\in\mathbb{R}^{k\times l}}\left\|\mathrm{vec}\,(\boldsymbol{A})-(\boldsymbol{C}^{\mathrm{T}}\otimes\boldsymbol{B})\mathrm{vec}\,(\boldsymbol{X})\right\|_2\tag{5.34}$$

此问题的最小二乘解可表示为

$$\mathrm{vec}(\boldsymbol{X})=(\boldsymbol{C}^{\mathrm{T}}\otimes\boldsymbol{B})^{+}\mathrm{vec}\,(\boldsymbol{A})+\Big(\boldsymbol{E}-(\boldsymbol{C}^{\mathrm{T}}\otimes\boldsymbol{B})^{+}(\boldsymbol{C}^{\mathrm{T}}\otimes\boldsymbol{B})\Big)\,\mathrm{vec}(\boldsymbol{T})$$

其中 $\boldsymbol{T}\in\mathbb{R}^{k\times l}$. 进一步, 由广义逆矩阵的定义和唯一性可直接证明

$$(\boldsymbol{C}^{\mathrm{T}}\otimes\boldsymbol{B})^{+}=(\boldsymbol{C}^{\mathrm{T}})^{+}\otimes\boldsymbol{B}^{+}=\left(\boldsymbol{C}^{+}\right)^{\mathrm{T}}\otimes\boldsymbol{B}^{+}$$

利用定义还可直接证明

$$((\boldsymbol{C}^{+})^{\mathrm{T}}\otimes\boldsymbol{B}^{+})(\boldsymbol{C}^{\mathrm{T}}\otimes\boldsymbol{B})=((\boldsymbol{C}^{+})^{\mathrm{T}}\boldsymbol{C}^{\mathrm{T}})\otimes(\boldsymbol{B}^{+}\boldsymbol{B})$$

从而

$$\mathrm{vec}\,(\boldsymbol{X})=\mathrm{vec}\left(\boldsymbol{B}^{+}\boldsymbol{A}\boldsymbol{C}^{+}\right)+\mathrm{vec}\,(\boldsymbol{T})-\mathrm{vec}\left(\boldsymbol{B}^{+}\boldsymbol{B}\boldsymbol{T}\boldsymbol{C}\boldsymbol{C}^{+}\right)$$

于是, 最小化问题 (5.31) 的解又可表示为

$$\boldsymbol{X}=\boldsymbol{B}^{+}\boldsymbol{A}\boldsymbol{C}^{+}+\boldsymbol{T}-\boldsymbol{B}^{+}\boldsymbol{B}\boldsymbol{T}\boldsymbol{C}\boldsymbol{C}^{+}\tag{5.35}$$

特别地, 当 $\boldsymbol{C}$ 为单位矩阵时, 最小化问题的解就是式 (5.30). 前面看到, 几个形式类似的最小二乘问题的求解思路与通解公式是类似的.

第 6 章　应　　用

在第 1 章中我们已经提到线性方程组理论的简单应用, 从水手分桃等问题可以看出线性方程组理论在解决这类问题时所具有的优势. 本章将介绍几个更进一步的应用, 有三阶幻方、点灯游戏、完美矩阵的构造、投入产出分析、网页排序、数据拟合、机器翻译等问题. 其中幻方、点灯游戏与完美矩阵问题中的数学理论相对简单, 而其余问题则涉及很多方面的知识, 这里不涉及建模与算法实现等问题, 仅介绍其中的优化算法及其求解的理论. 一些重要思想和方法在这些问题中反复用到.

6.1　三阶幻方

幻方在我国古代称为 “河图”“洛书”“纵横图”, 其英文名称是 magic square, 意思是神奇的方块或魔术般的方块. n 阶幻方是一个 $n\times n$ 的二维数组 (矩阵, 方阵), 其元素为 1 到 n^2 的不重复数字, 每一行、每一列及两条对角线上的元素之和都是一个确定的数. 例如, 下面的方阵是一个三阶幻方 (又称九宫格):

$$\begin{matrix} 6 & 1 & 8 \\ 7 & 5 & 3 \\ 2 & 9 & 4 \end{matrix}$$

其元素为 1 到 9 的不重复数字, 每一行、每一列及两条对角线上的元素之和都是 15. 自古以来有很多人对幻方研究过, 发现了大量的神奇性质 [16]. 例如, $618+753+294=816+357+492$, $672+159+834=276+951+438$, $618^2+753^2+294^2=816^2+357^2+492^2$, $672^2+159^2+834^2=276^2+951^2+438^2$, 等等. 问题是: 怎样才能构造出这样神奇的矩阵呢? 这个问题似乎不太容易. 武侠小说《射雕英雄传》里的瑛姑花了十几年工夫也没有将三阶幻方填出来, 但黄蓉一下子就找到了答案. 其实, 更为困难的问题是江苏卫视 2013 年电视节目《最强大脑》中盲填数独游戏, 中学生孙彻然非同一般的表现令人印象深刻. 这使我们相信, 玩幻方和数独一定有一些简单而直接的规律. 下面, 仅对三阶幻方的构造问题运用线性方程组的理论来作一些分析与探索 [25].

为方便计, 以下用矩阵来表示幻方. 很明显, 最中间位置比较特殊, 它所在的行、列及两条对角线上的数字之和都是 15. 如果记最中间的数字为 x, 那么

$$4\times 15=3x+\frac{(1+9)\times 9}{2}$$

这只能有: $x = 5$. 一旦最中间位置确定了, 经过少量尝试就可以找到问题的多个解. 瑛姑花了十几年工夫也没有将三阶幻方填出来, 大概是没有找到确定中间位置数字的方法.

对这样一个问题, 如果不要求所填写的 9 个数字各自不同, 问题就变得非常简单而容易处理. 例如, 如果取

$$\boldsymbol{A}_0 = \begin{bmatrix} 5 & 1 & 9 \\ 9 & 5 & 1 \\ 1 & 9 & 5 \end{bmatrix}, \quad \boldsymbol{B}_0 = \begin{bmatrix} 5 & 3 & 7 \\ 7 & 5 & 3 \\ 3 & 7 & 5 \end{bmatrix}$$

则 $\boldsymbol{A}_0, \boldsymbol{B}_0$ 的各行、各列及两条对角线上的元素之和都等于 15. 另外, 如果将各行、各列及两条对角线上的元素之和都改为 0, 也不要求待求的 9 个数字各自不同, 这样的矩阵也容易求得. 例如, 矩阵

$$\boldsymbol{A}_1 = \begin{bmatrix} 1 & 0 & -1 \\ -2 & 0 & 2 \\ 1 & 0 & -1 \end{bmatrix}, \quad \boldsymbol{B}_1 = \begin{bmatrix} -1 & 1 & 0 \\ 1 & 0 & -1 \\ 0 & -1 & 1 \end{bmatrix}$$

的各行、各列及对角线上的元素之和都等于零. 很明显, 满足条件的矩阵还有很多. 此时, 容易知道

$$\boldsymbol{A}_0 + \boldsymbol{A}_1 = \begin{bmatrix} 6 & 1 & 8 \\ 7 & 5 & 3 \\ 2 & 9 & 4 \end{bmatrix}$$

就是所要求的一个三阶幻方. 类似地, 这样的幻方也可以是

$$\boldsymbol{B}_0 + 3\boldsymbol{A}_1 = \begin{bmatrix} 8 & 3 & 4 \\ 1 & 5 & 9 \\ 6 & 7 & 2 \end{bmatrix}$$

或者

$$\boldsymbol{B}_0 + \boldsymbol{A}_1 - 2\boldsymbol{B}_1 = \begin{bmatrix} 8 & 1 & 6 \\ 3 & 5 & 7 \\ 4 & 9 & 2 \end{bmatrix}$$

等多种可能. 为什么由这几个简单矩阵的线性组合即可得到所求三阶幻方呢? 这其中的道理其实和线性方程组的通解理论有直接关系. 利用通解理论, 可以按不同方式分别得到所有三阶幻方.

事实上, 由于最中间位置必须是 5, 所以三阶幻方可表示为如下矩阵形式:

$$\boldsymbol{A}=\begin{bmatrix} a & d & 10-c \\ b & 5 & 10-b \\ c & 10-d & 10-a \end{bmatrix} \tag{6.1}$$

其中数字 a, b, c, d 满足

$$\begin{cases} a+b+c=15 \\ a+d-c=5 \end{cases} \tag{6.2}$$

由此可得 $a=5+c-d,\ b=10-2c+d$. 这样, 矩阵 $\boldsymbol{A}$ 可进一步表示为

$$\boldsymbol{A}=\begin{bmatrix} 5+c-d & d & 10-c \\ 10-2c+d & 5 & 2c-d \\ c & 10-d & 5-c+d \end{bmatrix} \tag{6.3}$$

令参数 c, d 取恰当的不同数字即可得到满足要求的三阶幻方. 例如, 如果分别取 $c=2, d=1;\ c=4, d=1;\ c=6, d=3;\ c=8, d=7$, 则得到如下 4 个幻方:

$$\boldsymbol{A}=\begin{bmatrix} 6 & 1 & 8 \\ 7 & 5 & 3 \\ 2 & 9 & 4 \end{bmatrix},\quad \begin{bmatrix} 8 & 1 & 6 \\ 3 & 5 & 7 \\ 4 & 9 & 2 \end{bmatrix},\quad \begin{bmatrix} 8 & 3 & 4 \\ 1 & 5 & 9 \\ 6 & 7 & 2 \end{bmatrix},\quad \begin{bmatrix} 6 & 7 & 2 \\ 1 & 5 & 9 \\ 8 & 3 & 4 \end{bmatrix} \tag{6.4}$$

下面, 将矩阵 $\boldsymbol{A}$ 表示为

$$\boldsymbol{A}=\boldsymbol{C}_0+c\,\boldsymbol{A}_1+d\,\boldsymbol{A}_2 \tag{6.5}$$

其中

$$\boldsymbol{C}_0=\begin{bmatrix} 5 & 0 & 10 \\ 10 & 5 & 0 \\ 0 & 10 & 5 \end{bmatrix},\quad \boldsymbol{A}_1=\begin{bmatrix} 1 & 0 & -1 \\ -2 & 0 & 2 \\ 1 & 0 & -1 \end{bmatrix},\quad \boldsymbol{A}_2=\begin{bmatrix} -1 & 1 & 0 \\ 1 & 0 & -1 \\ 0 & -1 & 1 \end{bmatrix}$$

矩阵 $\boldsymbol{C}_0$ 对应于线性方程组 (6.2) 的一个特解, 但不对应满足要求的幻方. 而矩阵 $\boldsymbol{A}_1$ 和 $\boldsymbol{A}_2$ 的各行、各列及两条对角线元素的和都是 0, 也不对应满足条件的幻方, 但它们都对应如下齐次线性方程组

$$\begin{cases} a+b+c=0 \\ a+d-c=0 \end{cases} \tag{6.6}$$

的特解. 各行、各列及两条对角线元素的和都是 0 的所有矩阵按照矩阵的加法和数乘构成一个线性空间 X. 这里, $\boldsymbol{A}_1$ 和 $\boldsymbol{A}_2$ 是线性无关的, $\{\boldsymbol{A}_1, \boldsymbol{A}_2\}$ 构成 X 的一组基, $c\boldsymbol{A}_1 + d\boldsymbol{A}_2$ 是在条件 (6.6) 下各行、各列及对角线上元素之和都是 0 的所有矩阵. 故 $\boldsymbol{A} = \boldsymbol{C}_0 + c\boldsymbol{A}_1 + d\boldsymbol{A}_2$ 为在条件 (6.3) 下各行、各列及对角线上元素之和都是 15 的所有矩阵.

按照线性方程组理论, 可以改变矩阵 $\boldsymbol{C}_0, \boldsymbol{A}_1, \boldsymbol{A}_2$ 的取值而仍然保持通解的形式. 例如, 如果将矩阵 $\boldsymbol{A}_1$ 替换为 $\overline{\boldsymbol{A}}_1 = \boldsymbol{A}_1 + \boldsymbol{A}_2$, 那么 $\overline{\boldsymbol{A}}_1$ 和 $\boldsymbol{A}_2$ 还是线性无关的, 因而可以通过取恰当的 c, d 值, 以及由 $\boldsymbol{A} = \boldsymbol{C}_0 + c\overline{\boldsymbol{A}}_1 + d\boldsymbol{A}_2$ 得到满足条件的所有三阶幻方. 例如, 当取 $c = 2, d = -1$; $c = 4, d = -3; c = 6, d = -3; c = 8, d = -1$ 时即可分别得到式 (6.4) 中的四个幻方. 如果将矩阵 $\boldsymbol{C}_0$ 替换为前面出现过的 $\boldsymbol{A}_0$:

$$\boldsymbol{A}_0 = \begin{bmatrix} 5 & 1 & 9 \\ 9 & 5 & 1 \\ 1 & 9 & 5 \end{bmatrix} \tag{6.7}$$

则当取 $c = 1, d = -1$; $c = 3, d = -3; c = 5, d = -3; c = 7, d = -1$ 时, 由 $\boldsymbol{A} = \boldsymbol{A}_0 + c\overline{\boldsymbol{A}}_1 + d\boldsymbol{A}_2$ 分别得到式 (6.4) 中给出的四个幻方.

在上述过程中, 为了求得三阶幻方, 可以首先求得弱条件 (不要求矩阵元素互不相同) 下的 3 个容易得到的矩阵 $\boldsymbol{A}_0$, $\overline{\boldsymbol{A}}_1$ 和 $\boldsymbol{A}_2$, 然后通过 $\boldsymbol{A} = \boldsymbol{A}_0 + c\overline{\boldsymbol{A}}_1 + d\boldsymbol{A}_2$ 去求得所有三阶幻方. 这又是 “从简单的做起” 的充分体现. 一般地, 所有满足各行、各列和两条对角线元素之和都等于 0 的 $n \times n$ 矩阵关于矩阵加法和数乘两种线性运算构成一个线性空间, 其维数 (即通解表达式中可自由取值的系数的个数) 是 $n^2 - 2n - 1$[26]. 当 $n = 3, 4$ 时, 对应的线性空间的维数 $n^2 - 2n - 1$ 分别为 2 和 7. 随着阶数 n 的增加, 自由变量的个数显著增加, 使得上式思路难以应用.

进一步, 考察由式 (6.3) 给出的矩阵 $\boldsymbol{A}$ 的一些性质, 对应的矩阵为

$$\boldsymbol{A} = \begin{bmatrix} 5 + c - d & d & 10 - c \\ 10 - 2c + d & 5 & 2c - d \\ c & 10 - d & 5 - c + d \end{bmatrix}$$

直接计算有

$$[1,1,1]\boldsymbol{A}\begin{bmatrix} 100 \\ 10 \\ 1 \end{bmatrix} = 1665 = [1,1,1]\boldsymbol{A}\begin{bmatrix} 1 \\ 10 \\ 100 \end{bmatrix}$$

$$[1,1,1]\boldsymbol{A}^{\mathrm{T}}\begin{bmatrix} 100 \\ 10 \\ 1 \end{bmatrix} = 1665 = [1,1,1]\boldsymbol{A}^{\mathrm{T}}\begin{bmatrix} 1 \\ 10 \\ 100 \end{bmatrix}$$

这就是说, 如下等式成立:

$$618+753+294=1665=816+357+492$$
$$672+159+834=1665=276+951+438$$

记向量 $\boldsymbol{x}=[x_1,\,x_2,\,x_3]^{\mathrm{T}}$ 的 2 范数为 $\|\boldsymbol{x}\|_2=\sqrt{x_1^2+x_2^2+x_3^2}$, 则有

$$\left\|\boldsymbol{A}\begin{bmatrix}100\\10\\1\end{bmatrix}\right\|_2^2=\left\|\boldsymbol{A}\begin{bmatrix}1\\10\\100\end{bmatrix}\right\|_2^2,\qquad \left\|\boldsymbol{A}^{\mathrm{T}}\begin{bmatrix}100\\10\\1\end{bmatrix}\right\|_2^2=\left\|\boldsymbol{A}^{\mathrm{T}}\begin{bmatrix}1\\10\\100\end{bmatrix}\right\|_2^2$$

也就是

$$618^2+753^2+294^2=816^2+357^2+492^2$$
$$672^2+159^2+834^2=276^2+951^2+438^2$$

等. 而

$$[1,1,1]\boldsymbol{A}\begin{bmatrix}10\\1\\1\end{bmatrix}=180=[1,1,1]\boldsymbol{A}\begin{bmatrix}1\\1\\10\end{bmatrix}$$
$$[1,1,1]\boldsymbol{A}^{\mathrm{T}}\begin{bmatrix}10\\1\\1\end{bmatrix}=180=[1,1,1]\boldsymbol{A}^{\mathrm{T}}\begin{bmatrix}1\\1\\10\end{bmatrix}$$

意味着有

$$(61+8)+(75+3)+(29+4)=180=(81+6)+(35+7)+(49+2)$$
$$(67+2)+(15+9)+(83+4)=180=(27+6)+(95+1)+(43+8)$$

等. 这是一些简单而又容易想到的情况. 从中可以看出, 列向量中三个分量的值可以取 100, 10, 1, 也可以取 10, 1, 1 等, 10, 1, 0 也是可行的. 同样地, 容易验证, 对 $\boldsymbol{\alpha}^{\mathrm{T}}=[1,\,2,\,3]$ 和 $\boldsymbol{\beta}^{\mathrm{T}}=[3,\,2,\,1]$, 有

$$[1,\,1,\,1]\boldsymbol{A\alpha}=90=[1,\,1,\,1]\boldsymbol{A\beta},\quad [1,\,1,\,1]\boldsymbol{A}^{\mathrm{T}}\boldsymbol{\alpha}=90=[1,\,1,\,1]\boldsymbol{A}^{\mathrm{T}}\boldsymbol{\beta}$$

这就启发我们去猜测出更一般的结论: 对任何给定的自然数 $x,\,y,\,z$, 有

$$[1,1,1]\boldsymbol{A}\begin{bmatrix}z\\y\\x\end{bmatrix}=[1,1,1]\boldsymbol{A}\begin{bmatrix}x\\y\\z\end{bmatrix}$$

$$[1,1,1]\boldsymbol{A}^{\mathrm{T}}\begin{bmatrix} z \\ y \\ x \end{bmatrix} = [1,1,1]\boldsymbol{A}^{\mathrm{T}}\begin{bmatrix} x \\ y \\ z \end{bmatrix}$$

以及

$$\left\|\boldsymbol{A}\begin{bmatrix} x \\ y \\ z \end{bmatrix}\right\|_2^2 = \left\|\boldsymbol{A}\begin{bmatrix} z \\ y \\ x \end{bmatrix}\right\|_2^2, \qquad \left\|\boldsymbol{A}^{\mathrm{T}}\begin{bmatrix} x \\ y \\ z \end{bmatrix}\right\|_2^2 = \left\|\boldsymbol{A}^{\mathrm{T}}\begin{bmatrix} z \\ y \\ x \end{bmatrix}\right\|_2^2$$

直接计算可知, 上述等式的确成立.

进一步, 我们还可以验证

$$[1,1,1]\boldsymbol{A}^2\begin{bmatrix} 100 \\ 10 \\ 1 \end{bmatrix} = 24975 = [1,1,1]\boldsymbol{A}^2\begin{bmatrix} 1 \\ 10 \\ 100 \end{bmatrix}$$

$$[1,1,1](\boldsymbol{A}^{\mathrm{T}})^2\begin{bmatrix} 100 \\ 10 \\ 1 \end{bmatrix} = 24975 = [1,1,1](\boldsymbol{A}^{\mathrm{T}})^2\begin{bmatrix} 1 \\ 10 \\ 100 \end{bmatrix}$$

$$[1,1,1]\boldsymbol{A}^3\begin{bmatrix} 100 \\ 10 \\ 1 \end{bmatrix} = 374625 = [1,1,1]\boldsymbol{A}^3\begin{bmatrix} 1 \\ 10 \\ 100 \end{bmatrix}$$

$$[1,1,1](\boldsymbol{A}^{\mathrm{T}})^3\begin{bmatrix} 100 \\ 10 \\ 1 \end{bmatrix} = 374625 = [1,1,1](\boldsymbol{A}^{\mathrm{T}})^3\begin{bmatrix} 1 \\ 10 \\ 100 \end{bmatrix}$$

其中第一个等式表示 $\boldsymbol{A}^2$ 的第 1, 2, 3 列元素分别乘以 100, 10, 1 之后所有元素之和等于其第 1, 2, 3 列元素分别乘以 1, 10, 100 之后所有元素之和, 其余可类似解释. 同样地, 还可证明

$$\left\|\boldsymbol{A}^2\begin{bmatrix} x \\ y \\ z \end{bmatrix}\right\|_2^2 = \left\|\boldsymbol{A}^2\begin{bmatrix} z \\ y \\ x \end{bmatrix}\right\|_2^2, \qquad \left\|(\boldsymbol{A}^{\mathrm{T}})^2\begin{bmatrix} x \\ y \\ z \end{bmatrix}\right\|_2^2 = \left\|(\boldsymbol{A}^{\mathrm{T}})^2\begin{bmatrix} z \\ y \\ x \end{bmatrix}\right\|_2^2$$

并且利用归纳法得到更一般的结论.

6.2 点灯游戏

有一种很流行的益智游戏叫 "点灯游戏"[27]. 若干盏灯排成一个方阵或长方阵, 每盏灯有亮与不亮两种状态, 灯阵中每个位置各有一个按钮, 这些按钮的作用是一次性使各自控制的那几盏灯同时 "取反": 将亮灯变为不亮灯, 将不亮灯变为亮. 常见的控制规则是: 每个按钮所控制的灯包括按钮所在位置的灯以及它上下左右各方位 (如果有的话) 相邻的灯. 这样, 第一行第一列所在位置的按钮控制三盏灯, 第一行第二列所在位置的按钮控制四盏灯, 第二行第二列所在位置的按钮控制五盏灯, 等等. 例如, 如图 6.1 所示, 白和黑分别表示灯亮和灯不亮, 圆点代表按钮, 则左图显示的灯阵有五盏灯是亮的、四盏灯是不亮的, 按下中间位置按钮后, 左边灯阵变为右边灯阵, 其中有七盏灯是不亮的, 有两盏灯是亮的. 给定灯阵一个初始状态, 有些灯亮有些灯不亮. 点灯游戏的目标是玩家要通过按一些按钮将灯阵中的灯全部点亮.

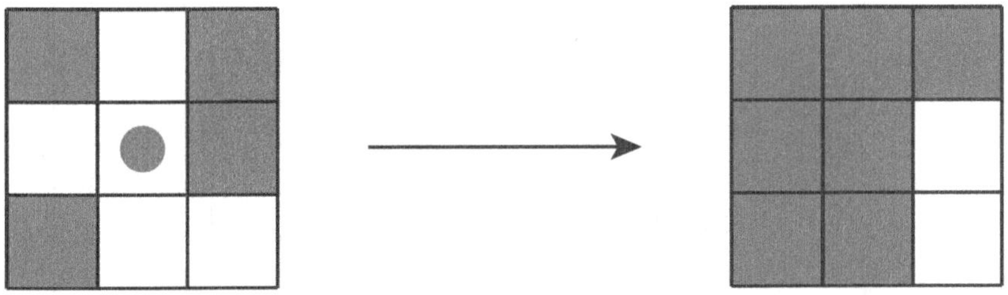

图 6.1 灯阵的初始状态和按钮规则说明

灯亮和灯不亮是非此即彼的两个状态, 可分别用 1 和 0 两个数字来表示. 这样, 对 3×3 的灯阵, 它的任意状态都可用一个矩阵

$$\boldsymbol{S}=\begin{bmatrix} s_{11} & s_{12} & s_{13}\\ s_{21} & s_{22} & s_{23}\\ s_{31} & s_{32} & s_{33}\end{bmatrix}$$

来表示, 其中 $s_{ij}=1$ 表示 (i,j) 位置的灯是亮着的, 而 $s_{ij}=0$ 表示 (i,j) 位置的灯是不亮的. 特别地, 以下两个矩阵

$$\mathbf{1}=\begin{bmatrix} 1 & 1 & 1\\ 1 & 1 & 1\\ 1 & 1 & 1\end{bmatrix},\quad \mathbf{0}=\begin{bmatrix} 0 & 0 & 0\\ 0 & 0 & 0\\ 0 & 0 & 0\end{bmatrix}$$

分别表示所有灯全亮和所有灯全不亮. 而矩阵

$$\boldsymbol{S}_0=\begin{bmatrix}0&1&0\\1&1&0\\0&1&1\end{bmatrix}$$

表示图 6.1 中左图所对应的初始状态矩阵.

“取反” 的含义是: 将 1 变为 0, 将 0 变为 1. 在二进制里, 加法满足如下规则

$$0+0=0,\quad 1+0=0+1=1,\quad 1+1=0$$

这样, 对 (i,j) 位置状态 s_{ij} 取反可用 $s_{ij}+1$ 来表示, 对应的按钮的控制矩阵分别是

$$\boldsymbol{C}_{11}=\begin{bmatrix}1&1&0\\1&0&0\\0&0&0\end{bmatrix},\quad \boldsymbol{C}_{12}=\begin{bmatrix}1&1&1\\0&1&0\\0&0&0\end{bmatrix},\quad \boldsymbol{C}_{13}=\begin{bmatrix}0&1&1\\0&0&1\\0&0&0\end{bmatrix}$$

$$\boldsymbol{C}_{21}=\begin{bmatrix}1&0&0\\1&1&0\\1&0&0\end{bmatrix},\quad \boldsymbol{C}_{22}=\begin{bmatrix}0&1&0\\1&1&1\\0&1&0\end{bmatrix},\quad \boldsymbol{C}_{23}=\begin{bmatrix}0&0&1\\0&1&1\\0&0&1\end{bmatrix}$$

$$\boldsymbol{C}_{31}=\begin{bmatrix}0&0&0\\1&0&0\\1&1&0\end{bmatrix},\quad \boldsymbol{C}_{32}=\begin{bmatrix}0&0&0\\0&1&0\\1&1&1\end{bmatrix},\quad \boldsymbol{C}_{33}=\begin{bmatrix}0&0&0\\0&0&1\\0&1&1\end{bmatrix}$$

特别地, 对应于图 6.1 的点灯可由如下矩阵加法运算来表示:

$$\boldsymbol{S}_0+\boldsymbol{C}_{22}=\begin{bmatrix}0&1&0\\1&1&0\\0&1&1\end{bmatrix}+\begin{bmatrix}0&1&0\\1&1&1\\0&1&0\end{bmatrix}=\begin{bmatrix}0&0&0\\0&0&1\\0&0&1\end{bmatrix}$$

以 $\boldsymbol{S}_0$ 为初始状态, 假设为点亮灯阵需要按 (i,j) 位置按钮的次数是 x_{ij}, 则 x_{ij} 必满足

$$\boldsymbol{S}_0+\sum_{i=1}^{3}\sum_{j=1}^{3}x_{ij}\boldsymbol{C}_{ij}=\mathbf{1}\tag{6.8}$$

由于同一按钮连续按两次后不改变原来的状态, 即用 x_{ij} 被 2 除得到的余数替换 x_{ij} 不改变灯阵的状态, 所以 x_{ij} 的值可限定为 0 或 1. 熄灭灯阵就是要求各 x_{ij} 的值使得

$$\boldsymbol{S}_0+\sum_{i=1}^{3}\sum_{j=1}^{3}x_{ij}\boldsymbol{C}_{ij}=\mathbf{0}\tag{6.9}$$

在二进制运算有如下规则: $a-b=a+b$, $a+a=0$. 点亮灯阵就是要求各 x_{ij} 的值使得

$$\sum_{i=1}^{3}\sum_{j=1}^{3}x_{ij}\boldsymbol{C}_{ij}=\boldsymbol{S}_0+\boldsymbol{1} \tag{6.10}$$

熄灭灯阵就是要求各 x_{ij} 的值使得

$$\sum_{i=1}^{3}\sum_{j=1}^{3}x_{ij}\boldsymbol{C}_{ij}=\boldsymbol{S}_0 \tag{6.11}$$

因此, 问题转化为求线性矩阵方程组. 这里, 各未知数的系数不是数, 而是矩阵, 需要对它进行再转化成为标准的线性方程组形式.

为此, 先考虑更简单的情形

$$x_{11}\boldsymbol{A}_{11}+x_{12}\boldsymbol{A}_{12}+x_{21}\boldsymbol{A}_{21}+x_{22}\boldsymbol{A}_{22}=\boldsymbol{B}$$

其中二阶矩阵 $\boldsymbol{A}_{ij}$, $\boldsymbol{B}$ 中的元素只能取 0 或 1. 将各矩阵按列分块, 并用 $\boldsymbol{X}^{(1)}$, $\boldsymbol{X}^{(2)}$ 分别表示矩阵 $\boldsymbol{X}$ 的两个列向量, 那么, 点亮灯阵的线性矩阵方程组可化为

$$x_{11}\boldsymbol{A}_{11}^{(k)}+x_{12}\boldsymbol{A}_{12}^{(k)}+x_{21}\boldsymbol{A}_{21}^{(k)}+x_{22}\boldsymbol{A}_{22}^{(k)}=\boldsymbol{B}^{(k)}\quad (k=1,\,2)$$

或按分块矩阵法则记为

$$\left[\boldsymbol{A}_{11}^{(k)},\,\boldsymbol{A}_{21}^{(k)},\,\boldsymbol{A}_{12}^{(k)},\,\boldsymbol{A}_{22}^{(k)}\right]\begin{bmatrix}x_{11}\\x_{21}\\x_{12}\\x_{22}\end{bmatrix}=\boldsymbol{B}^{(k)}\quad (k=1,\,2)$$

也就是

$$\begin{bmatrix}\boldsymbol{A}_{11}^{(1)} & \boldsymbol{A}_{21}^{(1)} & \boldsymbol{A}_{12}^{(1)} & \boldsymbol{A}_{22}^{(1)}\\ \boldsymbol{A}_{11}^{(2)} & \boldsymbol{A}_{21}^{(2)} & \boldsymbol{A}_{12}^{(2)} & \boldsymbol{A}_{22}^{(2)}\end{bmatrix}\begin{bmatrix}x_{11}\\x_{21}\\x_{12}\\x_{22}\end{bmatrix}=\begin{bmatrix}\boldsymbol{B}^{(1)}\\ \boldsymbol{B}^{(2)}\end{bmatrix}$$

这是一个标准的线性方程组, 其系数矩阵是一个 4×4 矩阵, 右端向量是 4 维列向量.

类似地, 用 $\boldsymbol{X}^{(1)}$, $\boldsymbol{X}^{(2)}$, $\boldsymbol{X}^{(3)}$ 分别表示矩阵 $\boldsymbol{X}$ 的三个列向量, 那么, 点亮灯阵的线性矩阵方程组可化为一个标准形式的线性方程组, 其系数矩阵是 9×9 矩

阵, 即

$$\begin{bmatrix} \boldsymbol{C}_{11}^{(1)} & \boldsymbol{C}_{21}^{(1)} & \boldsymbol{C}_{31}^{(1)} & \boldsymbol{C}_{12}^{(1)} & \boldsymbol{C}_{22}^{(1)} & \boldsymbol{C}_{32}^{(1)} & \boldsymbol{C}_{13}^{(1)} & \boldsymbol{C}_{23}^{(1)} & \boldsymbol{C}_{33}^{(1)} \\ \boldsymbol{C}_{11}^{(2)} & \boldsymbol{C}_{21}^{(2)} & \boldsymbol{C}_{31}^{(2)} & \boldsymbol{C}_{12}^{(2)} & \boldsymbol{C}_{22}^{(2)} & \boldsymbol{C}_{32}^{(2)} & \boldsymbol{C}_{13}^{(2)} & \boldsymbol{C}_{23}^{(2)} & \boldsymbol{C}_{33}^{(2)} \\ \boldsymbol{C}_{11}^{(3)} & \boldsymbol{C}_{21}^{(3)} & \boldsymbol{C}_{31}^{(3)} & \boldsymbol{C}_{12}^{(3)} & \boldsymbol{C}_{22}^{(3)} & \boldsymbol{C}_{32}^{(3)} & \boldsymbol{C}_{13}^{(3)} & \boldsymbol{C}_{23}^{(3)} & \boldsymbol{C}_{33}^{(3)} \end{bmatrix} \boldsymbol{\chi} = \begin{bmatrix} \boldsymbol{S}_0^{(1)} + \boldsymbol{1}^{(1)} \\ \boldsymbol{S}_0^{(2)} + \boldsymbol{1}^{(2)} \\ \boldsymbol{S}_0^{(3)} + \boldsymbol{1}^{(3)} \end{bmatrix} \tag{6.12}$$

其中 $\boldsymbol{\chi} = [x_{11}, x_{21}, x_{31}, x_{12}, x_{22}, x_{32}, x_{13}, x_{23}, x_{33}]^{\mathrm{T}}$. 也就是

$$\begin{bmatrix} 1 & 1 & 0 & 1 & 0 & 0 & 0 & 0 & 0 \\ 1 & 1 & 1 & 0 & 1 & 0 & 0 & 0 & 0 \\ 0 & 1 & 1 & 0 & 0 & 1 & 0 & 0 & 0 \\ 1 & 0 & 0 & 1 & 1 & 0 & 1 & 0 & 0 \\ 0 & 1 & 0 & 1 & 1 & 1 & 0 & 1 & 0 \\ 0 & 0 & 1 & 0 & 1 & 1 & 0 & 0 & 1 \\ 0 & 0 & 0 & 1 & 0 & 0 & 1 & 1 & 0 \\ 0 & 0 & 0 & 0 & 1 & 0 & 1 & 1 & 1 \\ 0 & 0 & 0 & 0 & 0 & 1 & 0 & 1 & 1 \end{bmatrix} \begin{bmatrix} x_{11} \\ x_{21} \\ x_{31} \\ x_{12} \\ x_{22} \\ x_{32} \\ x_{13} \\ x_{23} \\ x_{33} \end{bmatrix} = \begin{bmatrix} 1 \\ 0 \\ 1 \\ 0 \\ 0 \\ 0 \\ 1 \\ 1 \\ 0 \end{bmatrix} \tag{6.13}$$

采用消元法, 对其增广矩阵反复作初等行变换并利用加法法则 $1+1=0, 1+0=0+1=1$ 进行化简变为最简形式, 从而求得 $x_{33}=0, x_{23}=0, x_{13}=0, x_{32}=0, x_{22}=1, x_{12}=1, x_{31}=1, x_{21}=0, x_{11}=0$. 当然, 也可以按 1.3 节中最后介绍的方法求解线性方程组: 先按常规的消元法 (不需要利用二进制运算规则) 或者直接由 Cramer 法则计算行列式得到 $Dx_i = D_i$, 然后再利用 $D \equiv r \bmod (2)$, $D_i \equiv r_i \bmod (2)$ 化简各方程得 $r\,x_i \equiv r_i \bmod (2)$, 进而得到线性方程组的唯一解. 由解向量中三个非零值表明, 只需要按三个按钮即可实现点亮灯阵: 在 $(1,2)$, $(2,2)$, $(3,1)$ 三个位置各按一次即可. 事实上, 这三个位置按钮的控制矩阵分别是 $\boldsymbol{C}_{12}, \boldsymbol{C}_{22}, \boldsymbol{C}_{31}$, 所以

$$\boldsymbol{S}_0 + \boldsymbol{C}_{12} + \boldsymbol{C}_{22} + \boldsymbol{C}_{31} = \begin{bmatrix} 1 & 1 & 1 \\ 1 & 1 & 1 \\ 1 & 1 & 1 \end{bmatrix}$$

对这样的 3×3 阵列, 由于线性方程组的系数矩阵的行列式不为零, 所以线性方程组有唯一解, 点亮灯阵的按钮选择 (不计按按钮的次序) 有且只有一种可能.

同样地, 如果要熄灭灯阵中的所有灯, 可先解线性方程组

$$\begin{bmatrix} 1 & 1 & 0 & 1 & 0 & 0 & 0 & 0 & 0 \\ 1 & 1 & 1 & 0 & 1 & 0 & 0 & 0 & 0 \\ 0 & 1 & 1 & 0 & 0 & 1 & 0 & 0 & 0 \\ 1 & 0 & 0 & 1 & 1 & 0 & 1 & 0 & 0 \\ 0 & 1 & 0 & 1 & 1 & 1 & 0 & 1 & 0 \\ 0 & 0 & 1 & 0 & 1 & 1 & 0 & 0 & 1 \\ 0 & 0 & 0 & 1 & 0 & 0 & 1 & 1 & 0 \\ 0 & 0 & 0 & 0 & 1 & 0 & 1 & 1 & 1 \\ 0 & 0 & 0 & 0 & 0 & 1 & 0 & 1 & 1 \end{bmatrix} \begin{bmatrix} x_{11} \\ x_{21} \\ x_{31} \\ x_{12} \\ x_{22} \\ x_{32} \\ x_{13} \\ x_{23} \\ x_{33} \end{bmatrix} = \begin{bmatrix} 0 \\ 1 \\ 0 \\ 1 \\ 1 \\ 1 \\ 0 \\ 0 \\ 1 \end{bmatrix} \tag{6.14}$$

由于控制矩阵与初始状态矩阵及最终状态矩阵无关, 所以这个线性方程组的系数矩阵和亮灯情形是相同的. 因此, 无论是亮灯还是灭灯, 问题的解只有一个. 利用消元法或计算行列式可得: $x_{11} = x_{12} = x_{13} = x_{33} = 1$, $x_{21} = x_{22} = x_{23} = x_{31} = x_{32} = 0$. 这表明, 按四次按钮即可实现所有灯都不亮:

$$\boldsymbol{S}_0 + \boldsymbol{C}_{11} + \boldsymbol{C}_{12} + \boldsymbol{C}_{13} + \boldsymbol{C}_{33} = \begin{bmatrix} 0 & 0 & 0 \\ 0 & 0 & 0 \\ 0 & 0 & 0 \end{bmatrix}$$

上述方法可推广到任意长方阵灯阵情形. 不同阵列点灯问题的解可以存在, 可以有唯一解, 也可以有多个解, 或者无解 [27].

这个游戏还可以将灯阵设计为更多的状态, 用不同颜色彩灯扩充非亮即暗的状态. 以 3×3 灯阵为例, 且假定灯的状态有不亮、红灯、蓝灯三种状态, 分别用 0, 1, 2 来表示. 和前一种情况类似, 灯阵的状态可用一个 3×3 矩阵来表示, 其元素在 0, 1, 2 中取值, 例如,

$$\boldsymbol{S}_0 = \begin{bmatrix} 0 & 1 & 0 \\ 0 & 0 & 2 \\ 2 & 0 & 0 \end{bmatrix}$$

表示 $(1,2)$ 位置为红灯, $(2,3)$ 位置和 $(3,1)$ 位置为蓝灯, 而其余位置的灯都不亮. 当控制规则仍用前面的矩阵 $\boldsymbol{C}_{ij}$ 来表示时, 有

$$\boldsymbol{S}_0 + \boldsymbol{C}_{23} = \begin{bmatrix} 0 & 1 & 0 \\ 0 & 0 & 2 \\ 2 & 0 & 0 \end{bmatrix} + \begin{bmatrix} 0 & 0 & 1 \\ 0 & 1 & 1 \\ 0 & 0 & 1 \end{bmatrix} = \begin{bmatrix} 0 & 1 & 1 \\ 0 & 1 & 0 \\ 2 & 0 & 1 \end{bmatrix}$$

即 $(2,3)$ 位置的按钮将灯阵中 $(2,3)$ 位置的蓝灯变为不亮灯, 将 $(1,3)$, $(2,2)$, $(3,3)$ 位置原来不亮的灯变为红灯. 此时, 加法与乘法运算的结果等于其被 3 除的余数,

即满足如下性质

$$a+b\equiv r \bmod(3), \quad ab\equiv r \bmod(3)$$

如 $2+1=0,\ 2+2=1,\ 2\times2=1$ 等. 对给定的初始灯阵状态矩阵 $\boldsymbol{S}_0$ 和目标灯阵状态矩阵 $\boldsymbol{S}_f$, 点灯游戏就化为求非负整数 x_{ij} 使得

$$\boldsymbol{S}_0+\sum_{i=1}^{3}\sum_{j=1}^{3}x_{ij}\boldsymbol{C}_{ij}=\boldsymbol{S}_f \tag{6.15}$$

记 $\boldsymbol{S}_0^{\mathrm{c}}$ 为矩阵 $\boldsymbol{S}_0$ 的补矩阵, 满足 $\boldsymbol{S}_0^{\mathrm{c}}+\boldsymbol{S}_0=\boldsymbol{0}$, 那么上式化为

$$\sum_{i=1}^{3}\sum_{j=1}^{3}x_{ij}\boldsymbol{C}_{ij}=\boldsymbol{S}_0^{\mathrm{c}}+\boldsymbol{S}_f$$

进而可化为形如式 (6.12) 的线性方程组, 它们的系数矩阵是相同的. 例如, 当取目标灯阵为

$$\boldsymbol{S}_f=\begin{bmatrix}0&1&2\\0&1&2\\0&1&2\end{bmatrix}$$

时, 对应的线性方程组为

$$\begin{bmatrix}1&1&0&1&0&0&0&0&0\\1&1&1&0&1&0&0&0&0\\0&1&1&0&0&1&0&0&0\\1&0&0&1&1&0&1&0&0\\0&1&0&1&1&1&0&1&0\\0&0&1&0&1&1&0&0&1\\0&0&0&1&0&0&1&1&0\\0&0&0&0&1&0&1&1&1\\0&0&0&0&0&1&0&1&1\end{bmatrix}\begin{bmatrix}x_{11}\\x_{21}\\x_{31}\\x_{12}\\x_{22}\\x_{32}\\x_{13}\\x_{23}\\x_{33}\end{bmatrix}=\begin{bmatrix}0\\2\\0\\1\\1\\2\\0\\2\\2\end{bmatrix} \tag{6.16}$$

按求解线性方程组的一般性常规做法容易得到

$$7\begin{bmatrix}x_{11}&x_{12}&x_{13}\\x_{21}&x_{22}&x_{23}\\x_{31}&x_{32}&x_{33}\end{bmatrix}=\begin{bmatrix}10&-5&-4\\-5&6&9\\3&2&3\end{bmatrix}$$

进一步, 利用 $7\equiv1 \bmod(3),\ 10\equiv1 \bmod(3)$ 等, 此方程组的唯一解可表示为

$$\begin{bmatrix}x_{11}&x_{12}&x_{13}\\x_{21}&x_{22}&x_{23}\\x_{31}&x_{32}&x_{33}\end{bmatrix}=\begin{bmatrix}1&1&2\\1&0&0\\0&2&0\end{bmatrix}$$

直接验证可知, 此组非负整数的确是点灯问题的解:

$$
\begin{aligned}
&\boldsymbol{S}_0+\boldsymbol{C}_{11}+\boldsymbol{C}_{21}+\boldsymbol{C}_{12}+2\boldsymbol{C}_{32}+2\boldsymbol{C}_{13}\\
=&\begin{bmatrix}0&1&0\\0&0&2\\2&0&0\end{bmatrix}+\begin{bmatrix}1&1&0\\1&0&0\\0&0&0\end{bmatrix}+\begin{bmatrix}1&0&0\\1&1&0\\1&0&0\end{bmatrix}+\begin{bmatrix}1&1&1\\0&1&0\\0&0&0\end{bmatrix}\\
&+2\begin{bmatrix}0&0&0\\0&1&0\\1&1&1\end{bmatrix}+2\begin{bmatrix}0&1&1\\0&0&1\\0&0&0\end{bmatrix}\\
=&\begin{bmatrix}0&1&2\\0&1&2\\0&1&2\end{bmatrix}=\boldsymbol{S}_f
\end{aligned}
$$

从而, 利用矩阵和线性方程组理论很容易找到点灯游戏的唯一解. 如果不改变灯阵的形式, 不改变控制规则, 那么增加灯的不同状态数目不增加求解线性方程组的难度.

6.3 完美矩形

所谓完美矩形 (正方形), 就是用边长不等但又都是整数的小正方形拼成的矩形 (正方形), 而分割成的小正方形的个数称为它的阶. 例如, 由于

$$1^2+4^2+7^2+8^2+9^2+10^2+14^2+15^2+18^2=1056=2^5\times3\times11$$

其中 9 个正方形中最大正方形的边长是 18, 而 1056 没有因数 18, 故拼成的矩阵的最小边长大于 18. 又因为

$$1056=22\times48=24\times44=32\times33$$

所以只可能有三种拼法, 但只有第 3 种拼法可行, 如图 6.2 所示.

据历史考证, 这个问题于 20 世纪初就被提出来了, 但人们一直不知道用什么方法去构造完美矩阵, 直到 1938 年, 英国剑桥大学的学生 Brooks, Smith, Stone 和 Tutte 才提出一种系统性的构造方法, 其核心思想是利用电路网络中的 Kirchhoff 定律. 他们还证明了完美矩形的最小阶数是 9. 1962 年, 荷兰学者 Duijvestijn 证明了不存在低于 21 阶的完美正方形 [18].

Kirchhoff 第一定律 电路网络里汇合在每一个节点的电流强度的代数和等于零.

Kirchhoff 第二定律　在各导线电阻相等 (都等于单位电阻) 的电路网络中, 每个闭合回路的电流强度的代数和等于零.

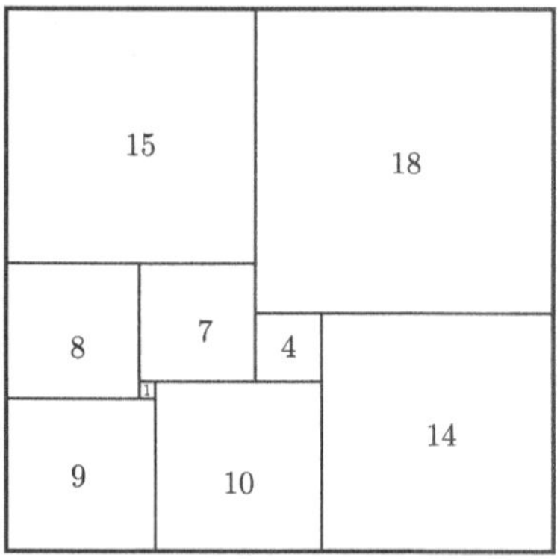

图 6.2　一个 9 阶完美矩形

Brooks 等将完美矩形与电路理论联想起来的想法非常巧妙, 但在有了图 6.2 所给出的完美矩形的例子后, 可反复揣测其中的数字之间的关联而看出一些规律来:

$$15 = 8 + 7, \quad 18 = 14 + 4, \quad 10 + 9 = 8 + 7 + 4$$

等, 这些等式可看作是某种数量的平衡, 从动态角度讲, 就是一种流进与流出数量的平衡, 这样即可理解 Brooks 等利用电路理论来构造完美矩形的核心想法: 用 n 条具有单位电阻的导线构成一个有若干闭合回路的电路网络, 当算出各导线上相应的电流强度时, 它们的值就是构成完美矩形所必需的 n 个正方形的边长数. 换句话说: 组成一个完美矩形所必需的全部 n 个正方形的边长, 相当于由 n 条导线按一定形式构成的电路网络中按 Kirchhoff 定律分配于各导线上的电流强度数.

考察如图 6.3(a) 所示的用 9 根具有单位电阻的导线组成的网络, 它有 6 个节点, 分别记为 $A, B, \cdots, F$, 有 9 条边, 其电流分别是 $i_1, i_2, \cdots, i_9$. 由 Kirchhoff 定律, 流经节点 B, C, D, E 处的电流与流经回路 $A-C-D-B-A$, $B-D-E-B$, $C-F-D-C$ 和 $D-F-E-D$ 的电流必须满足如下平衡条件:

$$\begin{cases} i_1 - i_3 - i_4 = 0, \\ i_2 - i_5 - i_6 = 0, \\ i_4 + i_5 - i_7 - i_8 = 0, \\ i_3 + i_7 - i_9 = 0, \end{cases} \qquad \begin{cases} i_2 + i_5 - i_4 - i_1 = 0 \\ i_4 + i_7 - i_3 = 0 \\ i_6 - i_8 - i_5 = 0 \\ i_8 - i_9 - i_7 = 0 \end{cases}$$

这 8 个方程构成的线性方程组的通解可表示为

$$i_2 = \frac{18}{15}i_1, \quad i_3 = \frac{8}{15}i_1, \quad i_4 = \frac{7}{15}i_1, \quad i_5 = \frac{4}{15}i_1$$

$$i_6=\frac{14}{15}i_1,\quad i_7=\frac{1}{15}i_1,\quad i_8=\frac{10}{15}i_1,\quad i_9=\frac{9}{15}i_1$$

特别地, 取 $i_1=15$, 那么

$$i_2=18,\quad i_3=8,\quad i_4=7,\quad i_5=4,\quad i_6=14,\quad i_7=1,\quad i_8=10,\quad i_9=9$$

网络中的每一个节点相当于这些正方形的上水平方向的边, 这些边长恰好是该节点流出电路的强度. 因此, 可按如下方式来构造完美矩形. 由节点 A 流出的电流强度是 $i_1=15$ 和 $i_2=18$, 故先放好边长为 $i_1=15$ 的正方形, 和边长为 15 的正方形的上边对齐而并排放上边长为 $i_2=18$ 的正方形. 由节点 B 流出的电流强度为 $i_3=8$ 和 $i_4=7$, 因而边长为 15 的正方形的下方放边长为 $i_3=8$ 和 $i_4=7$ 的两个小正方形. 同样地, 由节点 C 流出的电流强度为 $i_5=4$ 和 $i_6=14$, 因而边长为 18 的正方形的下方放边长为 $i_5=4$ 和 $i_6=14$ 的两个小正方形. 由节点 D 流出的电流分别是 $i_7=1$ 和 $i_8=10$, 表示边长为 1 和 10 的正方形应该在边长为 7 和 4 的下面, 再将边长为 $i_9=9$ 的正方形放在左下方的位置, 则一个完美矩形就拼成了. 这是边长最小的 9 阶完美矩形.

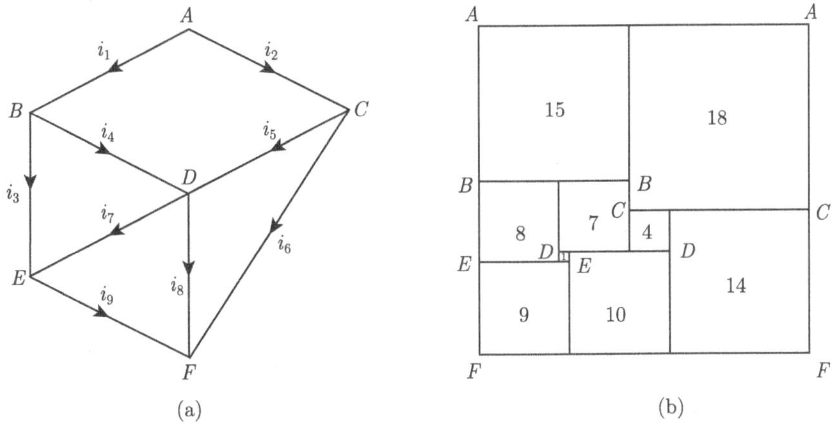

图 6.3 一个用 9 根具有单位电阻的导线组成的网络和对应的完美矩形

由于上述线性方程组有无穷多个正整数解, 每一组正整数解对应一个完美矩形, 因而可得到无穷多个完美矩形. 例如, 如果取 $i_1=30$, 那么

$$i_2=36,\quad i_3=16,\quad i_4=14,\quad i_5=8,\quad i_6=28,\quad i_7=2,\quad i_8=20,\quad i_9=18$$

由此可得到边长分别为 34 和 66 的完美矩形.

实际上, 图 6.3(a) 所示的网络可用一个 9×6 矩阵 $\boldsymbol{W}$ 来表示, 其中 $w_{ij}=-1$ 表示在第 i 条边上节点 j 的电流是流出的, 而 $w_{ij}=1$ 表示在第 i 条边上节点 j 的

电流是流入的. 因此,

$$\boldsymbol{W}=\begin{bmatrix}-1&1&0&0&0&0\\-1&0&1&0&0&0\\0&-1&0&0&1&0\\0&-1&0&1&0&0\\0&0&-1&1&0&0\\0&0&-1&0&0&1\\0&0&0&-1&1&0\\0&0&0&-1&0&1\\0&0&0&0&-1&1\end{bmatrix}$$

矩阵的第 1 列中非零的非零数全为 -1, 即节点 A 的电流只有流出, 第 6 列中非零的非零数全为 1, 即节点 F 的电流只有流入. 其余 4 列对应的节点电流有进有出, 应满足 Kirchhoff 定律. 记矩阵 $\boldsymbol{W}$ 去掉第 1, 6 列后得到的矩阵为 $\hat{\boldsymbol{W}}$, 则 Kirchhoff 定律的含义是: 流经各边的电流在节点 B, C, D, E 处满足线性方程组

$$\hat{\boldsymbol{W}}^{\mathrm{T}}\boldsymbol{i}=\boldsymbol{0}$$

其中 $\boldsymbol{i}=[i_1, i_2, \cdots, i_9]^{\mathrm{T}}$.

进一步, 考察线性方程组

$$\boldsymbol{W}^{\mathrm{T}}\boldsymbol{i}=\boldsymbol{0}$$

的通解构造. 由于矩阵 $\boldsymbol{W}$ 的秩是 5, 该线性方程组的通解可表示为 $4\,(=9-5)$ 个线性无关解的线性组合. 例如, 如果取 i_5, i_7, i_8, i_9 为自由变量, 则通解可表示为

$$\boldsymbol{i}=i_5\begin{bmatrix}-1\\1\\0\\-1\\1\\0\\0\\0\\0\end{bmatrix}+i_7\begin{bmatrix}0\\0\\-1\\1\\0\\0\\1\\0\\0\end{bmatrix}+i_8\begin{bmatrix}1\\-1\\0\\1\\0\\-1\\0\\1\\0\end{bmatrix}+i_9\begin{bmatrix}1\\-1\\1\\0\\0\\-1\\0\\0\\1\end{bmatrix}$$

或简记为: $\boldsymbol{i}=i_5\boldsymbol{\eta}_1+i_7\boldsymbol{\eta}_2+i_8\boldsymbol{\eta}_3+i_9\boldsymbol{\eta}_4$. 其中 $\boldsymbol{\eta}_1^{\mathrm{T}}\boldsymbol{i}=\boldsymbol{0}$ 对应于最简回路 $A-B-D-C-A$ 的电流应满足的方程 $-i_1+i_2-i_4+i_5=0$, $\boldsymbol{\eta}_2^{\mathrm{T}}\boldsymbol{i}=\boldsymbol{0}$ 对应于最简回路

$B-D-E-B$ 的电流应满足的方程 $-i_3+i_4+i_7=0$, $\boldsymbol{\eta}_3^{\mathrm{T}}\boldsymbol{i}=\mathbf{0}$ 对应于非最简回路 $A-B-D-F-C-A$ 的 Kirchhoff 方程, 而 $\boldsymbol{\eta}_4^{\mathrm{T}}\boldsymbol{i}=\mathbf{0}$ 对应于非最简回路 $A-B-E-F-C-A$ 的 Kirchhoff 方程. 最简回路 $C-D-F-C$ 的 Kirchhoff 方程可由 $(\boldsymbol{\eta}_1+\boldsymbol{\eta}_3)^{\mathrm{T}}\boldsymbol{i}=\mathbf{0}$ 得到, 而最简回路 $D-F-E-D$ 的 Kirchhoff 方程可由 $(\boldsymbol{\eta}_2+\boldsymbol{\eta}_4-\boldsymbol{\eta}_3)^{\mathrm{T}}\boldsymbol{i}=\mathbf{0}$ 得到. 由于 $\boldsymbol{\eta}_1, \boldsymbol{\eta}_2, \boldsymbol{\eta}_1+\boldsymbol{\eta}_3, \boldsymbol{\eta}_2+\boldsymbol{\eta}_4-\boldsymbol{\eta}_3$ 线性无关, 所以, 通解也可表示为这 4 个向量的线性组合. 或者, 更直接地, 取 i_2, i_3, i_6, i_7 为自由变量, 则通解可表示为

$$\boldsymbol{i}=i_2\begin{bmatrix}-1\\1\\0\\-1\\1\\0\\0\\0\\0\end{bmatrix}+i_3\begin{bmatrix}0\\0\\1\\-1\\0\\0\\1\\0\\0\end{bmatrix}+i_6\begin{bmatrix}0\\0\\0\\0\\-1\\1\\0\\-1\\0\end{bmatrix}+i_7\begin{bmatrix}0\\0\\0\\0\\0\\1\\-1\\0\\1\end{bmatrix}$$

于是每一个基向量对应于网络中一个最简回路, 分别给出 Kirchhoff 第二定律的四个等式. 对由两个 Kirchhoff 定律得到的含 9 个未知数的 8 个线性方程组成的齐次线性方程组, 由于解空间的四个基向量与 $\hat{\boldsymbol{W}}$ 的系数向量是正交的, 所以它们是线性无关的, 故系数矩阵的秩等于 8, 从而自由变量只有 $1=9-8$ 个. 前面给出的是以 i_1 为自由变量的通解表达式.

解空间中的线性无关解向量对应于网络中的回路, 其个数等于解空间的维数. 因此, 最简回路的个数等于网络中边的条数减去节点个数再加上 1[13]. 对图 6.3 所示网络, 最简回路个数、网络边数、节点个数满足关系式 $4=9-6+1$.

下面将 9 条导线构成如图 6.4 所示的电路网络, 利用 Kirchhoff 定律可列出四个节点 B, C, D, E, 以及四个回路 $A-C-D-B-A$, $A-B-E-A$, $B-D-E-B$, $C-D-E-F-C$ 里电流应满足的线性方程组

$$\begin{cases}i_2-i_4-i_5=0,\\ i_3-i_6-i_8=0,\\ i_7-i_5-i_6=0,\\ i_1+i_4+i_7-i_9=0,\end{cases}\qquad\begin{cases}i_3+i_6-i_2-i_5=0\\ i_1-i_2-i_4=0\\ i_4-i_5-i_7=0\\ i_6+i_7+i_9-i_8=0\end{cases}$$

联立解之, 得

$$i_1=\frac{25}{2}i_7,\quad i_2=8i_7,\quad i_3=14i_7,\quad i_4=\frac{9}{2}i_7$$

$$i_5=\frac{7}{2}i_7,\quad i_6=-\frac{5}{2}i_7,\quad i_8=\frac{33}{2}i_7,\quad i_9=18i_7$$

注意到 i_6 的值是负数, 因此需要将 i_6 的方向加以修正, 将方向由 C 到 D 修改为由 D 到 C. 特别地, 取 $i_7=2$, 则

$$i_1=25,\quad i_2=16,\quad i_3=28,\quad i_4=9,\quad i_5=7,\quad i_6=5,\quad i_8=33,\quad i_9=36$$

相应的电路图和完美矩形如图 6.4 所示, 这是长宽分别是 61 和 69 的完美矩形, 在由这个通解确定的完美矩形中这是面积最小的完美矩形.

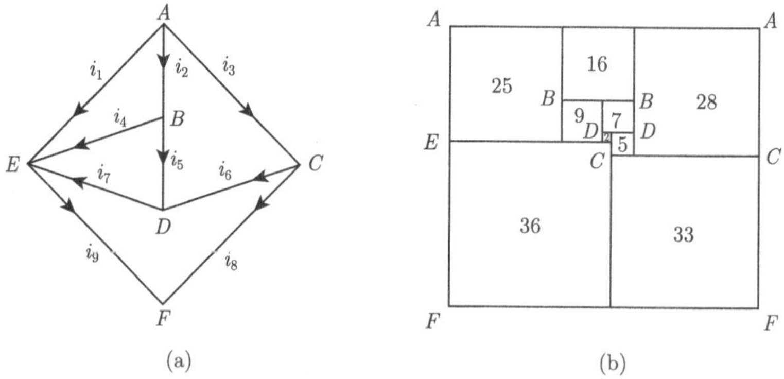

图 6.4　另一个用 9 根具有单位电阻的导线组成的网络和对应的完美矩形

如果不考虑通过旋转、反射得到的图形及它们的相似图形, 则可以证明: 9 阶完美矩形只有以上两种. 人们还探讨了将三角形、平行四边形等分割成大小完全不同的正三边形的问题. 但这种分割是不存在的. 如果容许其中有边长相等的正三角形, 则可以找到这种分割. 另外, 可以证明: 完美正方体是不存在的, 即不可能有正方体, 它可以分割为边长不等的小正方体. 有关完美矩形的更多介绍可参考文献 [18].

和电路网络类似的问题还有交通流、桁架结构受力分析等.

6.4　投入产出分析

投入产出分析是一种经济结构分析方法, 它同时将 “投入” 与 “产出” 放在一起对经济结构的宏观数量关系进行分析. 这里, “入” 指的是社会生产 (包括物质生

产和劳务活动) 过程中对各种生产要素的消耗和使用. 而 "产出" 指的则是社会生产的成果 (包括物质产品和各种服务) 被分配使用的去向. 投入产出分析已发展成为经济结构分析领域最重要的分析方法. 应用投入产出模型可以编制国民经济预算, 也可以对经济结构进行分析. 1973 年的诺贝尔经济学奖授予了美国哈佛大学的 Wassily Leontief 教授, 以表彰他早年在对美国经济结构进行分析时提出的投入产出数学模型方面的杰出贡献. 这项工作是线性方程组理论的早期重大成功应用之一 [1, 9].

投入产出分析将国家经济系统划分为 n 个部门, 如工业, 农业, 交通, 通讯, 娱乐, 服务等, 分别编号为部门 $1, 2, \cdots, n$. 每个部门既为其他部门生产产品或提供服务, 也消耗其他部门生产的产品或接受其他部门的服务. 记 S_i 表示作为生产的部门 i, C_j 表示作为消费的部门 j, f_{ij} 表示部门 i 生产的产品流入 (投入) 到部门 j 中的数量 (价值量, 用所占部门总产出的百分比表示), 这些数据 (假设能准确知道其值) 构成了如下产出消费表, 即表 6.1: 其横行反映各类产品的分配消费情况, 而纵列反映各类产品生产过程中要消耗的产品数量. 为简便起见, 首先仅考虑各部门所生产的产品或所提供的服务在交换、消费中涉及的一些宏观数量关系, 是一种纯交换情形, 即假设每个部门一年的总产出被完全投入到不同部门进行消费, 从而对各纵列有

$$f_{ij} \geqslant 0 \quad (i, j = 1, 2, \cdots, n); \quad \sum_{i=1}^{n} f_{ij} = 1 \quad (j = 1, 2, \cdots, n) \tag{6.17}$$

用 p_i 和 q_i 分别表示部门 i 一年总产出的价格和总投入的价格. 由表 6.1, 对部门 i 来说, 它分别从部门 $1, 2, \cdots, n$ 购买了数量为 $f_{i1}, f_{i2}, \cdots, f_{in}$ 的产品, 那么, 部门 i 的总投入价格 q_i 可表示为

$$q_i = f_{i1}p_1 + f_{i2}p_2 + \cdots + f_{in}p_n = \sum_{j=1}^{n} f_{ij}p_j \quad (i = 1, 2, \cdots, n) \tag{6.18}$$

或者表示为

$$\begin{cases} f_{11}p_1 + f_{12}p_2 + \cdots + f_{1n}p_n = q_1 \\ f_{21}p_1 + f_{22}p_2 + \cdots + f_{2n}p_n = q_2 \\ \cdots\cdots \\ f_{n1}p_1 + f_{n2}p_2 + \cdots + f_{nn}p_n = q_n \end{cases} \tag{6.19}$$

当各 q_i 及各 f_{ij} 为已知数时, 上式就是一个关于未知数 $p_1, p_2, \cdots, p_n$ 的线性方程组. 采用向量与矩阵的记号, 则上述线性方程组可简记为

$$\boldsymbol{q} = \boldsymbol{F}\boldsymbol{p} \tag{6.20}$$

表 6.1　纯交换经济的投入产出表

	S_1	S_2	$\cdots$	S_n
C_1	f_{11}	f_{12}	$\cdots$	f_{1n}
C_2	f_{21}	f_{22}	$\cdots$	f_{2n}
$\vdots$	$\vdots$	$\vdots$		$\vdots$
C_n	f_{n1}	f_{n2}	$\cdots$	f_{nn}

其中 $\boldsymbol{p}=[p_1, p_2, \cdots, p_n]^{\mathrm{T}}$ 是总产出价格向量, $\boldsymbol{q}=[q_1, q_2, \cdots, q_n]^{\mathrm{T}}$ 是总投入价格向量, $\boldsymbol{F}$ 是纯交换情形的投入产出矩阵

$$\boldsymbol{F}=\begin{bmatrix} f_{11} & f_{12} & \cdots & f_{1n} \\ f_{21} & f_{22} & \cdots & f_{2n} \\ \vdots & \vdots & & \vdots \\ f_{n1} & f_{n2} & \cdots & f_{nn} \end{bmatrix}$$

特别地, 当 $\boldsymbol{q}=\boldsymbol{p}$ 时, 总投入价格向量等于总产出价格向量, 各部门的投入产出保持不变. 这时, 非零向量 $\boldsymbol{p}\,(=\boldsymbol{q})$ 称为均衡价格. 从线性变换的角度看, 向量 $\boldsymbol{p}$ 在线性变换 $\boldsymbol{y}=\boldsymbol{F}\boldsymbol{x}$ 作用下保持不变, 因而也称均衡价格向量 $\boldsymbol{p}$ 为线性变换的不动点.

一个重要结论是: 假设条件 (6.17) 成立, 那么, 纯交换经济体系必存在均衡价格.

事实上, 利用条件 (6.17) 可知矩阵 $\boldsymbol{F}$ 的各列元素之和等于 1, 所以其转置矩阵 $\boldsymbol{F}^{\mathrm{T}}$ 的各行元素之和等于 1, 因此, 如果记 $\boldsymbol{e}=[1, 1, \cdots, 1]^{\mathrm{T}}$, 那么

$$\boldsymbol{F}^{\mathrm{T}}\boldsymbol{e}=\boldsymbol{e}$$

这表明, 1 是矩阵 $\boldsymbol{F}^{\mathrm{T}}$ 的特征值, $\boldsymbol{e}$ 是对应的特征向量. 因而 $\left|\boldsymbol{E}-\boldsymbol{F}^{\mathrm{T}}\right|=0$, 其中 $\boldsymbol{E}$ 是单位矩阵. 因为矩阵与其转置矩阵具有相同的行列式,

$$\left|\boldsymbol{E}-\boldsymbol{F}\right|=\left|(\boldsymbol{E}-\boldsymbol{F})^{\mathrm{T}}\right|=\left|\boldsymbol{E}-\boldsymbol{F}^{\mathrm{T}}\right|$$

故必有 $|\boldsymbol{E}-\boldsymbol{F}|=0$, 从而 $(\boldsymbol{E}-\boldsymbol{F})\,\boldsymbol{x}=\boldsymbol{0}$ 必有非零解. 如果非零解向量的分量均为非负数, 则它对应于均衡价格. 如果还限定各分量之和等于 1, 则均衡价格是唯一的.

纯交换经济情形的矩阵 $\boldsymbol{F}$ 的任何特征值的绝对值或者复数模都小于 1. 事实上, 假设 λ 是矩阵 $\boldsymbol{F}$ 的任意一个特征值, $\boldsymbol{x}=[x_1, x_2, \cdots, x_n]^{\mathrm{T}}\neq\boldsymbol{0}$ 是对应的一个

特征向量, $\boldsymbol{F}\boldsymbol{x}=\lambda\boldsymbol{x}$. 利用条件 (6.17) 可得

$$\begin{aligned}|\lambda|\|\boldsymbol{x}\|_1&=\sum_{j=1}^{n}|\lambda x_j|=\|\boldsymbol{F}\boldsymbol{x}\|_1=\sum_{i=1}^{n}\left|\sum_{j=1}^{n}f_{ij}x_j\right|\\&\leqslant\sum_{i=1}^{n}\sum_{j=1}^{n}f_{ij}|x_j|=\sum_{j=1}^{n}\sum_{i=1}^{n}f_{ij}|x_j|=\sum_{j=1}^{n}|x_j|=\|\boldsymbol{x}\|_1\end{aligned}$$

从而必有 $|\lambda|\leqslant 1$. 这里, 向量 $\boldsymbol{x}=[x_1, x_2, \cdots, x_n]^{\mathrm{T}}$ 的 1 范数为

$$\|\boldsymbol{x}\|_1=|x_1|+|x_2|+\cdots+|x_n|$$

下面简要介绍 Leontief 投入产出模型的基本内容, 它将需求分为两部分, 一部分是最终需求, 另一部分是中间需求. 这里, 假设经济体系中有 n 个能够提供产品或服务的部门, 除此之外还有一些部门, 它们不提供产品和服务, 而仅仅消耗产品和接受服务, 最终需求是经济体系中这些非生产性部门对各部门产品和服务的需求. 各部门在生产产品以满足消费需求时, 也需要对生产过程进行投入, 称之为中间需求. 部门间的互相关系很复杂，最终需求和实际产出的联系也不明显. Leontief 提出了如下假设:

$$\text{生产产量}=\text{中间需求产量}+\text{最终需求产量}$$

进一步，记向量 $\boldsymbol{x}=[x_1, x_2, \cdots, x_n]^{\mathrm{T}}$ 为产出向量, 其第 i 个分量 x_i 为部门 i 的产出量, 为非负数, 向量 $\boldsymbol{d}=[d_1, d_2, \cdots, d_n]^{\mathrm{T}}$ 为最终需求向量, 各分量也是非负数. Leontief 假设中间需求向量和产出向量成 “正比” 关系, 即存在 n 阶矩阵 $\boldsymbol{C}$ 使得中间需求可表示为 $\boldsymbol{C}\boldsymbol{x}$. 从而有 Leontief 投入产出模型 (或称 Leontief 产出方程)

$$\boldsymbol{x}=\boldsymbol{C}\boldsymbol{x}+\boldsymbol{d} \tag{6.21}$$

这里, 矩阵 $\boldsymbol{C}=[c_{ij}]_{n\times n}\in\mathbb{R}^{n\times n}$ 称为消耗矩阵, 其元素都是非负数. 如果记矩阵 $\boldsymbol{C}$ 的列向量分别为 $\boldsymbol{c}_1, \boldsymbol{c}_2, \cdots, \boldsymbol{c}_n$, 则 $x_i\boldsymbol{c}_i$ 可理解为部门 i 的中间需求, 那么中间需求为

$$\boldsymbol{C}\boldsymbol{x}=x_1\boldsymbol{c}_1+x_2\boldsymbol{c}_2+\cdots+x_n\boldsymbol{c}_n$$

我们知道, 部门 A 购买了部门 B 的产品或服务, 这产品或服务对部门 A 来说是需求, 但对部门 B 来说是投入. 从产品投入的角度看, 对应于中间需求和最终需求, 可类似地定义中间投入和初始投入 (初始投入也可称为产出增值), 其中初始投入是单位产出的增值, 包括工资、利润、折旧等. 前面已经引入总产出价格向量, 即 $\boldsymbol{p}=[p_1, p_2, \cdots, p_n]^{\mathrm{T}}$, 又记 $\boldsymbol{v}=[v_1, v_2, \cdots, v_n]^{\mathrm{T}}$ 为初始投入向量 (或称增值向量), 那么, 类似于 Leontief 产出方程, 可提出如下对偶方程

$$\boldsymbol{p}=\boldsymbol{C}^{\mathrm{T}}\boldsymbol{p}+\boldsymbol{v} \tag{6.22}$$

其中 p_i 与消耗矩阵 $\boldsymbol{C}$ 第 i 行元素构成的向量的乘积可理解为部门 i 的中间投入. 此方程称为 Leontief 价格方程. 上述这些数量可反映在如下投入产出表 6.2 中. 当 $\boldsymbol{v}=\boldsymbol{0}$ 时, 方程 (6.21) 与均衡价格方程 $\boldsymbol{p}=\boldsymbol{F}\boldsymbol{p}$ 一致. 如果消耗矩阵 $\boldsymbol{C}=[c_{ij}]_{n\times n}$ 各行 (或列) 非负元素之和皆小于 1, 那么矩阵 $\boldsymbol{C}$ 和 $\boldsymbol{C}^{\mathrm{T}}$ 的所有特征值的绝对值或复数模都小于 1. 事实上, 假设 λ 是矩阵 $\boldsymbol{C}$ 的任意一个特征值, 有 $\boldsymbol{x}=[x_1, x_2, \cdots, x_n]^{\mathrm{T}}\neq\boldsymbol{0}$ 满足 $\boldsymbol{C}\boldsymbol{x}=\lambda\boldsymbol{x}$, 那么

$$
\begin{aligned}
|\lambda|\|\boldsymbol{x}\|_1=\|\boldsymbol{C}\boldsymbol{x}\|_1&=\sum_{i=1}^{n}\left|\sum_{j=1}^{n}c_{ij}x_j\right|\leqslant\sum_{i=1}^{n}\sum_{j=1}^{n}c_{ij}|x_j|\\
&=\sum_{j=1}^{n}\sum_{i=1}^{n}c_{ij}|x_j|<\sum_{j=1}^{n}|x_j|=\|\boldsymbol{x}\|_1
\end{aligned}
$$

从而必有 $|\lambda|<1$. 由矩阵 Jordan 标准形理论, 存在可逆矩阵 $\boldsymbol{Q}$ 使得

$$
\boldsymbol{Q}^{-1}\boldsymbol{C}\boldsymbol{Q}=\operatorname{diag}(\boldsymbol{J}_1, \boldsymbol{J}_2, \cdots, \boldsymbol{J}_r)
$$

表 6.2　Leontief 投入产出表

		中间需求				最终需求	生产产量
		C_1	C_2	$\cdots$	C_n		
中间投入	S_1	c_{11}	c_{12}	$\cdots$	c_{1n}	d_1	x_1
	S_2	c_{21}	c_{22}	$\cdots$	c_{2n}	d_2	x_2
	$\vdots$	$\vdots$	$\vdots$		$\vdots$	$\vdots$	$\vdots$
	S_n	c_{n1}	c_{n2}	$\cdots$	c_{nn}	d_n	x_n
初始投入		v_1	v_2	$\cdots$	v_n	GDP=$\boldsymbol{p}^{\mathrm{T}}\boldsymbol{d}=\boldsymbol{x}^{\mathrm{T}}\boldsymbol{v}$	
产出价格		p_1	p_2	$\cdots$	p_n		

其中 $\boldsymbol{J}_i$ 为对应于特征值 λ_i 的 Jordan 块 $\boldsymbol{J}_i=\lambda_i\boldsymbol{E}+\boldsymbol{H}_i$, 而 $\boldsymbol{E}$ 为单位矩阵, 且

$$
\boldsymbol{H}_i=\begin{bmatrix}
0 & 1 & 0 & \cdots & 0\\
0 & 0 & 1 & \cdots & 0\\
\vdots & \vdots & \vdots & & \vdots\\
0 & 0 & 0 & \cdots & 1\\
0 & 0 & 0 & \cdots & 0
\end{bmatrix}_{n_i\times n_i}
$$

而 $\lambda_1, \lambda_2, \cdots, \lambda_r$ 是矩阵 $\boldsymbol{C}$ 的特征值, 且 $n_1+n_2+\cdots+n_r=n$. 于是,

$$
\boldsymbol{Q}^{-1}\boldsymbol{C}^k\boldsymbol{Q}=\operatorname{diag}\left(\boldsymbol{J}_1^k, \boldsymbol{J}_2^k, \cdots, \boldsymbol{J}_r^k\right)
$$

利用 $\boldsymbol{H}_i^{n_i}=\mathbf{0}$ 和二项式展开公式容易计算出 $\boldsymbol{J}_i^k$, 进而利用 $|\lambda_i|<1$ 可知 $\lim\limits_{k\to+\infty}\boldsymbol{J}_i^k=\mathbf{0}$, 故

$$\lim_{k\to+\infty}\boldsymbol{C}^k=\mathbf{0},\quad \lim_{\mathbf{k}\to+\infty}\left(\boldsymbol{C}^{\mathrm{T}}\right)^{\mathbf{k}}=\mathbf{0}$$

从而有正整数 m 使得

$$\boldsymbol{C}^m\approx\mathbf{0},\quad \left(\boldsymbol{C}^{\mathrm{T}}\right)^{\mathbf{m}}\approx\mathbf{0}$$

于是矩阵 $\boldsymbol{E}-\boldsymbol{C}$ 和 $\boldsymbol{E}-\boldsymbol{C}^{\mathrm{T}}$ 皆是可逆的, 且逆矩阵分别为

$$(\boldsymbol{E}-\boldsymbol{C})^{-1}=\boldsymbol{E}+\boldsymbol{C}+\boldsymbol{C}^2+\cdots\approx\boldsymbol{E}+\boldsymbol{C}+\boldsymbol{C}^2+\cdots+\boldsymbol{C}^{m-1}$$
$$(\boldsymbol{E}-\boldsymbol{C}^{\mathrm{T}})^{-1}=\boldsymbol{E}+\boldsymbol{C}^{\mathrm{T}}+(\boldsymbol{C}^{\mathrm{T}})^2+\cdots\approx\boldsymbol{E}+\boldsymbol{C}^{\mathrm{T}}+(\boldsymbol{C}^{\mathrm{T}})^2+\cdots+(\boldsymbol{C}^{\mathrm{T}})^{m-1}$$

故 Leontief 方程及其对偶方程的解分别为

$$\boldsymbol{x}=(\boldsymbol{E}-\boldsymbol{C})^{-1}\boldsymbol{d}\approx\boldsymbol{d}+\boldsymbol{C}\boldsymbol{d}+\boldsymbol{C}^2\boldsymbol{d}+\cdots+\boldsymbol{C}^{m-1}\boldsymbol{d}$$
$$\boldsymbol{p}=(\boldsymbol{E}-\boldsymbol{C}^{\mathrm{T}})^{-1}\boldsymbol{v}\approx\boldsymbol{v}+\boldsymbol{C}^{\mathrm{T}}\boldsymbol{v}+(\boldsymbol{C}^{\mathrm{T}})^2\boldsymbol{v}+\cdots+(\boldsymbol{C}^{\mathrm{T}})^{m-1}\boldsymbol{v}$$

这两个公式在数值计算中具有重要作用. 由于实际应用中的矩阵规模都很大, 直接计算逆矩阵 $(\boldsymbol{E}-\boldsymbol{C})^{-1}$ 和 $(\boldsymbol{E}-\boldsymbol{C}^{\mathrm{T}})^{-1}$ 费时费力, 而利用按矩阵 $\boldsymbol{C}$ 和 $\boldsymbol{C}^{\mathrm{T}}$ 的正整数次幂展开式可使计算大大简化, 可由迭代格式完成计算.

经济学中, 用 $\boldsymbol{p}^{\mathrm{T}}\boldsymbol{d}$ 表示国内生产总值 (GDP), 也可以用 $\boldsymbol{x}^{\mathrm{T}}\boldsymbol{v}$ 表示. 事实上, 容易验证, 总产出向量 $\boldsymbol{x}$、总产出价格向量 $\boldsymbol{p}$、最终需求向量 $\boldsymbol{d}$ 和初始投入向量 $\boldsymbol{v}$ 满足如下等式

$$\boldsymbol{p}^{\mathrm{T}}\boldsymbol{d}=\boldsymbol{x}^{\mathrm{T}}\boldsymbol{v}\tag{6.23}$$

6.5 网页排序算法

因特网是信息社会的主要信息源之一, 由于网络信息是海量的, 信息检索成为网络应用的关键技术. PageRank 是 Google 公司创始人 Larry Page 和 Sergey Brin 早期提出的一种网页排序算法 [23], 它出色的信息处理能力奠定了 Google 公司成功的基础. PageRank 算法的核心思想是随机游走 (random walk) 模型, 引入网页游览概率向量, 其第 i 个分量表示游览第 i 个网页的概率, 引入概率转移矩阵, 其元素由各网页之间的超级链接关系来确定, 也是一些概率值, 进而得到由网页游览概率向量的在超级链接作用下的演化规律. 按照 Page 和 Brin 的想法, 设想 PageRank 是一个没有游览偏好而在网上持续不断浏览网页的人, 总是随机地选择一个超级链接对网页继续访问. 这样, 每次选择超级链接进行网页访问是随机事件, 在每一次选

择超级链接到达一网页后再由超级链接游览某一网页的概率值也在不断更新. 如果经过若干次更新后游览概率向量的值趋于稳定, 则可确定各网页的排序. 分量概率值越大, 表示经超级链接访问对应网页的可能性就越大, 在网页排序中置于越靠前的位置. PageRank 算法还应用于足球队排名 [8].

为简单起见, 仅考虑一个有 n 个固定网页通过超级链接所构成的有向网络, 各网页分别标记为 $P1, P2, \cdots, Pn$. 如图 6.5 所示为由 7 个网页所组成的有向网络, 其中网页 Pi 至网页 Pj 的箭头表示由网页 Pi 经 1 次超级链接到达网页 Pj. 这种网络可用矩阵唯一表示. 事实上, 如果由网页 Pi 经一次超级链接可到网页 Pj, 则规定 $g_{ij}=1$, 否则, 取 $g_{ij}=0$. 那么, 该网络可用如下形式的矩阵

$$
\boldsymbol{G}=\begin{bmatrix} g_{11} & g_{12} & \cdots & g_{1n} \\ g_{21} & g_{22} & \cdots & g_{2n} \\ \vdots & \vdots & & \vdots \\ g_{n1} & g_{n2} & \cdots & g_{nn} \end{bmatrix} \in \mathbb{R}^{n\times n} \tag{6.24}
$$

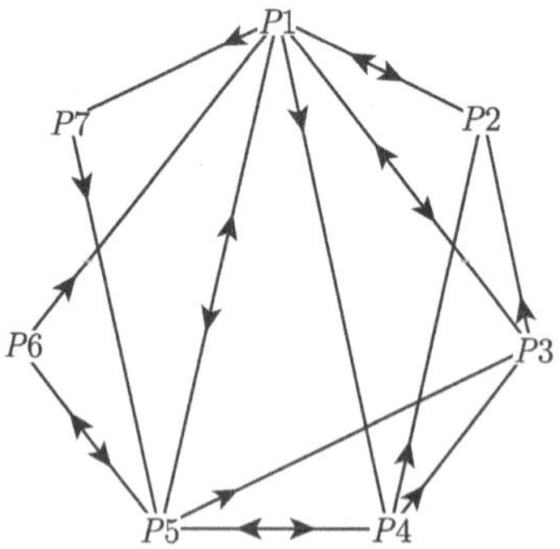

图 6.5　由 7 个网页组成的有向网络

表示, 其中各 g_{ij} 的取值只能为 0 或者 1. 网络与这种矩阵是一一对应的, 即每个网络都有一个这种形式的矩阵来表示, 不同的网络其矩阵表示不同, 反之, 这种形式的不同矩阵对应于不同的网络. 这个矩阵的幂矩阵具有明确的物理意义. 事实上, 如果由网页 Pi 经一次超级链接到网页 Pk(网络里 n 个网页中任意一个) 再经一次超级链接到 Pj, 有 $g_{ik}g_{kj}$ 种选择, 因此, 由网页 Pi 经一次超级链接中转后再经一次超级链接到 Pj 的可能性有

$$
\sum_{k=1}^{n} g_{ik}g_{kj}=[g_{i1},\ g_{i2},\ \cdots,\ g_{in}]\begin{bmatrix} g_{1j} \\ g_{2j} \\ \vdots \\ g_{nj} \end{bmatrix}
$$

种, 它正好是矩阵 $\boldsymbol{G}$ 的第 i 行与第 j 列相乘的结果, 即矩阵 $\boldsymbol{G}^2$ 第 i 行与第 j 列所在位置上元素的数值. 因此, $\boldsymbol{G}^2$ 是由一网页出发通过超级链接经一个中转网页到达另一个网页的数量所构成的矩阵. 同理, 对任何自然数 k, $\boldsymbol{G}^k$ 是由一网页出发通过超级链接经 $k-1$ 个中转网页到达另一个网页的数量所构成的矩阵.

将矩阵 $\boldsymbol{G}$ 各行元素分别求和, 其和分别记为

$$s_i = \sum_{j=1}^{n} g_{ij} \quad (i = 1,\, 2,\, \cdots,\, n)$$

由定义, $s_i = 0$ 表示网页 Pi 不能通过一次超级链接到达其他任意一个网页, 即网页 Pi 没有链接到其他网页的超级链接, 通过超级链接游览网页在此终止. 需要打开另一个网页, 才能使游览网页这一事件进行下去. 为叙述简便起见, 这里先不考虑 $s_i = 0$ 这种情况而假定 $s_i \geqslant 1\,(i = 1,\, 2,\, \cdots,\, n)$. 而对给定正整数 k, $s_i = k$ 表示网页 Pi 出发经一次超级链接可到达 k 个网页, 即点击新的超级链接有 k 种可能性. 此时, 在等可能概率假设下, 由网页 Pi 出发经一次链接到这 k 个网页中任意一个网页的概率是 $\dfrac{1}{k}$. 因此,

$$p_{ij} = \frac{g_{ij}}{s_i} \quad (i,\, j = 1,\, 2,\, \cdots,\, n)$$

表示网页 Pj 是由网页 Pi 经超级链接接入的概率值. 利用这些概率值可定义概率转移矩阵

$$\boldsymbol{P} = \begin{bmatrix} p_{11} & p_{12} & \cdots & p_{1n} \\ p_{21} & p_{22} & \cdots & p_{2n} \\ \vdots & \vdots & & \vdots \\ p_{n1} & p_{n2} & \cdots & p_{nn} \end{bmatrix} \in \mathbb{R}^{n \times n} \tag{6.25}$$

其每行各元素之和都等于 1, 即

$$\sum_{j=1}^{n} p_{ij} = 1 \quad (i = 1,\, 2,\, \cdots,\, n)$$

这个矩阵在 PageRank 算法中具有重要的作用. 对任何自然数 k, 矩阵 $(\boldsymbol{P}^{\mathrm{T}})^k$ 中各元素也都有明确的物理意义. 事实上, 由定义, p_{ij} 表示网页 Pj 是由网页 Pi 经超级链接接入的概率值, 所以 $p_{ik}p_{kj}$ 表示网页 Pj 是通过超级链接由网页 Pi 经网页 Pk 一次中转接入的概率值, 这样, 由全概率公式可知

$$p_{i1}p_{1j} + p_{i2}p_{2j} + \cdots + p_{in}p_{nj} = [p_{1j},\, p_{2j},\, \cdots,\, p_{nj}] \begin{bmatrix} p_{i1} \\ p_{i2} \\ \vdots \\ p_{in} \end{bmatrix}$$

表示网页 Pj 通过超级链接由网页 Pi 经一次中转接入的概率值, 即矩阵 $(\boldsymbol{P}^{\mathrm{T}})^2$ 第 j 行与第 i 列所在位置上元素的数值. 类似地, 对任何自然数 k, $\left(\boldsymbol{P}^{\mathrm{T}}\right)^k$ 是一网页由某一网页通过超级链接经 $k-1$ 个中转接入的概率值 (由某网页追溯链接历史及其发生的概率) 所构成的矩阵.

在初始状态, 打开固定网络中任意一个网页可以认为是等可能发生的, 打开各网页等概率值构成的向量记为

$$\boldsymbol{v}_0 = \left[\frac{1}{n}, \frac{1}{n}, \cdots, \frac{1}{n}\right]^{\mathrm{T}} \in \mathbb{R}^n$$

此后由于必须经一次超级链接而选择下一个网页游览, 其发生概率与网络结构 (矩阵 $\boldsymbol{G}$ 或 $\boldsymbol{P}$) 密切相关, 每次经超级链接访问一个网页可对游览概率值更新一次. 设 $\boldsymbol{v}_k = \left[\xi_1^{(k)}, \xi_2^{(k)}, \cdots, \xi_n^{(k)}\right]^{\mathrm{T}}$ 是经 k 次更新后的游览概率向量, 由于接入并游览网页 Pj 可以是经 n 个网页中任意一个网页的超级链接而来, 所以, 利用全概率公式, 可知游览网页 Pj 的概率值经一次超级链接后更新为

$$p_{1j}\xi_1^{(k)} + p_{2j}\xi_2^{(k)} + \cdots + p_{nj}\xi_n^{(k)} = \sum_{i=1}^{n} p_{ij}\xi_i^{(k)} \quad (j = 1, 2, \cdots, n) \tag{6.26}$$

此即矩阵 $\boldsymbol{P}$ 的第 j 列与更新前的游览向量的积, 也就是 $\boldsymbol{P}^{\mathrm{T}}$ 的第 j 行与更新前的游览向量的积, 从而对第 k 次更新概率向量 $\boldsymbol{v}_k$ 再次更新所得向量 $\boldsymbol{v}_{k+1}$ 由如下迭代格式确定:

$$\boldsymbol{v}_{k+1} = \boldsymbol{P}^{\mathrm{T}}\boldsymbol{v}_k \quad (k = 0, 1, 2, \cdots) \tag{6.27}$$

这就是 PageRank 算法的随机游走模型, 游览概率向量的演化规律由概率转移矩阵及初始游览概率向量所确定.

所谓游览概率向量达到稳态, 就是有正整数 K 使得 $\boldsymbol{v}_{K+1} \approx \boldsymbol{v}_K$, 从而 $\boldsymbol{v}_K \approx \boldsymbol{v}_{K+1} \approx \boldsymbol{v}_{K+2} \approx \cdots$, 即 $k \to +\infty$ 时的极限

$$\lim_{k\to+\infty} \boldsymbol{v}_k = \boldsymbol{v}$$

存在. 此时,

$$\boldsymbol{v} = \boldsymbol{P}^{\mathrm{T}}\boldsymbol{v}$$

即极限向量 $\boldsymbol{v}$ 是矩阵 $\boldsymbol{P}^{\mathrm{T}}$ 关于特征值 1 的特征向量. 和经济均衡价格稳态情形一样, 记 $\boldsymbol{e} = [1, 1, \cdots, 1]^{\mathrm{T}}$, 那么, $\boldsymbol{P}^{\mathrm{T}}\boldsymbol{e} = \boldsymbol{e}$. 这表明, 1 必然是 $\boldsymbol{P}^{\mathrm{T}}$ 的特征值.

实际问题中的 n 都很大, 直接求矩阵的特征值和特征向量费时费力, 通常采用式 (6.27) 定义的迭代公式计算稳态特征向量: 对给定的初始向量 $\boldsymbol{v} = \boldsymbol{v}_0$ 和计算精

度 $\varepsilon > 0$, 反复计算迭代向量的值

$$\boldsymbol{v}_{k+1} = \boldsymbol{P}^{\mathrm{T}}\boldsymbol{v}_k \quad (k = 0, 1, 2, \cdots) \tag{6.28}$$

各 $\boldsymbol{v}_k$ 的分量都是概率值, 是非负的, 且各分量之和等于 1, 因而极限 $\boldsymbol{v}^*$ 的各分量值也是非负的, 且各分量值之和等于 1. 如果 $\|\boldsymbol{v}_{k+1} - \boldsymbol{v}_k\|_2 < \varepsilon$, 则迭代停止, 并取稳态游览概率为 $\boldsymbol{v}^* \approx \boldsymbol{v}_{k+1}$. 这里, 向量 $\boldsymbol{x} = [x_1, x_2, \cdots, x_n]^{\mathrm{T}}$ 的 2 范数为

$$\|\boldsymbol{x}\|_2 = \sqrt{x_1^2 + x_2^2 + \cdots + x_n^2}$$

由迭代公式, 容易看出有

$$\boldsymbol{v}_k = (\boldsymbol{P}^{\mathrm{T}})^k \boldsymbol{v}_0 \quad (k = 0, 1, 2, \cdots)$$

当 $k \to +\infty$ 时, 向量列 $\boldsymbol{v}_k$ 的收敛性等价于矩阵列 $(\boldsymbol{P}^{\mathrm{T}})^k$ 的收敛性. 由矩阵 Jordan 标准形理论, 假设 $\lambda_1, \lambda_2, \cdots, \lambda_r$ 是矩阵 $\boldsymbol{P}^{\mathrm{T}}$ 的特征根, 且 $(\lambda - \lambda_1)^{n_1}, (\lambda - \lambda_2)^{n_2}, \cdots, (\lambda - \lambda_r)^{n_r}$ 是矩阵的所有初等因式, $n_1 + n_2 + \cdots + n_r = n$, 那么存在可逆矩阵 $\boldsymbol{S}$ 使得

$$\boldsymbol{S}^{-1}\left(\boldsymbol{P}^{\mathrm{T}}\right)\boldsymbol{S} = \operatorname{diag}(\boldsymbol{J}_1, \boldsymbol{J}_2, \cdots, \boldsymbol{J}_r)$$

其中 $\boldsymbol{J}_i$ 为对应于特征值 λ_i 的 Jordan 块 $\boldsymbol{J}_i = \lambda_i\boldsymbol{E} + \boldsymbol{H}_i$, 而 $\boldsymbol{E}$ 为单位矩阵, 且 $\boldsymbol{H}_i$ 的含义由 6.4 节所规定. 于是,

$$\boldsymbol{S}^{-1}\left(\boldsymbol{P}^{\mathrm{T}}\right)^k\boldsymbol{S} = \operatorname{diag}\left(\boldsymbol{J}_1^k, \boldsymbol{J}_2^k, \cdots, \boldsymbol{J}_r^k\right)$$

因此, 极限 $\lim\limits_{k\to+\infty}(\boldsymbol{P}^{\mathrm{T}})^k$ 存在又等价于各 $\lim\limits_{k\to+\infty}\boldsymbol{J}_i^k$ 存在, 它还等价于各极限 $\lim\limits_{k\to+\infty}\lambda_i^k$ 存在, 故只能有 $|\lambda_i| < 1$ 或者 $\lambda_i = 1$. 如果所有特征值都满足 $|\lambda_i| < 1$, 则必有 $\lim\limits_{k\to+\infty}(\boldsymbol{P}^{\mathrm{T}})^k = \boldsymbol{0}$, 故对任何初始迭代 $\boldsymbol{v}_0$ 都有 $\lim\limits_{k\to+\infty}\boldsymbol{v}_k = \boldsymbol{0}$, 这不是实际问题所需要的结果, 从而矩阵 $\boldsymbol{P}^{\mathrm{T}}$ 必须以 1 为特征值, 而 $\boldsymbol{v}^*$ 是对应的特征向量. 由 6.4 节可知, 矩阵 $\boldsymbol{P}^{\mathrm{T}}$ 的特征值皆满足 $|\lambda| \leqslant 1$, 如果能证明除 1 之外的特征值都满足 $|\lambda| < 1$, 那么, 上述迭代序列的极限必存在, 其极限值等于稳态游览概率向量.

前面已经看到, 对上述概率转移矩阵 $\boldsymbol{P}^{\mathrm{T}}$, 其元素是非负的, 并且一般来说有元素等于 0. 要证明 $\boldsymbol{P}^{\mathrm{T}}$ 的所有特征值皆满足 $|\lambda| \leqslant 1$ 并不难. 但是, 要证明或验证这种大规模矩阵除 1 之外的特征值都满足 $|\lambda| < 1$, 并且特征值 1 所对应的特征向量的分量可取为非负数, 却不是一件很简单的事情. 另外, 真实的网页系统是复杂的, 例如, 网络可以出现 $s_i = 0$ 的情况, 网络也可以是若干个不连通的子网页系

统所构成等. 为了统一而有效地处理各种不同情况, Page 和 Brin 引入了一个参数 $0<\xi<0.5$ 和与之相应的一个矩阵 [8, 23]

$$\boldsymbol{M}=(1-\xi)\,\boldsymbol{P}^{\mathrm{T}}+\xi\boldsymbol{Q},\quad \boldsymbol{Q}=\frac{1}{n}\begin{bmatrix}1&\cdots&1\\ \vdots&&\vdots\\ 1&\cdots&1\end{bmatrix}\in\mathbb{R}^{n\times n} \tag{6.29}$$

通常取 $\xi=0.15$. 容易验证, 和矩阵 $\boldsymbol{P}^{\mathrm{T}}$ 可能有零元素不同, 矩阵 $\boldsymbol{M}$ 的元素皆为正数, 且各列元素之和都是 1. 此时, 最大的特征值是 1, 为单根, 而其余特征值的绝对值或复数模都小于 1, 且 1 对应的特征向量是非负的. 对初始迭代向量 $\boldsymbol{v}_0=\left[\frac{1}{n},\frac{1}{n},\cdots,\frac{1}{n}\right]^{\mathrm{T}}\in\mathbb{R}^n$, 极限

$$\lim_{k\to+\infty}\boldsymbol{M}^k\boldsymbol{v}_0=\boldsymbol{v}_a$$

必存在, 满足 $\boldsymbol{M}\boldsymbol{v}_a=\boldsymbol{v}_a$. 此向量的分量值都是非负的, 且加起来等于 1. 由于 n 很大且 ξ 很小, 故有 $\boldsymbol{M}\approx\boldsymbol{P}^{\mathrm{T}}$, 所以可用 $\boldsymbol{v}_a$ 来作为 $\boldsymbol{v}^*$ 的一个近似值, 从而可用

$$\boldsymbol{v}_{k+1}=\boldsymbol{M}\boldsymbol{v}_k \tag{6.30}$$

的某个迭代向量作为 $\boldsymbol{v}^*$ 的一个近似值, 分量值越大, 对应的网页排序就越靠前.

对如图 6.5 所示的简单网页网络, 矩阵 $\boldsymbol{P}$ 除 1 之外的特征值为: 0, −0.1660, $-0.4443\pm0.2341\mathrm{i}$, $0.02731\pm0.3143\mathrm{i}$, 其绝对值或复数模都小于 1. 采用迭代格式 (6.28), 取 $\varepsilon=10^{-4}$, 则经过 13 次迭代即得到稳态概率游览向量

$$\boldsymbol{v}_{13}=\left[0.3035,0.1661,0.1406,0.1054,0.1789,0.0447,0.0607\right]^{\mathrm{T}}$$

按重要性从高到低, 网页排序为: $P1$, $P5$, $P2$, $P3$, $P4$, $P7$, $P6$. 而采用迭代格式 (6.30), 其中 $\xi=0.15$, 则经过 10 次迭代即得到稳态概率游览向量

$$\boldsymbol{v}_{10}=\left[0.2803,0.1588,0.1389,0.1082,0.1842,0.0606,0.0691\right]^{\mathrm{T}}$$

按重要性从高到低, 网页排序与前一种迭代结果完全一致. 一般来说, 迭代格式 (6.30) 的收敛速度优于迭代格式 (6.28).

经济均衡价格的迭代计算公式和网页排序概率向量的迭代计算公式是一致的. 这样的迭代公式定义了一个 Markov 链式动力系统, 在许多问题中都有应用 [1].

6.6 直线拟合

数据拟合是工程技术领域最为常见的一个问题. 在二维情形, 其一般提法是: 给定一批数据点, 它们可以由测量与采样得到, 也可以是设计师给定, 以这些数据点为基础, 在曲线类 $\{\varphi(x)\}$ 中挑选出一个最佳的曲线, 并分别称为曲线拟合问题. 为了更准确地描述这个问题, 假设所有数据点是

$$(x_i, y_i) \quad (i = 1, 2, \cdots, N)$$

拟合曲线或曲面的函数方程是 $y = \varphi(x)$, 其中包含一些待定常数. 对每个数据 (x_i, y_i), 都会有一个 "剩余" 量 (也叫 "偏差" 量)r_i:

$$r_i = y_i - \varphi(x_i) \quad (i = 1, 2, \cdots, N)$$

最佳拟合的含义就是在此函数类中找到一个特殊的函数 $\varphi^*(x)$ 使得

$$\sum_{i=1}^{N} (y_i - \varphi^*(x_i))^2 = \min_{\varphi(x)} \sum_{i=1}^{N} r_i^2$$

此问题的解称为该数据拟合问题的最小二乘解, 对应的求解方法称为最小二乘法.

拟合函数最常见的形式是多项式

$$\varphi(x) = a_0 + a_1 x + a_2 x^2 + \cdots + a_n x^n$$

其中各系数由所给数据待定, 如图 6.6 所示为直线拟合与二次曲线拟合. 对 n 次多项式拟合, 对应的剩余量可表示为不同的形式. 例如,

$$\begin{aligned} r_i &= y_i - \left(a_0 + a_1 x_i + a_2 x_i^2 + \cdots + a_n x_i^n\right) \\ &= y_i - [1, x_i, x_i^2, \cdots, x_i^n] \begin{bmatrix} a_0 \\ a_1 \\ a_2 \\ \vdots \\ a_n \end{bmatrix} \end{aligned}$$

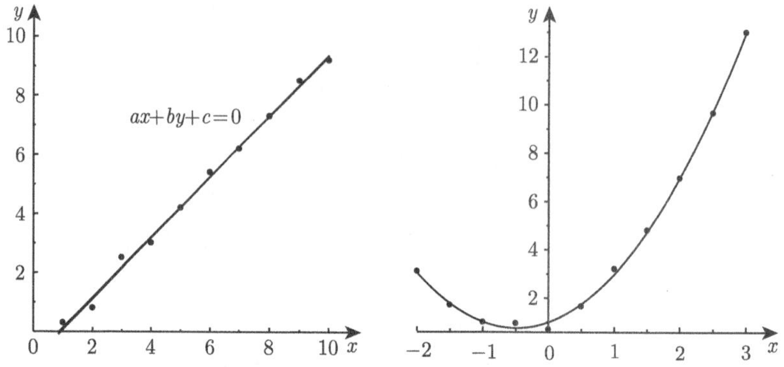

图 6.6　直线拟合与二次曲线拟合

受此启发引入向量和矩阵

$$\boldsymbol{\alpha}=\begin{bmatrix}a_0\\a_1\\a_2\\\vdots\\a_n\end{bmatrix},\quad \boldsymbol{y}=\begin{bmatrix}y_1\\y_2\\\vdots\\y_N\end{bmatrix},\quad \boldsymbol{r}=\begin{bmatrix}r_1\\r_2\\\vdots\\r_N\end{bmatrix},\quad \boldsymbol{A}=\begin{bmatrix}1&x_1&x_1^2&\cdots&x_1^n\\1&x_2&x_2^2&\cdots&x_2^n\\\vdots&\vdots&\vdots&&\vdots\\1&x_N&x_N^2&\cdots&x_N^n\end{bmatrix}$$

则上述最小化问题化为: 对已知向量 $\boldsymbol{y}\in\mathbb{R}^N$ 和已知矩阵 $\boldsymbol{G}\in\mathbb{R}^{N\times(n+1)}$, 求 $\boldsymbol{\alpha}^*\in\mathbb{R}^{n+1}$ 使得

$$\left\|\boldsymbol{y}-\boldsymbol{A}\boldsymbol{\alpha}^*\right\|_2=\min_{\boldsymbol{\alpha}\in\mathbb{R}^{n+1}}\left\|\boldsymbol{y}-\boldsymbol{A}\boldsymbol{\alpha}\right\|_2=\min_{\boldsymbol{\alpha}\in\mathbb{R}^{n+1}}\left\|\boldsymbol{r}\right\|_2 \tag{6.31}$$

其通解是

$$\boldsymbol{\alpha}=\boldsymbol{A}^+\boldsymbol{y}+\left(\boldsymbol{E}-\boldsymbol{A}^+\boldsymbol{A}\right)\boldsymbol{t}\quad\left(\boldsymbol{t}\in\mathbb{R}^{n+1}\right)$$

当 $\boldsymbol{A}$ 为列满秩矩阵时, 解是唯一的, 即 $\boldsymbol{\alpha}=\boldsymbol{A}^+y$. 此时, 对 $\boldsymbol{A}$ 作满秩 QR 分解: $\boldsymbol{A}=\boldsymbol{Q}\boldsymbol{R}$, 其中 $\boldsymbol{Q}\in\mathbb{R}^{N\times(n+1)}$, $\boldsymbol{R}\in\mathbb{R}^{(n+1)\times(n+1)}$. 那么

$$\boldsymbol{A}^+=\boldsymbol{R}^+\boldsymbol{Q}^{\mathrm{T}}$$

在实际应用中, 一般来说有 N 远大于 n, 因而利用 QR 分解可大大减少计算量.

拟合曲线可以有多种不同的表达式. 采用不同表达式可以得到拟合问题不同的最小二乘解问题. 例如, 平面直线方程可表为如下的一般式

$$ax+by+c=0$$

对系数同时放大或缩小所得直线方程都是等价的. 为了求得唯一解, 可增加限制条件

$$a^2+b^2+c^2=1$$

此时, 数据对应的 "剩余 r_i" 可取为

$$r_i = ax_i + by_i + c = [x_i,\ y_i,\ 1]\begin{bmatrix} a \\ b \\ c \end{bmatrix}$$

引入记号

$$\boldsymbol{\beta} = \begin{bmatrix} a \\ b \\ c \end{bmatrix}, \quad \boldsymbol{B} = \begin{bmatrix} x_1 & y_1 & 1 \\ x_2 & y_2 & 1 \\ \vdots & \vdots & \vdots \\ x_N & y_N & 1 \end{bmatrix}$$

那么, 最小化问题可表示为: 对已知矩阵 $\boldsymbol{B} \in \mathbb{R}^{N\times 3}$, 求 $\boldsymbol{\beta}^* \in \mathbb{R}^3$ 满足 $\left\|\boldsymbol{\beta}^*\right\|_2 = 1$ 使得

$$\left\|\boldsymbol{B}\boldsymbol{\beta}^*\right\|_2 = \min_{\boldsymbol{\beta}\in\mathbb{R}^3,\ \left\|\boldsymbol{\beta}\right\|_2=1} \left\|\boldsymbol{B}\boldsymbol{\beta}\right\|_2 \tag{6.32}$$

或简单记成

$$\left\|\boldsymbol{B}\boldsymbol{\beta}\right\|_2 = \min, \quad \text{s.t.} \ \left\|\boldsymbol{\beta}\right\|_2 = 1$$

对 $\boldsymbol{B}$ 作 SVD 分解: $\boldsymbol{B} = \boldsymbol{U\Sigma V}^{\mathrm{T}}$, 其中 $\boldsymbol{\Sigma} = \mathrm{diag}\,(\sigma_1,\ \sigma_2,\ \sigma_3)$ 满足条件 $\sigma_1 \geqslant \sigma_2 \geqslant \sigma_3 > 0$. 由 4.3 节可知, 矩阵 $\boldsymbol{V}$ 的第 3 列元素依次就是待求的 a, b, c.

进一步, 为了用数据来拟合直线方程

$$ax + by + c = 0$$

还可以用点到直线的距离来定义剩余量 r_i. 如果对系数进行限定, 使其满足

$$a^2 + b^2 = 1$$

那么, 数据对应的 "剩余 r_i" 是

$$\begin{aligned} r_i &= \frac{ax_i + by_i + c}{\sqrt{a^2+b^2}} = ax_i + by_i + c \\ &= [x_i,\ y_i,\ 1]\begin{bmatrix} a \\ b \\ c \end{bmatrix} = [x_i,\ y_i,\ 1]\boldsymbol{\gamma} \end{aligned}$$

此时, 最小化问题可表示为: 对已知矩阵 $\boldsymbol{B} \in \mathbb{R}^{N\times 3}$, 求 $\boldsymbol{\gamma}^* \in \mathbb{R}^3$ 满足 $a^2 + b^2 = 1$ 使得

$$\left\|\boldsymbol{B}\boldsymbol{\gamma}^*\right\|_2 = \min_{\boldsymbol{\gamma}\in\mathbb{R}^3} \left\|\boldsymbol{B}\boldsymbol{\gamma}\right\|_2 \tag{6.33}$$

利用下一节的方法可将问题 (6.33) 化为低一维的问题 (6.32). 另外, 如果 $\boldsymbol{B}$ 是列满秩的, 对其作满秩 QR 分解: $\boldsymbol{G}=\boldsymbol{QR}$, 其中 $\boldsymbol{Q}\in\mathbb{R}^{N\times 3}$, $\boldsymbol{R}\in\mathbb{R}^{3\times 3}$, 且

$$\boldsymbol{R}=\begin{bmatrix} r_{11} & r_{12} & r_{13} \\ 0 & r_{22} & r_{23} \\ 0 & 0 & r_{33} \end{bmatrix}$$

那么 $\|\boldsymbol{B\gamma}\|_2=\|\boldsymbol{R\gamma}\|_2$. 记 $\boldsymbol{x}=[a,\,b]^{\mathrm{T}}$, 以及

$$\widetilde{\boldsymbol{R}}=\begin{bmatrix} r_{11} & r_{12} \\ 0 & r_{22} \end{bmatrix}$$

由于各数据分布在直线的附近, 所以可以认为 $\boldsymbol{R\gamma}\approx\boldsymbol{0}$, 当然也有 $\tilde{\boldsymbol{R}}\boldsymbol{x}\approx\boldsymbol{0}$. 因此, 利用 $\tilde{\boldsymbol{R}}$ 的 SVD 分解或者利用微积分的方法, 可先求得最小化问题 [5]

$$\|\widetilde{\boldsymbol{R}}\boldsymbol{x}\|_2=\min, \qquad \text{s.t.}\ \ \|\boldsymbol{x}\|_2=1$$

的唯一解 $\boldsymbol{x}$, 即确定 a, b 的值, 之后再由

$$ar_{11}+br_{12}+cr_{13}\approx 0$$

得到 c 的一个估计值, 从而使待拟合直线方程的系数完全被确定. 这样的思路能够解决问题, 但不能给人一气呵成的感觉. 其实, 上述直线拟合问题还可以以一种更方便且形式更加统一的方式来处理.

为形式统一起见, 将直线方程 $ax+by+c=0$ 写成标准的线性方程组的形式, 即 $a_{11}x_1+a_{12}x_2=b_1$, 或者简记为 $\boldsymbol{Ax}=b$, 其中 $\boldsymbol{A}=[a_{11},\,a_{12}]$, $b=b_1$. 对应于条件 $a^2+b^2=1$ 有 $a_{11}^2+a_{12}^2=1$, 它可表示为 $\boldsymbol{AA}^{\mathrm{T}}=1$. 当推广有关结论时, 应考虑类似的限制条件.

下面考虑空间直线的拟合问题. 空间直线可以看作是两个平面的交线, 故可表示为

$$\begin{cases} a_{11}x_1+a_{12}x_2+a_{13}x_3=b_1 \\ a_{21}x_1+a_{22}x_2+a_{23}x_3=b_2 \end{cases} \tag{6.34}$$

简记为 $\boldsymbol{Ax}=\boldsymbol{b}$ 的形式, 其中系数矩阵 $\boldsymbol{A}$ 和向量 $\boldsymbol{b}$ 由拟合数据来确定, 且 $\boldsymbol{A}\in\mathbb{R}^{2\times 3}$ 为行满秩矩阵, $R(\boldsymbol{A})=2$. 假设已知数据为 $\boldsymbol{\xi}_1,\boldsymbol{\xi}_2,\cdots,\boldsymbol{\xi}_n\in\mathbb{R}^3$, 由公式 (3.19) 可知, 数据点 $\boldsymbol{\xi}_i$ 到空间直线 $\boldsymbol{Ax}=\boldsymbol{b}$ 的距离是:

$$r_i=\|\boldsymbol{A}^{+}(\boldsymbol{b}-\boldsymbol{A\xi}_i)\|_2$$

其中 $\boldsymbol{A}^{+}=\boldsymbol{A}^{\mathrm{T}}(\boldsymbol{AA}^{\mathrm{T}})^{-1}$ 为 $\boldsymbol{A}$ 的广义逆矩阵. 为简化公式的表示与计算, 不妨假设

$$\boldsymbol{AA}^{\mathrm{T}}=\boldsymbol{E}$$

其中 $\boldsymbol{E}$ 为二阶单位矩阵. 此假设的含义是将矩阵 $\boldsymbol{A}$ 的两个行向量进行单位正交化. 从而 $\boldsymbol{A}^{+}=\boldsymbol{A}^{\mathrm{T}}\in\mathbb{R}^{3\times 2}$. 进而利用此正交化条件将待求的最小化问题化为

$$\|\boldsymbol{r}\|_2^2=\sum_{i=1}^{n}r_i^2=\sum_{i=1}^{n}\|\boldsymbol{A}^{\mathrm{T}}(\boldsymbol{b}-\boldsymbol{A}\boldsymbol{\xi}_i)\|_2^2=\sum_{i=1}^{n}\|\boldsymbol{b}-\boldsymbol{A}\boldsymbol{\xi}_i\|_2^2=\min \tag{6.35}$$

由于 $\|\boldsymbol{b}-\boldsymbol{A}\boldsymbol{\xi}_i\|_2^2$ 关于 $\boldsymbol{b}$ 的梯度是 $2(\boldsymbol{b}-\boldsymbol{A}\boldsymbol{\xi}_i)$, 故由目标函数取最小值的必要条件, 即目标函数关于待求向量 $\boldsymbol{b}$ 的梯度向量等于零, 有

$$\sum_{i=1}^{n}2(\boldsymbol{b}-\boldsymbol{A}\boldsymbol{\xi}_i)=\boldsymbol{0}$$

记 $\overline{\boldsymbol{\xi}}$ 是已知数据向量 $\boldsymbol{\xi}_1,\boldsymbol{\xi}_2,\cdots,\boldsymbol{\xi}_n$ 的算术平均向量, 则可求得向量 $\boldsymbol{b}$ 为

$$\boldsymbol{b}=\frac{1}{n}\sum_{i=1}^{n}\boldsymbol{A}\boldsymbol{\xi}_i=\boldsymbol{A}\overline{\boldsymbol{\xi}} \tag{6.36}$$

进一步, 再引入记号

$$\hat{\boldsymbol{\xi}}_i=\boldsymbol{\xi}_i-\overline{\boldsymbol{\xi}},\qquad \boldsymbol{\Xi}=[\hat{\boldsymbol{\xi}}_1,\hat{\boldsymbol{\xi}}_2,\cdots,\hat{\boldsymbol{\xi}}_n]^{\mathrm{T}}$$

其中第一个等式相当于将向量 $\boldsymbol{\xi}_1,\boldsymbol{\xi}_2,\cdots,\boldsymbol{\xi}_n$ 平移到平均向量的附近, 再次感受到数据中心化的重要性. 此时, 最小化问题的目标函数可简化为

$$\sum_{i=1}^{n}\|\boldsymbol{b}-\boldsymbol{A}\boldsymbol{\xi}_i\|_2^2=\sum_{i=1}^{n}\|\boldsymbol{A}\hat{\boldsymbol{\xi}}_i\|_2^2=\|\boldsymbol{A}[\hat{\boldsymbol{\xi}}_1,\hat{\boldsymbol{\xi}}_2,\cdots,\hat{\boldsymbol{\xi}}_n]\|_F^2=\|\boldsymbol{A}\boldsymbol{\Xi}^{\mathrm{T}}\|_F^2=\|\boldsymbol{\Xi}\boldsymbol{A}^{\mathrm{T}}\|_F^2$$

从而上述最小二乘问题 (6.35) 简化为: 对已知数据矩阵 $\boldsymbol{\Xi}\in\mathbb{R}^{n\times 3}$, 求矩阵 $\boldsymbol{X}=\boldsymbol{A}^{\mathrm{T}}\in\mathbb{R}^{3\times 2}$, 满足 $R(\boldsymbol{X})=2$ 及 $\boldsymbol{X}^{\mathrm{T}}\boldsymbol{X}=\boldsymbol{E}$, 其中 $\boldsymbol{E}$ 为三阶单位矩阵, 使得

$$\|\boldsymbol{\Xi}\boldsymbol{X}\|_F^2=\min \tag{6.37}$$

由定义可知, 已知数据矩阵 $\boldsymbol{\Xi}$ 的秩只可能是 2 或者 3. 假设 $\boldsymbol{\Xi}$ 的秩为 2, 其奇异值为 $\sigma_1\geqslant\sigma_2>0$, 且满秩 SVD 分解为

$$\boldsymbol{\Xi}=\boldsymbol{U}\boldsymbol{\Sigma}\boldsymbol{V}^{\mathrm{T}}$$

其中 $\boldsymbol{U}=[\boldsymbol{u}_1,\boldsymbol{u}_2]\in\mathbb{R}^{n\times 2}$, $\boldsymbol{V}=[\boldsymbol{v}_1,\boldsymbol{v}_2]\in\mathbb{R}^{3\times 2}$, $\boldsymbol{\Sigma}=\mathrm{diag}(\sigma_1,\sigma_2)\in\mathbb{R}^{2\times 2}$. 令 $\boldsymbol{Y}=[\boldsymbol{y}_1,\boldsymbol{y}_2]=\boldsymbol{V}^{\mathrm{T}}\boldsymbol{X}\in\mathbb{R}^{2\times 2}$, 则 $R(\boldsymbol{Y})=R(\boldsymbol{X})=2$, $\|\boldsymbol{Y}\|_F^2=\|\boldsymbol{X}\|_F^2=2$, 以及 $\|\boldsymbol{y}_1\|_2=\|\boldsymbol{y}_2\|_2=1$. 这样, 目标函数 $\|\boldsymbol{\Xi}\boldsymbol{X}\|_F^2$ 可进一步简化为

$$\|\boldsymbol{\Xi}\boldsymbol{X}\|_F^2=\|\boldsymbol{\Sigma}\boldsymbol{Y}\|_F^2=\|\boldsymbol{\Sigma}\boldsymbol{y}_1\|_2^2+\|\boldsymbol{\Sigma}\boldsymbol{y}_2\|_2^2$$

当取 $\boldsymbol{y}_1 = \boldsymbol{y}_2 = [0,\, 1]^{\mathrm{T}}$ 时, 目标函数的最小值为 $2\sigma_2^2$, 但对应的矩阵 $\boldsymbol{Y}$ 的秩等于 1, 与假设矛盾. 为了满足限定条件 $R(\boldsymbol{Y}) = R(\boldsymbol{X}) = 2$, 目标函数的最小值只可能是 $\sigma_1^2 + \sigma_2^2$, 此时 $\boldsymbol{y}_1 = [1,\, 0]^{\mathrm{T}}$, $\boldsymbol{y}_2 = [0,\, 1]^{\mathrm{T}}$, 对应地有 $\boldsymbol{X} = \boldsymbol{V}\boldsymbol{Y} = [\boldsymbol{v}_1,\, \boldsymbol{v}_2] = \boldsymbol{V}$, 从而待拟合直线方程 $\boldsymbol{A}\boldsymbol{x} = \boldsymbol{b}$ 中的系数矩阵 $\boldsymbol{A}$ 和右端向量 $\boldsymbol{b}$ 分别为

$$\boldsymbol{A} = \boldsymbol{V}^{\mathrm{T}}, \quad \boldsymbol{b} = \boldsymbol{A}\bar{\boldsymbol{\xi}} \tag{6.38}$$

类似地, 如果矩阵 $\boldsymbol{\Xi}$ 的秩等于 3, 其奇异值为 $\sigma_1 \geqslant \sigma_2 \geqslant \sigma_3 > 0$, 且满秩 SVD 分解为

$$\boldsymbol{\Xi} = \boldsymbol{U}\boldsymbol{\Sigma}\boldsymbol{V}^{\mathrm{T}}$$

其中 $\boldsymbol{U} = [\boldsymbol{u}_1,\, \boldsymbol{u}_2,\, \boldsymbol{u}_3] \in \mathbb{R}^{n\times 3}$, $\boldsymbol{V} = [\boldsymbol{v}_1,\, \boldsymbol{v}_2,\, \boldsymbol{v}_3] \in \mathbb{R}^{3\times 3}$, $\boldsymbol{\Sigma} = \mathrm{diag}(\sigma_1,\, \sigma_2,\, \sigma_3) \in \mathbb{R}^{3\times 3}$. 此时, 对应的 $\boldsymbol{Y} = [\boldsymbol{y}_1,\, \boldsymbol{y}_2] = \boldsymbol{V}^{\mathrm{T}}\boldsymbol{X} \in \mathbb{R}^{3\times 2}$, 且 $R(\boldsymbol{Y}) = R(\boldsymbol{X}) = 2$, $\|\boldsymbol{Y}\|_F^2 = \|\boldsymbol{X}\|_F^2 = 2$, 以及 $\|\boldsymbol{y}_1\|_2 = \|\boldsymbol{y}_2\|_2 = 1$. 在条件 $R(\boldsymbol{Y}) = R(\boldsymbol{X}) = 2$ 限制下, 目标函数的最小值只可能是 $\sigma_2^2 + \sigma_3^2$, 此时 $\boldsymbol{y}_1 = [0,\, 1,\, 0]^{\mathrm{T}}$, $\boldsymbol{y}_2 = [0,\, 0,\, 1]^{\mathrm{T}}$, 对应地有

$$\boldsymbol{X} = \boldsymbol{V}\boldsymbol{Y} = \boldsymbol{V}[\boldsymbol{y}_1,\, \boldsymbol{y}_2] = [\boldsymbol{v}_2,\, \boldsymbol{v}_3]$$

从而待拟合直线方程 $\boldsymbol{A}\boldsymbol{x} = \boldsymbol{b}$ 中的系数矩阵 $\boldsymbol{A}$ 和右端向量 $\boldsymbol{b}$ 分别是

$$\boldsymbol{A} = \begin{bmatrix} \boldsymbol{v}_2^{\mathrm{T}} \\ \boldsymbol{v}_3^{\mathrm{T}} \end{bmatrix}, \quad \boldsymbol{b} = \boldsymbol{A}\bar{\boldsymbol{\xi}} \tag{6.39}$$

上述拟合过程的关键是要处理一个非线性优化问题, 利用系数矩阵的正交化条件, 此优化问题转化为含约束条件的典型最小二乘拟合问题, 进而利用矩阵的 SVD 分解给出了拟合矩阵与拟合向量的形式简洁且含义清晰的表达式. 与采用 Lagrange 乘数法求条件极值相比较, 这里的方法具有明显的优越性. 所采用的思路和方法还可以很方便地解决一些其他形式的数据拟合问题. 例如, 在一些应用问题中, 某些变量之间具有确定的函数关系, 如变量 x, y 之间满足 $y = F(x)$, 它在几何上是一条光滑曲线, 当受到随机噪声的干扰时, 这条曲线就变成一条有毛刺的图形. 为了利用实测数据去重构这条光滑曲线, 可用数据去拟合一个多项式, 其系数由最小二乘法来确定 [5]. 如果拟合曲线方程是隐式的多项式方程 $F(x, y) = 0$, 其系数也可容易地由最小二乘法来确定.

6.7　高维超平面拟合

有了 6.6 节拟合空间直线方程的经验后, 自然还想知道如何去拟合空间平面以至于高维空间中的超平面. 和空间直线方程一样, 高维空间中的超平面也可用

$\boldsymbol{Ax}=\boldsymbol{b}$ 来表示, 点 $\boldsymbol{\xi}$ 到超平面 $\boldsymbol{Ax}=\boldsymbol{b}$ 的距离公式可统一表示为 $\left\|\boldsymbol{A}^{+}\left(\boldsymbol{b}-\boldsymbol{A}\boldsymbol{\xi}_i\right)\right\|_2$, 其中 $\boldsymbol{A}^{+}$ 为矩阵 $\boldsymbol{A}$ 的广义逆矩阵, 因而 6.6 节用到的求解步骤可完全照搬这个一般情形. 下面换一个角度用另一种更直接的方式来重新表述拟合问题的求解.

要换个角度重新求解就需要采用超平面的不同表示方法. 回顾空间直线的表示法, 它既可以作为两个空间平面的交线而用前面用过的线性方程组形式 $\boldsymbol{Ax}=\boldsymbol{b}$, 也可用对称式或参数方程, 即

$$\frac{x-x_0}{a}=\frac{y-y_0}{b}=\frac{z-z_0}{c}\Leftrightarrow\begin{cases}x=x_0+at\\y=y_0+bt\\z=z_0+ct\end{cases}$$

其中 t 为参数. 借助于向量, 该直线又可表示为

$$\begin{bmatrix}x\\y\\z\end{bmatrix}=\begin{bmatrix}x_0\\y_0\\z_0\end{bmatrix}+\begin{bmatrix}a\\b\\c\end{bmatrix}t$$

在这种形式下, 空间平面方程则可表示为

$$\begin{bmatrix}x\\y\\z\end{bmatrix}=\begin{bmatrix}x_0\\y_0\\z_0\end{bmatrix}+\begin{bmatrix}a_1\\b_1\\c_1\end{bmatrix}t_1+\begin{bmatrix}a_2\\b_2\\c_2\end{bmatrix}t_2$$

其中 t_1, t_2 为独立参数. 这是因为, 在上述三个方程中先取其中的两个构成一个关于 t_1, t_2 的线性方程组, 解之得 t_1, t_2 的表达式, 将其代入第三个方程则可消去 t_1, t_2 而得到一个仅用 x, y, z 表示的线性方程, 它表示平面. 受此启发, $\mathbb{R}^m$ 中的 s 维超平面可表示为

$$\boldsymbol{y}=\boldsymbol{p}+x_1\boldsymbol{r}_1+x_2\boldsymbol{r}_2+\cdots+x_s\boldsymbol{r}_s \tag{6.40}$$

其中 $\boldsymbol{p}, \boldsymbol{r}_1, \boldsymbol{r}_2, \cdots, \boldsymbol{r}_s\in\mathbb{R}^n$, 且 $\boldsymbol{r}_1, \boldsymbol{r}_2, \cdots, \boldsymbol{r}_s$ 线性无关. 记 $\boldsymbol{x}=[x_1, x_2, \cdots, x_s]^{\mathrm{T}}$ 且 $\boldsymbol{R}=[\boldsymbol{r}_1, \boldsymbol{r}_2, \cdots, \boldsymbol{r}_s]\in\mathbb{R}^{n\times s}$, 那么, 超平面方程可写成

$$\boldsymbol{y}=\boldsymbol{p}+\boldsymbol{Rx}\quad(\boldsymbol{x}\in\mathbb{R}^s,\ \boldsymbol{y}\in\mathbb{R}^n) \tag{6.41}$$

这样, 超平面拟合问题可表示为: 今有两组数据, 分别置于两个不同的坐标系, 其中一组数据可以精确给定, 称为标称点, 分别为

$$\boldsymbol{x}_1, \boldsymbol{x}_2, \cdots, \boldsymbol{x}_m\in\mathbb{R}^s$$

另一组数据通过测量仪器测得, 称为测量点, 分别为

$$\boldsymbol{y}_1, \boldsymbol{y}_2, \cdots, \boldsymbol{y}_m \in \mathbb{R}^n$$

如果存在矩阵 $\boldsymbol{R} \in \mathbb{R}^{n\times s}$ 和向量 $\boldsymbol{p} \in \mathbb{R}^n$, 使得

$$\boldsymbol{y}_i = \boldsymbol{R}\boldsymbol{x}_i + \boldsymbol{p} \quad (i = 1, 2, \cdots, m) \tag{6.42}$$

则两组数据满足超平面方程. 但在实际问题中, 这样的矩阵 $\boldsymbol{R}$ 和向量 $\boldsymbol{p}$ 通常是不存在的, 使得式 (6.39) 中的等式对测量数据不能精确成立, 其偏差向量是

$$\boldsymbol{r}_i = \boldsymbol{y}_i - (\boldsymbol{R}\boldsymbol{x}_i + \boldsymbol{p}) \quad (i = 1, 2, \cdots, m)$$

因此, 超平面拟合问题就是要求矩阵 $\boldsymbol{R} \in \mathbb{R}^{n\times s}$ 和向量 $\boldsymbol{p} \in \mathbb{R}^n$ 使得

$$\sum_{i=1}^{m} \|\boldsymbol{r}_i\|_2^2 = \sum_{i=1}^{m} \|\boldsymbol{y}_i - (\boldsymbol{R}\boldsymbol{x}_i + \boldsymbol{p})\|_2^2 = \min \tag{6.43}$$

为了简化最小化问题的表示, 可利用取最小值的必要条件. 优化问题的目标函数 $\sum_{i=1}^{m} \|\boldsymbol{r}_i\|_2^2$ 取得最小值时, 其关于向量 $\boldsymbol{p}$ 的梯度向量等于零. 二次函数的梯度向量的计算结果前面已多次用到, 那就是

$$\sum_{i=1}^{m} 2\left(\boldsymbol{y}_i - (\boldsymbol{R}\boldsymbol{x}_i + \boldsymbol{p})\right)(-1)$$

因此, 由梯度等于零可求得

$$\boldsymbol{p} = \overline{\boldsymbol{y}} - \boldsymbol{R}\overline{\boldsymbol{x}} \quad \left(\overline{\boldsymbol{x}} = \frac{1}{m}\sum_{i=1}^{m}\boldsymbol{x}_i, \ \ \overline{\boldsymbol{y}} = \frac{1}{m}\sum_{i=1}^{m}\boldsymbol{y}_i\right)$$

为进一步简化最小二乘问题, 对数据进行中心化, 令 $\boldsymbol{a}_i = \boldsymbol{x}_i - \overline{\boldsymbol{x}}$, $\boldsymbol{b}_i = \boldsymbol{y}_i - \overline{\boldsymbol{y}}$, 以及

$$\boldsymbol{A}^{\mathrm{T}} = [\boldsymbol{a}_1, \boldsymbol{a}_2, \cdots, \boldsymbol{a}_m] \in \mathbb{R}^{s\times m}, \quad \boldsymbol{B}^{\mathrm{T}} = [\boldsymbol{b}_1, \boldsymbol{b}_2, \cdots, \boldsymbol{b}_m] \in \mathbb{R}^{n\times m}$$

那么上述最小二乘问题化为

$$\sum_{i=1}^{m} \|\boldsymbol{b}_i - \boldsymbol{R}\boldsymbol{a}_i\|_2^2 = \|\boldsymbol{B}^{\mathrm{T}} - \boldsymbol{R}\boldsymbol{A}^{\mathrm{T}}\|_F^2 = \|\boldsymbol{B} - \boldsymbol{A}\boldsymbol{R}^{\mathrm{T}}\|_F^2 = \min \tag{6.44}$$

此最小二乘问题就是在 5.5 节中讨论过的矩阵优化问题. 可首先利用最小化问题 (6.41) 的法方程

$$\boldsymbol{A}^{\mathrm{T}}\boldsymbol{A}\boldsymbol{R}^{\mathrm{T}} = \boldsymbol{A}^{\mathrm{T}}\boldsymbol{B}$$

在数据拟合问题中, 由于 $\boldsymbol{A}$ 是列满秩矩阵, 所以 $\boldsymbol{A}^{\mathrm{T}}\boldsymbol{A}$ 为满秩矩阵. 由此可得最小二乘解为

$$\boldsymbol{R}^{\mathrm{T}}=(\boldsymbol{A}^{\mathrm{T}}\boldsymbol{A})^{-1}\boldsymbol{A}^{\mathrm{T}}\boldsymbol{B}=\boldsymbol{A}^{+}\boldsymbol{B}$$

进而可求得

$$\boldsymbol{p}=\overline{\boldsymbol{y}}-\boldsymbol{R}\overline{\boldsymbol{x}}=\overline{\boldsymbol{y}}-\boldsymbol{B}^{\mathrm{T}}(\boldsymbol{A}^{\mathrm{T}})^{+}\overline{\boldsymbol{x}}$$

进一步, 记 $\mathrm{tr}\,(\boldsymbol{M})$ 为矩阵 $\boldsymbol{M}$ 的迹, 它等于该矩阵对角线上的元素之和, 那么有

$$\begin{aligned}\left\|\boldsymbol{B}-\boldsymbol{A}\boldsymbol{R}^{\mathrm{T}}\right\|_F^2&=\mathrm{tr}\left((\boldsymbol{B}-\boldsymbol{A}\boldsymbol{R}^{\mathrm{T}})^{\mathrm{T}}(\boldsymbol{B}-\boldsymbol{A}\boldsymbol{R}^{\mathrm{T}})\right)\\&=\mathrm{tr}\left(\boldsymbol{B}^{\mathrm{T}}\boldsymbol{B}+(\boldsymbol{A}\boldsymbol{X})^{\mathrm{T}}(\boldsymbol{A}\boldsymbol{R}^{\mathrm{T}})-2(\boldsymbol{A}\boldsymbol{R}^{\mathrm{T}})^{\mathrm{T}}\boldsymbol{B}\right)\\&=\left\|\boldsymbol{B}\right\|_F^2+\left\|\boldsymbol{A}\boldsymbol{R}^{\mathrm{T}}\right\|_F^2-2\mathrm{tr}(\boldsymbol{R}\boldsymbol{A}^{\mathrm{T}}\boldsymbol{B})\end{aligned}$$

由于任意矩阵和它的转置矩阵具有相同的 Frobenius 范数, 所以

$$\left\|\boldsymbol{A}\boldsymbol{R}^{\mathrm{T}}\right\|_F^2=\left\|(\boldsymbol{A}\boldsymbol{R}^{\mathrm{T}})^{\mathrm{T}}\right\|_F^2=\left\|\boldsymbol{R}\boldsymbol{A}^{\mathrm{T}}\right\|_F^2$$

对矩阵 $\boldsymbol{A}$ 按行向量分块

$$\boldsymbol{A}=\begin{bmatrix}\boldsymbol{\xi}_1\\\boldsymbol{\xi}_2\\\vdots\\\boldsymbol{\xi}_n\end{bmatrix}$$

并设 $\boldsymbol{E}_s$ 为 s 阶单位矩阵, 那么, 当矩阵 $\boldsymbol{R}$ 满足正交性条件

$$\boldsymbol{R}^{\mathrm{T}}\boldsymbol{R}=\boldsymbol{E}_s \tag{6.45}$$

时, 可得到

$$\left\|\boldsymbol{R}\boldsymbol{A}^{\mathrm{T}}\right\|_F^2=\sum_{i=1}^{n}\left\|\boldsymbol{R}\boldsymbol{\xi}_i^{\mathrm{T}}\right\|_2^2=\sum_{i=1}^{n}\left\|\boldsymbol{\xi}_i^{\mathrm{T}}\right\|_2^2=\left\|\boldsymbol{A}^{\mathrm{T}}\right\|_F^2=\left\|\boldsymbol{A}\right\|_F^2$$

所以

$$\left\|\boldsymbol{A}\boldsymbol{R}^{\mathrm{T}}\right\|_F^2=\left\|\boldsymbol{A}\right\|_F^2=\mathrm{tr}(\boldsymbol{A}^{\mathrm{T}}\boldsymbol{A})$$

由于 $\left\|\boldsymbol{A}\right\|_F^2+\left\|\boldsymbol{B}\right\|_F^2$ 为常数, 所以前述最小化问题 (6.41) 等价于求 $\boldsymbol{R}\in\mathbb{R}^{n\times s}$ 使得

$$\mathrm{tr}(\boldsymbol{R}\boldsymbol{A}^{\mathrm{T}}\boldsymbol{B})=\max \tag{6.46}$$

此时, 优化问题 (6.43) 可采用 4.3 节中介绍的 SVD 分解求解 [5].

事实上, 为求此优化问题的解, 可对矩阵 $\boldsymbol{A}^{\mathrm{T}}\boldsymbol{B}$ 作满秩 SVD 分解

$$\boldsymbol{A}^{\mathrm{T}}\boldsymbol{B}=\boldsymbol{U}\boldsymbol{\Sigma}\boldsymbol{V}^{\mathrm{T}}$$

其中, $\boldsymbol{U},\boldsymbol{V}$ 为正交矩阵, 而 $\boldsymbol{\Sigma}$ 是由 $\boldsymbol{A}^{\mathrm{T}}\boldsymbol{B}$ 所有奇异值构成的对角阵. 那么, 对任何可匹配的实正交矩阵 $\boldsymbol{Z}=[z_{ij}]$, 矩阵

$$\boldsymbol{X}=\boldsymbol{U}\boldsymbol{Z}^{\mathrm{T}}\boldsymbol{V}^{\mathrm{T}}$$

也是正交矩阵. 对正交矩阵来说, 它的每一行 (列) 的元素之平方和等于 1, 特别地, 矩阵对角线上的元素都满足 $z_{ii}^2\leqslant 1$, 所以 $z_{ii}\sigma_i\leqslant\sigma_i$, 故有

$$\begin{aligned}\mathrm{tr}\left((\boldsymbol{AX})^{\mathrm{T}}\boldsymbol{B}\right)=&\mathrm{tr}\left(\boldsymbol{V}\boldsymbol{Z}\boldsymbol{U}^{\mathrm{T}}\boldsymbol{U}\boldsymbol{\Sigma}\boldsymbol{V}^{\mathrm{T}}\right)=\mathrm{tr}(\boldsymbol{V}\boldsymbol{Z}\boldsymbol{\Sigma}\boldsymbol{V}^{\mathrm{T}})\\=&\mathrm{tr}\left(\boldsymbol{Z}\boldsymbol{\Sigma}\right)=\sum_{i=1}^{r}z_{ii}\sigma_i\leqslant\sum_{i=1}^{r}\sigma_i\end{aligned}$$

特别地, 当 $\boldsymbol{Z}$ 为单位矩阵时, $\mathrm{tr}\left((\boldsymbol{AX})^{\mathrm{T}}\boldsymbol{B}\right)$ 取得值 $\sum\limits_{i=1}^{r}\sigma_i$, 且为最大值. 所以, 对应于单位矩阵 $\boldsymbol{Z}$, 最大化问题 (6.43) 满足正交性条件 (6.42) 的最小二乘解是

$$\boldsymbol{R}=\boldsymbol{X}^{\mathrm{T}}=\boldsymbol{U}\boldsymbol{V}^{\mathrm{T}}$$

此时, 向量 $\boldsymbol{p}$ 为

$$\boldsymbol{p}=\overline{\boldsymbol{y}}-\boldsymbol{R}\overline{\boldsymbol{x}}$$

用几何语言讲, $\boldsymbol{y}=\boldsymbol{R}\boldsymbol{x}+\boldsymbol{p}$ 表示一个仿射变换, 当矩阵 $\boldsymbol{R}$(它不必是方阵) 满足正交性条件时, 可将 $\boldsymbol{R}$ 理解为一个 "正交变换", 保持变换前后的向量范数不变, 因此 $\boldsymbol{y}=\boldsymbol{R}x+\boldsymbol{p}$ 的作用是先作 "旋转变换" $\boldsymbol{z}=\boldsymbol{R}x$, 然后再作平移变换 $\boldsymbol{y}=\boldsymbol{z}+\boldsymbol{p}$. 需要指出的是: 表示旋转变换的矩阵是正交矩阵, 正交矩阵未必对应旋转变换. 但在方阵情形当正交矩阵的行列式等于 1 时, 正交矩阵可表示为一些表示旋转的矩阵的乘积 [5].

6.8 机器翻译的优化算法

机器翻译 (machine translation) 是一种计算机程序, 它能自动将一种语言 (源语言) 翻译成另一种语言 (目标语言). 机器翻译主流算法是基于统计方法的各类算法, 包括基于单词统计的机器翻译算法、基于短语统计的机器翻译算法和基于句法统计的机器翻译算法. 随着计算机技术的飞速发展, 机器翻译目前已发展到具有很高的智能化水平. MOSES 是目前最有影响的开源统计机器翻译系统 [30].

最近, Google 公司研究人员提出了一种基于矩阵优化算法的机器翻译方法 [22], 其准确率可达 90%, 该算法还应用于图像搜索技术中 [24]. 该方法的核心思想是: 将源语言 (source language) 和目标语言 (target language) 某种层次的语言单位都用向量表示, 源语言的所有向量的集合和目标语言的所有向量的集合分别记为

$$\mathcal{M}=\{\boldsymbol{x}:\ \boldsymbol{x}\in\mathbb{R}^m\},\quad \mathcal{N}=\{\boldsymbol{y}:\ \boldsymbol{y}\in\mathbb{R}^n\}$$

将源语言翻译成目标语言, 就是将其视为集合 $\mathcal{M}$ 到集合 $\mathcal{N}$ 的一个映射 f, 如图 6.7 所示. 对任何一个 $\boldsymbol{x}\in\mathcal{M}$, 映像 $f(\boldsymbol{x})\in\mathcal{N}$ 就是机器翻译结果. 可以想象, 这个映射关系非常复杂, 复杂到无法了解其形式, 更无法用简单公式把它表示出来. 在这种情况下, 论文 [22] 中大胆假设这个关系是线性的, 即寻找一个矩阵 $\boldsymbol{K}\in\mathbb{R}^{n\times m}$, 作集合 $\mathcal{M}$ 到集合 $\mathcal{N}$ 的线性映射

$$\boldsymbol{y}=\boldsymbol{K}x \tag{6.47}$$

使得源语言中的 $\boldsymbol{x}$ 被翻译成目标语言中的 $\boldsymbol{Kx}$. 为了求得这样的矩阵 $\boldsymbol{K}$, 选取一个容量 N 足够大的训练集合

$$\{(\boldsymbol{x}_1,\boldsymbol{y}_1),(\boldsymbol{x}_2,\boldsymbol{y}_2),\cdots,(\boldsymbol{x}_N,\boldsymbol{y}_N)\}$$

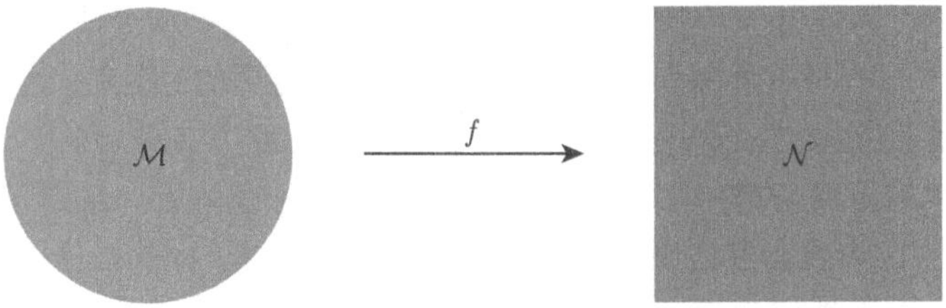

图 6.7 视机器翻译为两个语言向量集合之间的一个映射

其中 $\boldsymbol{x}_i\in\mathcal{M}$, 而 $\boldsymbol{y}_i$ 是 $\boldsymbol{x}_i$ 经人工翻译出来的 "精准" 结果 $(i=1,2,\cdots,N)$. 人工翻译结果 $\boldsymbol{y}_i$ 和机器翻译结果 $\boldsymbol{Kx}_i$ 之间的偏差可表示为 $r_i=\|\boldsymbol{y}_i-\boldsymbol{Kx}_i\|_2$, 所有 "偏差" 的和应尽可能小, 从而可取矩阵 $\boldsymbol{K}$ 是如下最小二乘问题

$$\|\boldsymbol{r}\|_2^2=\sum_{i=1}^N r_i^2=\sum_{i=1}^N\|\boldsymbol{y}_i-\boldsymbol{Kx}_i\|_2^2=\min$$

的解. 和前面多次用到的处理方式那样, 将优化问题的目标函数用矩阵范数来表示得

$$\begin{aligned}\sum_{i=1}^{N}\left\|\boldsymbol{y}_i-\boldsymbol{K}\boldsymbol{x}_i\right\|_2^2&=\left\|[\boldsymbol{y}_1,\cdots,\boldsymbol{y}_N]-\boldsymbol{K}[\boldsymbol{x}_1,\cdots,\boldsymbol{x}_N]\right\|_F^2\\&=\left\|[\boldsymbol{y}_1,\cdots,\boldsymbol{y}_N]^{\mathrm{T}}-(\boldsymbol{K}[\boldsymbol{x}_1,\cdots,\boldsymbol{x}_N])^{\mathrm{T}}\right\|_F^2\\&=\left\|\boldsymbol{B}-\boldsymbol{A}\boldsymbol{X}\right\|_F^2\end{aligned}$$

其中 $\boldsymbol{A}^{\mathrm{T}}=[\boldsymbol{x}_1,\boldsymbol{x}_2,\cdots,\boldsymbol{x}_N]$, $\boldsymbol{B}=\boldsymbol{Y}^{\mathrm{T}}=[\boldsymbol{y}_1,\boldsymbol{y}_2,\cdots,\boldsymbol{y}_N]$, $\boldsymbol{X}=\boldsymbol{K}^{\mathrm{T}}$. 这就是前面讨论过的最小化问题 (5.28): 对由已知数据构成的矩阵 $\boldsymbol{A}$, $\boldsymbol{B}$, 求矩阵 $\boldsymbol{X}=\boldsymbol{K}^{\mathrm{T}}$ 使得

$$\left\|\boldsymbol{B}-\boldsymbol{A}\boldsymbol{X}\right\|_F^2=\min \tag{6.48}$$

上述线性模型对简化数学计算至关重要, 也是有其深刻的科学道理的, 其核心思想的来源是基于对一些非常简单情形的分析结果. 例如, 论文 [22] 提供了支持此假设的两组不同词汇的训练结果. 从英语中取出 one, two, three, four, five 五个词汇, 将其转化为向量联立作成一个矩阵, 对其作 SVD 分解, 确定其主要成分, 然后将五个向量投影到二维平面, 类似地, 取西班牙语中与 one, two, three, four, five 对应的五个词汇 uno, dos, tres, cuatro, cinco, 将其转化为向量联立作成一个矩阵, 作 SVD 分解, 确定其主要成分, 然后将五个向量投影到二维平面, 这样就得到如图 6.8 中第一组对比图. 同样地, 对英语词汇 cat, cow, dog, horse, pig 及对应的西班牙词汇 gato, vaca, perro, caballo, cerdo, 将它们分别转化为向量并合并成矩阵, 作 SVD 分解, 将五个向量分别投影到二维平面, 这样就得到如图 6.8 中第二组对比图. 由这两组对比图可以看出, 不同语言的词汇向量之间的确有类似于线性关系的简单关系. 由此可以理解: 将机器翻译理解为线性变换是有道理的. 要完整理解好 SVD 分解对这个问题的应用过程及投影算子隐含的道理, 可参考文献 [29].

从纯数学的角度考虑, 可以将线性映射 (6.44) 替换为更一般的仿射映射 $\boldsymbol{y}=\boldsymbol{K}\boldsymbol{x}+\boldsymbol{p}$, 此时, 正如前面多次出现的那样, 只要先对数据进行中心化处理, 则待求解的最小二乘问题仍然化为式 (6.45) 的形式. 论文 [22] 没有给出最小化问题 (6.45) 的求解公式, 但容易看出, 这个优化问题是高维超平面拟合中的最小二乘问题的特殊情况. 因此, 一方面, 可利用目标函数取最小值的必要条件得到法方程, 解之即得最小二乘问题的解. 另一方面, 如前面多次采用的做法, 将待求矩阵 $\boldsymbol{X}$ 限定为正交的, 即假设

$$\boldsymbol{X}^{\mathrm{T}}\boldsymbol{X}=\boldsymbol{E}$$

其中 $\boldsymbol{E}$ 是单位矩阵. 这样, 最小化问题 (6.45) 转化为求正交矩阵 $\boldsymbol{X}$ 使得

$$\left\|\boldsymbol{B}-\boldsymbol{A}\boldsymbol{X}\right\|_F^2=\min \tag{6.49}$$

此时, 利用优化问题 (6.41) 的结果可立刻得到此问题的最小二乘解.

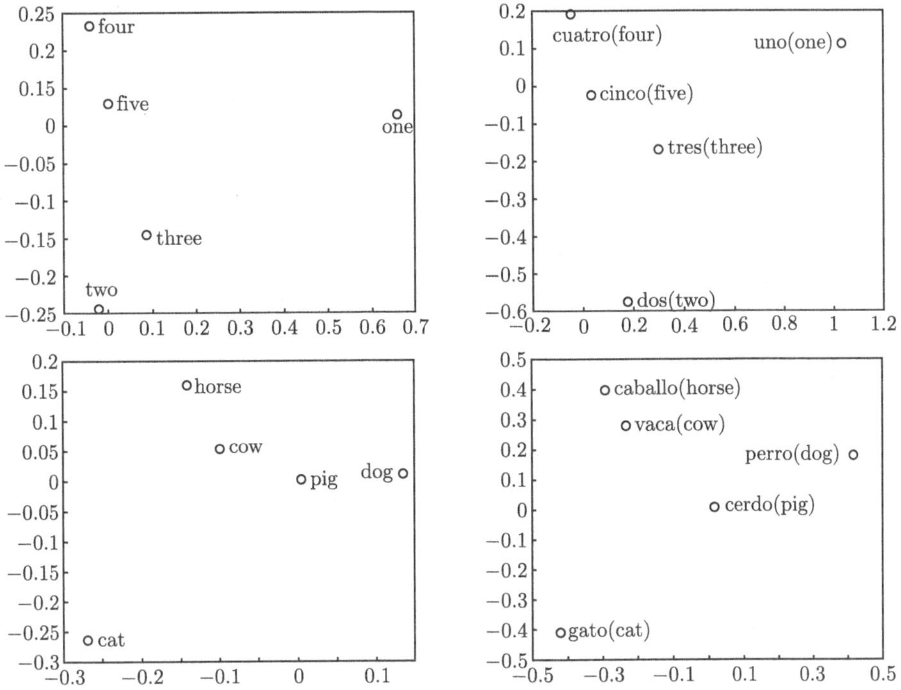

图 6.8 英语词汇与西班牙语词汇之间的相似性 [22]

最小二乘问题 (6.41) 求解方法的关键步骤是将问题转化为某个相关矩阵的迹取最大值. 采用奇异值分解方法求解最方便的地方是在待求矩阵为正交矩阵的条件限制下, 可以不必采用微积分中条件极值的方法去处理. 对机器翻译问题, 对应的最大化问题是

$$\operatorname{tr}\left(\left(\boldsymbol{A}\boldsymbol{X}\right)^{\mathrm{T}}\boldsymbol{B}\right)=\max \tag{6.50}$$

假设矩阵 $\boldsymbol{A}^{\mathrm{T}}\boldsymbol{B}$ 的满秩 SVD 分解为

$$\boldsymbol{A}^{\mathrm{T}}\boldsymbol{B}=\boldsymbol{U}\boldsymbol{\Sigma}\boldsymbol{V}^{\mathrm{T}}$$

其中, $\boldsymbol{U}$, $\boldsymbol{V}$ 为正交矩阵, 而 $\boldsymbol{\Sigma}$ 是由 $\boldsymbol{A}^{\mathrm{T}}\boldsymbol{B}$ 所有奇异值构成的对角阵. 那么, 最小化问题 (5.28) 的最小二乘解矩阵 $\boldsymbol{X}$ 可表示为

$$\boldsymbol{X}=\boldsymbol{U}\boldsymbol{V}^{\mathrm{T}}$$

从而待求线性映射 $\boldsymbol{y}=\boldsymbol{K}\boldsymbol{x}$ 中的系数矩阵 $\boldsymbol{K}$ 为

$$\boldsymbol{K}=\boldsymbol{X}^{\mathrm{T}}=\boldsymbol{V}\boldsymbol{U}^{\mathrm{T}}$$

上述最小二乘算法表明, Google 机器翻译优化算法的本质是一个数据拟合问题, 其求解的理论基础是矩阵的奇异值分解. 由于机器翻译问题中出现的矩阵和向量的维数与训练集的规模巨大, 其计算机算法实现是一个极具挑战性的问题.

许多现实问题中涉及的数量是很多的甚至是巨大的, 这些数量之间的关系又是复杂的, 大多数情况下不会是简单的线性关系, 而应该是非线性关系. 要处理大规模数量之间的非线性关系常常会受到计算能力、存储能力等方面的制约, 所以线性模型通常是一种现实可能的选择 (也是 "从简单的做起" 的一种体现), 将问题转化为求最小二乘问题的解, 这个解既可以利用法方程和广义逆矩阵给出通解表达式, 也可以利用 SVD 分解中的矩阵来表示. 一般来说, 后者给出的解在形式与结果上更加简洁清晰, 特别是在待求解有正交性限制时具有明显的优势. 线性代数与矩阵论在处理这类问题时大有用武之地.

深入理解简单问题是有效学习与思考的基础, 是导致创新与发现的前提. 本书反复用到的技术路线是简单而清晰的, 那就是: 从简单到复杂, 从特殊到一般, 寻求对线性代数与矩阵论中的一些主题内容的理解, 从特例中归纳出一般性结论, 从类比联想中寻找解决问题的思路和答案, 探索相关数学理论是如何产生或者说如何被发现的, 并不断尝试换个角度思考问题, 使得由一些简单结论出发即可导致不同形式的一般性规律. 这样的思考方式肯定有它固有的模式和一般性的理论, 但本书主要是通过各种不同但又有联系的例子来阐释如何去理解抽象理论, 通过内容相互关联的例子来演绎如何找到待解决问题的求解思路和答案, 其中突出了不同角度的思考方式及其产生的普遍性结论, 体现了对创新意识与能力的基础训练. 例子是具体而有形的, 是容易被学习与跟随的, 久而久之, 创新意识就会真正融入到自己的学习、生活和工作之中.

参 考 文 献

[1] Anton H, Rorres C. Elementary Linear Algebra: Applications Version. 10th ed. Hoboken: John Wiley & Sons, 2010.

[2] 蔡大用, 白峰杉. 现代科学计算. 北京: 科学出版社, 2001.

[3] 陈志杰. 高等代数与解析几何 (下). 北京: 高等教育出版社, 2001.

[4] Farin G, Hansford D. 实用线性代数 (图解版). 北京: 机械工业出版社, 2014.

[5] Gander W, Hrebicek J. 用 Maple 和 Matlab 解决科学计算问题. 3 版. 刘来福, 何青, 彭芳麟等, 译. 北京: 高等教育出版社, 1999.

[6] 胡海岩. 应用非线性动力学. 北京: 航空工业出版社, 2000.

[7] 黄琳. 系统与控制理论中的线性代数. 北京: 科学出版社, 1990.

[8] Langville A N, Meyer C D. Google's PageRank and Beyond: Science of Search Engine Ranking. Princeton: Princeton University Press, 2006.

[9] Lay D C. 线性代数及其应用. 刘深泉, 等, 译. 北京: 机械工业出版社, 2005.

[10] 李尚志. 线性代数. 北京: 高等教育出版社, 2006.

[11] Niku S B. 机器人学导论: 分析、控制及应用. 2 版. 孙富春, 等, 译. 北京: 电子工业出版社, 2013.

[12] Pólya G. 数学与猜想: 数学中的归纳和类比. 李心灿, 等, 译. 北京: 科学出版社, 2012.

[13] Strang G. Linear Algebra and Its Applications. 4th Ed. Boston: Brooks Cole/Cengage Learning, 2009.

[14] 王在华, 姚泽清. 理解与发现: 数学学习漫谈. 北京: 科学出版社, 2011.

[15] 王建忠. 高维数据几何结构及降维. 北京: 高等教育出版社, 2012.

[16] 吴鹤龄. 幻方及其他. 北京: 科学出版社, 2005.

[17] 吴军. 数学之美. 北京: 人民邮电出版社, 2012.

[18] 吴振奎. 数学解题中的物理方法. 郑州: 河南科学技术出版社, 1997.

[19] 杨路, 张景中, 侯晓荣. 非线性代数方程组与定理机器证明. 上海: 上海科技教育出版社, 1996.

[20] 陈关荣. 分形 —— 故事之外. 数学文化, 2013, 3(4): 82–85.

[21] 孟道骥, 王立云. 打洞技巧. 高等数学研究, 2006, 9(4): 16–19

[22] Mikolov T, Le Q V, Sutskever I. Exploiting similarities among languages for machine translation. arXiv: 1309.4168v1, 17 September, 2013.

[23] Page L, Brin S. The PageRank citation ranking: Bringing order to the Web. Technical Report, Stanford University, 1998.

[24] Vinyas O, Toshev A, Bengio S, Erhan D. Show and tell: a neural image caption generator. arXiv: 1411.4555v1, 17 November, 2014.

[25] 王在华. 利用线性方程组的通解构造三阶幻方. 数学的实践与认识, 2015, 45(4): 305–308.

[26] Ward III J E. Vector spaces of magic squares. Mathematics Magazine, 1980, 53(2): 108–111.

[27] Margherita Barile. http://mathworld.wolfram.com/LightsOutPuzzle.html.

[28] http://www.mmrc.iss.ac.cn/~dkwang/wsolve.html.

[29] http://www.puffinwarellc.com/index.php/news-and-articles/33-latent-semantic-analysis-tutorial.html.

[30] http://www.statmt.org/moses.

索　引